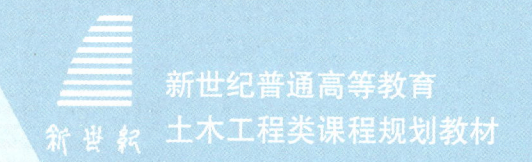

新世纪普通高等教育
土木工程类课程规划教材

装配式混凝土建筑

主　编　任大鹏　刘　莉
副主编　陈　杨

ZHUANGPEISHI HUNNINGTU JIANZHU

大连理工大学出版社

图书在版编目(CIP)数据

装配式混凝土建筑 / 任大鹏，刘莉主编． -- 大连：大连理工大学出版社，2024.8(2024.8重印)
ISBN 978-7-5685-4680-5

Ⅰ．①装…Ⅱ．①任…②刘…Ⅲ．①装配式混凝土结构－建筑施工－教材Ⅳ．①TU37

中国国家版本馆CIP数据核字(2023)第197647号

大连理工大学出版社出版

地址：大连市软件园路80号 邮政编码：116023
发行：0411-84708842 邮购：0411-84708943 传真：0411-84701466
E-mail：dutp@dutp.cn URL：https://www.dutp.cn
辽宁星海彩色印刷有限公司印刷 大连理工大学出版社发行

幅面尺寸：185mm×260mm	印张：14.5	字数：335千字
2024年8月第1版		2024年8月第2次印刷

责任编辑：王晓历 　　　　　　　　　　　责任校对：孙兴乐
　　　　　　　　封面设计：张　莹

ISBN 978-7-5685-4680-5　　　　　　　　　　　　定　价：48.00元

本书如有印装质量问题，请与我社发行部联系更换。

Preface 前言

近年来,装配式建筑在国家和地方政策的持续推动下得到了快速发展,为建筑业改革与创新注入了强大活力。发展装配式建筑是建造方式的重大变革,是从传统建造方式向工业化建造方式的转变,与传统建造方式相比具有全新的发展理念、系统的基础理论和先进的技术方法。本教材主要基于我国装配式建筑的发展背景,着眼于新时期我国建筑业转型升级、创新发展的要求,旨在为适应装配式建筑的发展、建造方式的变革,以及人才培养的需求,提供一本具有基础性、系统性和先进性的高等学校教材。

本教材具有以下特点:

(1)本教材将装配式建筑创新内涵从技术领域延伸至管理领域,既介绍了装配式建筑主要技术体系实施中全寿命周期技术要点,又提供了建筑构件工业化、标准化、信息化相协调的创新建造方向。力求使学生对装配式建筑创新发展形成深刻、全面的认识,满足当前建筑业转型升级的新形势对专业人才的需求。

(2)内容安排有利于学生建立建筑工业化的思维模式,理解掌握一体化建造的技术与方法;适应新时代发展要求,培养装配式建筑工程所需的专业人才。

本教材关注当前建筑业创新发展方向,以装配式混凝土建筑作为主要研究对象,内容包括装配式建筑概述;装配式混凝土建筑概述;装配整体式混凝土建筑结构识图;装配式混凝土建筑设计;装配式混凝土建筑结构技术与构造;装配整体式混凝土建筑构件生产技术;装配整体式混凝土建筑构件安装与施工技术;装配整体式混凝土建筑施工项目管理;装配式混凝土建筑的BIM技术应用。

本教材不仅适用于高等院校土木工程专业、工程管理专业及相关专业的课程教学,也可作为建筑技术人员岗位培训教材和参考资料。

本教材由大连海洋大学任大鹏、刘莉任主编,辽宁科技学院陈杨任副主编,具体分工如下:第1章、第2章由陈杨编写;第3章、第4章、第9章由刘莉编写;第5章、第6章、第7章、第8章由任大鹏编写。

在编写本教材的过程中,编者参考、引用和改编了国内外出版物中的相关资料及网络资源,在此表示深深的谢意!相关著作权人看到本教材后,请与出版社联系,出版社将按照相关法律的规定支付稿酬。

限于水平,书中仍有疏漏和不妥之处,敬请各位专家和读者批评指正,以使教材日臻完善。

编 者
2024 年 8 月

所有意见和建议请发往:dutpbk@163.com
欢迎访问高教数字化服务平台:https://www.dutp.cn/hep/
联系电话:0411-84708445 84708462

Contents 目录

第 1 章　装配式建筑概述 ··· 1
　1.1　装配式建筑基础知识 ··· 1
　1.2　装配式建筑的现状 ·· 2

第 2 章　装配式混凝土建筑概述 ··· 6
　2.1　装配式混凝土结构体系 ··· 6
　2.2　装配式混凝土结构的材料及基本规定 ·· 7
　2.3　装配式混凝土结构连接方式 ·· 10

第 3 章　装配整体式混凝土建筑结构识图 ·· 13
　3.1　装配整体式混凝土建筑结构识图基础知识 ······························· 13
　3.2　预制混凝土外墙板识图 ·· 17
　3.3　预制混凝土内墙板识图 ·· 28
　3.4　桁架钢筋混凝土叠合板识图 ··· 32
　3.5　预制钢筋混凝土板式楼梯识图 ·· 43
　3.6　预制钢筋混凝土阳台板、空调板和女儿墙识图 ······················· 52

第 4 章　装配式混凝土建筑设计 ··· 63
　4.1　装配式混凝土建筑总平面设计与平面设计 ······························· 63
　4.2　立面设计 ··· 65
　4.3　剖面设计 ··· 67
　4.4　构造节点 ··· 68
　4.5　装配式混凝土建筑防水设计 ··· 68
　4.6　装配式混凝土建筑节能设计 ··· 72
　4.7　装配式混凝土建筑装修一体化 ·· 76

第 5 章　装配式混凝土建筑结构技术与构造 ···································· 81
　5.1　装配式混凝土建筑结构设计基础知识 ····································· 81
　5.2　装配式混凝土建筑结构设计基本规定 ····································· 86
　5.3　装配式混凝土建筑结构设计流程及主要内容 ··························· 94
　5.4　装配式混凝土建筑结构构件拆分设计 ··································· 100
　5.5　装配式混凝土建筑连接设计 ··· 119
　5.6　装配式混凝土建筑非承重预制构件设计 ································ 143

第 6 章　装配整体式混凝土建筑构件生产技术　156
6.1　预制混凝土构件生产技术基础知识　156
6.2　混凝土搅拌技术　160
6.3　钢筋加工　168
6.4　预应力张拉　176
6.5　浇筑成型　182
6.6　养护　187

第 7 章　装配整体式混凝土建筑构件安装与施工技术　191
7.1　预制构件运输基础知识　191
7.2　预制构件施工基础知识　193

第 8 章　装配整体式混凝土建筑施工项目管理　197
8.1　混凝土预制构件质量控制与检验　197
8.2　装配式混凝土结构工程质量控制与检验　214

第 9 章　装配式混凝土建筑的 BIM 技术应用　223
9.1　BIM 技术在项目设计阶段的应用　223
9.2　BIM 技术在项目生产阶段的应用　224
9.3　BIM 技术在项目施工阶段的应用　225
9.4　BIM 技术在项目装修阶段的应用　226

第 1 章　装配式建筑概述

学习目标

- 掌握装配式建筑的定义。
- 了解装配式建筑的政策目标。
- 了解装配式建筑的发展现状,重点掌握我国装配式建筑发展需要攻克的难题。

1.1　装配式建筑基础知识

1.1.1　装配式建筑定义

国务院《关于大力发展装配式建筑的指导意见》以及《装配式建筑评价标准》(GB/T 51129—2017)中对于装配式建筑的定义如下:装配式建筑是指工厂生产的预制部品、部件在施工现场装配而成的建筑。装配式建筑可充分发挥预制部品、部件的高质量优势,实现建筑标准的提高;通过发挥现场装配的高效率,实现建造综合效益的提高;发展装配式是建筑业建造方式的变革,也是推动建筑业高质量发展的现实途径。

装配式混凝土建筑中钢筋混凝土结构构件工程化生产的实现,会带动并促进围护、保温、门窗、装饰、厨房、卫浴等部品、部件的工程化与集成化,从而更大限度地提升建筑业的建造技术及建筑质量。

装配式建筑集成了四大建筑系统:主体结构系统、建筑围护系统、内部装修系统、设备与管线系统。需要建筑设计、工程化生产、建造施工三大行业统筹协调来建造高质量的装配式建筑。通过标准化设计、工厂化生产、装配化施工、一体化装修、信息化管理、智能化应用，促进建筑业与信息化、工业化、智能化深度融合，拥抱科技，转型升级，实现建筑产业的现代化。

装配式建筑建造速度快，受气候条件制约小，既可以节约劳动力又可提高建筑质量，节能节材、减少施工污染、保护环境，实现建筑业的可持续健康发展。

1.1.2 装配式建筑的政策目标

2016年9月国办发71号文《关于大力发展装配式建筑的指导意见》把装配式建筑提升到建筑变革的高度，提出以京津冀、长三角、珠三角三大城市群为重点推进地区，常住人口超过300万的其他城市为积极推进地区，其余城市为鼓励推进地区，因地制宜发展装配式混凝土结构、钢结构和现代木结构等装配式建筑。力争用10年左右的时间，使装配式建筑占新建建筑面积的比例达到30%。坚持标准化设计、工厂化生产、装配化施工、一体化装修、信息化管理、智能化应用，提高技术水平和工程质量，促进建筑产业转型升级。

习 题

1. 装配式建筑的定义。
2. 装配式建筑的四大建筑体系

1.2 装配式建筑的现状

1.2.1 国外装配式建筑

1. 美国、加拿大装配式混凝土建筑的发展

美国、加拿大等国家，装配式混凝土技术在20世纪70年代得到大范围应用。装配式混凝土技术的规范和标准已制定完成，拥有完备的使用手册，并不断地、适时地更新，以适应技术的发展。

美国装配式混凝土结构的细部构造不同于整体式混凝土，强调的是干式连接节点和快速施工。城市住宅结构基本上以工厂化、混凝土装配式和钢结构装配式为主，降低了建设成本，提高了工程通用性，增加了施工的可操作性。

2. 欧洲国家装配式混凝土建筑的发展

欧洲的装配式混凝土建筑具有较长的历史，在技术上积累了大量的经验。他们强调设计、材料、工艺和施工的完美结合，已形成系统的基础理论。欧洲的预制构件制作工艺自动化程度很高，装备制造业非常发达。对欧洲的调研结果显示，装配式建筑的占有率和使用率：大型公共建筑为70%，工业厂房为100%，6层以上的住宅为70%，低层住宅为30%～40%。欧洲高层建筑不是很多，超高层建筑更少，装配式建筑多数为多层钢筋混凝土框架结构。

欧洲标准 FIB 对于装配式混凝土结构连接节点提出了以下的基本要求：①标准化；②简单化；③具有抗拉能力；④延性；⑤适应主体结构变形的能力；⑥抗火；⑦耐久性；⑧美学。

法国装配式建筑的特点是以预制装配式混凝土结构为主，钢结构、木结构为辅。主要采用的预应力混凝土装配式框架结构体系，装配率可达80%。

德国的装配式住宅主要采取叠合板、混凝土、剪力墙结构体系，采用构件装配式与混凝土结构，耐久性较好。

英国明确提出建筑生产领域需要通过新产品开发、集约化组织、工业化生产以实现"成本降低10%，时间缩短10%，缺陷率降低20%，事故发生率降低20%，劳动生产率提高10%，最终实现产值利润提高10%"的具体目标。同时，政府出台一系列鼓励政策和措施，大力推行绿色节能建筑，以对建筑品质、性能的严格要求促进行业向新型建造模式转变。

瑞典和丹麦在20世纪50年代就已有大量企业开发了混凝土、板墙装配的部件。目前，新建住宅之中通用部件占到了80%，既满足多样性的需求，又达到了50%以上的节能率，这种新建建筑比传统建筑的能耗有大幅度的下降。

3. 日本装配式建筑

日本装配式混凝土建筑的技术达到世界领先水平，质量标准很高，并经历了多次地震的考验。日本拥有完备的关于装配式混凝土建筑的标准规范体系，先进的工艺技术，合理的构造设计，产品的集成化程度很高，施工管理严格，综合技术水平很高。

日本的装配式混凝土建筑多为框架结构、框架-剪力墙结构和筒体结构，预制率比较高。装配式混凝土框架结构结合隔震、减震技术在高层建筑中广泛应用。

4. 新加坡装配式建筑

新加坡是世界上公认的住宅问题解决较好的国家，其住宅多采用建筑工业化技术加以建造。其中，住宅政策及装配式住宅发展理念促使其工业化建造方式得到广泛推广。

新加坡开发出15层至30层的单元化的装配式住宅，占全国总住宅数量的80%以上。通过平面的布局，部件尺寸和安装节点的重复性来实现标准化，以设计为核心进行设计和施工过程的工业化，相互之间配套融合，装配率达到70%。

1.2.2 我国装配式建筑

1. 中国装配式建筑的现状

我国装配式混凝土建筑在20世纪50年代就开始了，到20世纪80年代达到高潮。许多工业厂房为预制钢筋混凝土单层厂房，柱子、吊车轨道梁和屋架都是预制的，还有许多无梁板结构的仓库和冷库也是装配式建筑，预制杯型基础、柱子、柱帽和叠合无梁楼板。20世纪90年代，工业厂房主要采用钢结构建筑。

近年来，在制造业转型升级大背景下，中央层面持续出台相关政策推进装配式建筑。在顶层框架的要求指引下，住建部和国务院政策协同推进，一方面，不断完善装配式建筑配套技术标准；另一方面，对落实装配式建筑发展提出了具体要求。

2. 装配式建筑相关政策

(1)国务院发关于装配式建筑的相关政策

2016年2月:《关于进一步加强城市规划建设管理工作的若干意见》。加大政策支持力度,立足用10年左右时间,使装配式建筑占新建建筑的比例达到30%。积极稳妥推广钢结构建筑。

2016年3月:在《政府工作报告》中进一步强调,积极推广绿色建筑和建材,大力发展钢结构和装配式建筑,加快标准化建设,提高建筑技术水平和工程质量。

2016年9月:在国务院常务会议中提出"决定大力发展装配式建筑,推动产业结构调整升级"。

2016年9月:《关于大力发展装配式建筑的指导意见》。以京津冀、长三角、珠三角三大城市群为重点推进地区,常住人口超过300万的其他城市为积极推进地区,因地制宜发展装配式混凝土结构、钢结构和现代木结构等装配式建筑

2017年1月:《"十三五"节能减排综合工作方案》。实施绿色建筑全产业链发展计划。推行绿色施工方式,推广节能绿色建材、装配式和钢结构建筑。

2017年2月:国务院总理李克强2月8日主持召开国务院常务会议,深化建筑业"放管服"改革,推广智能和装配式建筑。

2017年2月:《国务院办公厅关于促进建筑业持续健康发展的意见》。要坚持标准化设计、工厂化生产、装配化施工、一体化装修、信息化管理、智能化应用,推动建造方式创新,大力发展装配式建筑在新建建筑中的比例。力争用10年左右的时间,使装配式建筑占新建建筑面积的比例达到30%。

(2)住建部关于装配式建筑的相关政策

2016年11月:住建部在上海召开全国装配式建筑现场会提出"大力发展装配式建筑,促进建筑业转型升级",并明确了发展装配式建筑必须抓好的七项工作。

3. 我国装配式混凝土结构尚需攻克的课题

从国务院到各地方政府对建筑产业化的政策推广力度都在持续加强,装配式建筑将进入快速增长期。但必须清醒意识到,我国装配式建筑还处于发展期,还有很多技术难点,产业链如何协同发展、质量监管如何有效等方面的问题需要尽快解决,以适应建筑业这一轮的转型与发展的需要。

(1)装配式剪力墙结构技术有待成熟

装配式混凝土剪力墙结构是我国在常规的现浇剪力墙结构基础上,结合国内外预制构件的连接技术发展起来的,还需有更多工程实践验证。

预制构件的现场连接技术是装配式混凝土结构的关键,而剪力墙结构较框架柱的连接量大得多,是制约施工质量、工期的关键因素,需要进一步在连接节点的可靠性、便利性上推出改进技术。

(2)需提升与装配式混凝土建筑相适应的认知

装配式建筑讲究建筑部品、部件的工厂化、技术集成化。首先建筑设计、产品制造、运输、施工安装等环节应进行产业链的协同、衔接,采用统一协调的建筑模数。其次宜改变传统建筑设计中的做法以适应装配式建筑的优势发挥。

(3)需要探索出适应装配式建筑质量监管的机制

装配式建筑与传统建筑的最大不同在于,一些建筑部品部件,尤其是一些结构构件由现场施工变为工厂制作了(如预制混凝土墙板),还有些构件为集成产品(如预制混凝土夹心保温外墙板),这些产品的质量验收方式如何适应装配式建筑的建造流程,是现代管理部门需要尽快探索的。

装配式混凝土结构连接节点是质量保障的关键,技术是可靠的,但可靠技术的实施需要专业的施工队伍、有效的技术检测验收来保障。这方面也需要行业内各方进一步共同努力。

习 题

1. 欧洲标准 FIB 对于装配式混凝土结构连接节点提出了的基本要求有哪些?
2. 我国装配式混凝土结构尚需攻克的课题有哪几个?

第 2 章　装配式混凝土建筑概述

学习目标

- 掌握装配式混凝土结构体系。
- 了解装配式混凝土结构的材料及基本规定。
- 掌握装配式混凝土结构的连接方式。

2.1　装配式混凝土结构体系

装配式混凝土结构体系是由预制混凝土构件通过可靠的连接方式装配而成的结构体系,包括装配整体式混凝土结构、全装配混凝土结构等。装配整体式混凝土结构是由预制混凝土构件通过现场后浇混凝土、水泥基灌浆材料连接形成整体的装配式混凝土结构;全装配混凝土结构是预制构件之间通过干式连接的结构,连接形成简单、易施工,但结构整体性稍差,一般用于较低层建筑。目前国内的工程实例基本为装配整体式混凝土结构。

装配式混凝土建筑实际工程中有以下两种装配形式:

(1)结构竖向构件现浇,水平构件装配。

(2)结构部分竖向构件装配,部分竖向构件现浇,水平构件装配。

两种装配形式施工工艺不同,达到的预制率也不同。严格意义上讲只有竖向结构构件采用装配式的混凝土结构才称为装配式混凝土结构。

《装配式混凝土结构技术规程》(JGJ 1—2014)、《装配式混凝土建筑技术标准》(GB/T

51231—2016),包含多、高层装配式建筑的结构类型均为装配整体式结构,主要有:

(1)装配整体式框架结构。
(2)装配整体式框架-现浇剪力墙结构。
(3)装配整体式框架-现浇筒体结构。
(4)装配整体式剪力墙结构。
(5)装配整体式部分框支-剪力墙结构。

装配式混凝土水平结构构件包括:叠合楼板、叠合阳台板、预制阳台板及空调板、预制楼梯、叠合梁等。

装配式混凝土竖向结构构件包括:预制柱、预制墙板、单侧叠合墙板、双侧叠合墙板、预制圆孔墙板、型钢混凝土连接墙板。

习 题

1. 装配式混凝土结构体系的概念?
2. 装配式混凝土水平结构构件包括哪些?
3. 装配式混凝土竖向结构构件包括哪些?

2.2 装配式混凝土结构的材料及基本规定

2.2.1 材料

1. 混凝土、钢筋、钢材

装配式结构中所采用的混凝土、钢筋、钢材的各项力学性能指标和耐久性要求,应分别符合现行国家标准《混凝土结构设计规范》(2015 年版)(GB 50010－2010)、《钢结构设计标准》(GB 50017－2017)中的相应规定。

预制构件的混凝土强度等级不宜低于C30;预应力混凝土预制构件的混凝土强度等级不宜低于C40,且不应低于C30;现浇混凝土的强度等级不应低于C25;承受重复荷载的钢筋混凝土构件,混凝土强度等级不应低于C30。

预制构件节点及接缝处后浇混凝土强度等级不应低于预制构件的混凝土强度等级;多层剪力墙结构中墙板水平接缝用坐浆材料的强度等级值应大于被连接构件的混凝土强度等级值。

普通钢筋采用套筒灌浆连接和浆锚搭接连接时,钢筋应采用热轧带肋钢筋。热轧带肋钢筋的肋可以使钢筋与灌浆材料之间产生足够的摩擦力,有效地传递应力,从而形成可靠的连接接头。

2. 连接材料

钢筋套筒灌浆连接接头采用的套筒应符合现行行业标准《钢筋连接用灌浆套筒》(JG/T 398－2019)的规定。钢筋套筒灌浆连接接头应符合《钢筋套筒灌浆连接应用技术规程》(JGJ 355—2015)的规定。

灌浆套筒连接接头要求灌浆套筒具有刚度大和变形小的能力,灌浆料有较高的抗压强度。灌浆套筒的制作材料可以是碳素结构钢,合金结构钢或球墨铸铁等。灌浆料应具有高强、早强、无收缩和微膨胀等基本特性,以使其能与套筒、被连接钢筋更有效地结合在一起共同工作,同时满足装配式结构快速施工的要求。

钢筋浆锚搭接是连接的技术关键,包括孔洞内壁的构造及其孔技术、灌浆材料的质量以及约束钢筋的配置方法等各个方面。用于钢筋浆锚搭接连接的镀锌金属波纹管应符合现行行业标准《预应力混凝土用金属波纹管》(JG/T 225—2020)的有关规定。镀锌金属波纹管的钢带厚度不宜小于0.3 mm,波纹高度不应小于2.5 mm。

用于钢筋机械连接的挤压套筒,其原材料及实测力学性能应符合现行行业标准《钢筋机械连接用套筒》(JG/T 163—2013)的有关规定。

用于水平钢筋锚环灌浆连接的水泥基灌浆材料应符合现行国家标准《水泥基灌浆材料应用技术规范》(GB/T 50448—2015)的有关规定。

用于装配式混凝土结构预制构件连接的钢筋锚固板材料应符合现行行业标准《钢筋锚固板应用技术规程》(JGJ 256—2011)的规定。受力预埋件的锚板材料应符合现行国家标准《混凝土结构设计规范》(2015年版)(GB 50010—2010)中的有关规定。专用预埋件及连接件材料应符合国家现行有关标准的规定。连接用焊接材料,螺栓、锚栓和铆钉等紧固的材料应符合国家现行标准《钢结构设计规范》(GB 50017—2017)、《钢结构焊接规范》(GB 50661—2011)和《钢筋焊接及验收规程》(JGJ 18—2012)的规定。

预埋件和连接件等外露金属件应按不同环境类别进行封闭或防腐、防锈、防火处理,应符合耐久性要求。

(1)钢筋套筒灌浆连接接头

预制构件的连接技术是装配式混凝土结构关键核心技术。其中钢筋套筒灌浆连接接头技术是目前最为成熟的连接技术。

钢筋套筒灌浆连接接头所采用的套筒应符合现行行业标准《钢筋连接用灌浆套筒》(JG/T 398—2019)的规定。钢筋套筒灌浆连接接头所采用的灌浆料应符合现行行业标准《钢筋连接用套筒灌浆料》(JG/T 408—2019)的规定。钢筋套筒灌浆连接接头尚应符合《钢筋套筒灌浆连接应用技术规程》(JGJ 355—2015)的规定。

钢筋灌浆套筒应具有较大的刚度和较小的变形能力,其材料可以采用碳素结构钢、合金结构钢或球墨铸铁等。我国台湾地区多年来一直采用球墨铸铁用铸造方法制造灌浆套筒,而大陆近年来开发了碳素结构钢或合金结构钢材料用机械加工方法制作的灌浆套筒,经受了工程实践的考验,具有良好的、可靠的连接性能。

钢筋套筒灌浆连接接头的另一个关键技术是灌浆材料质量,灌浆料应具有高强、早强、无收缩和微膨胀等基本特性,以使其能与套筒、被连接钢筋更有效地结合在一起共同工作,同时满足装配式混凝土结构快速施工的要求。

(2)钢筋浆锚搭接连接接头

钢筋浆锚搭接连接接头,是在预留孔洞内完成搭接连接的方式,其技术的关键在于孔洞的成形技术、灌浆材料的质量以及对被搭接钢筋形成约束的方法等。钢筋浆锚搭接连接接头应采用水泥基灌浆料,并满足相应性能要求。用于钢筋浆锚搭接连接的镀锌波纹管应符合现行工业标准《预应力混凝土用金属波纹管》(JG 225—2020)的有关规定。镀锌波纹管的钢带厚度不宜小于 0.3 mm,波纹高度不应小于 2.5 mm。

(3)钢筋挤压套筒机械连接接头。

用于钢筋机械连接的挤压套筒,其原材料及实测力学性能应满足现行行业标准《钢筋机械连接用套筒》(JG/T 163—2013)的有关规定。

(4)水平钢筋锚环灌浆连接接头

用于水平钢筋锚环灌浆连接的水泥基灌浆材料应符合现行国家标准《水泥基灌浆材料应用技术规范》(GB/T 50448—2015)的有关规定。

(5)钢筋锚固板、预埋件等其他连接用材

当建筑物层数较低时,也可采用钢筋锚固板、预埋件进行连接。钢筋锚固板的材料应符合现行行业标准《钢筋锚固板应用技术规程》(JGJ 256—2011)的规定。受力预埋件的锚板及锚筋材料应符合现行国家标准《混凝土结构设计规范》(GB 50010—2010)(2015 年版)有关规定,其他连接用焊接材料、螺栓、锚栓和铆钉等紧固件,应分别符合国家或行业相关标准的规定。

(6)夹心外墙板中内外叶墙板的拉结件

夹心外墙板中内外叶墙板的拉结件应具有规定的承载力、变形和耐久性,并应经过试验验证,还应满足夹心外墙板的节能设计要求。在美国多采用高强玻璃纤维制作,欧洲则采用不锈钢制作金属拉结件,我国目前还没有相应产品标准,主要参考美国和欧洲的相关标准。

3. 其他材料

(1)外墙板接缝处密封材料

外墙板接缝处密封材料应与混凝土具有相容性,满足规定的抗冲切和伸缩变形能力等力学性能;密封胶尚应满足防霉、防水、耐候等建筑物理性能要求。密封胶的宽度和厚度应通过计算确定。

硅酮、聚氨酯、聚硫建筑密封胶应分别符合行业标准《硅酮和改性硅酮建筑密封胶》(GB/T 14683—2017)、《聚氨酯建筑密封胶》(JC/T 482—2022)、《聚硫建筑密封胶》(JC/T 483—2022)的相关规定。

夹心外墙板接缝处填充用保温材料的燃烧性能应满足国家标准《建筑材料及制品燃烧性能分级》(GB 8624—2012)中 A 级的要求。

(2)夹心外墙板保温材料

夹心外墙板中的保温材料,其导热系数不宜大于 0.04 W/(m·K),其体积吸水率不宜大于 0.3%,燃烧性能不应低于国家标准《建筑材料及制品燃烧性能分级》(GB 8624—2012)中 B_2 级的要求。

根据美国的使用经验,由于挤塑聚苯乙烯板(XPS)的抗压强度高、吸水率低,在夹心外墙板中应用最为广泛,使用时还需对其进行界面隔离处理,以允许外叶墙板的自由收缩。当采用改性聚氨酯(PIR)时,美国多采用带有塑料表皮的改性聚氨酯板材。

我国夹心外墙板应用历史短,还没有足够的研究和实践经验,目前参考美国 PCI 手册要求,进行实际应用。

2.2.2 等同现浇理念

装配整体式混凝土结构,是由预制混凝土构件通过现场后浇混凝土、水泥基灌浆料形成整体的装配式混凝土结构。

习题

1. 灌浆料应当具有哪些基本特性?
2. 采用套筒灌浆连接和浆锚搭接连接时,钢筋为何采用热轧带肋钢筋?
3. 钢筋连接接头种类有哪些?

2.3 装配式混凝土结构连接方式

2.3.1 预制构件的连接

装配整体式混凝土结构中的连接主要指预制构件之间的连接及预制构件与现浇混凝土之间的连接,包括预制墙板的竖向连接和水平连接、预制柱顶底的连接、预制梁端与柱或墙的连接等。预制构件的连接技术是装配式结构的关键、核心的技术,是形成各种装配整体式混凝土结构的重要基础。

1. 装配整体式结构中的主要连接方式

(1)后浇混凝土连接

在预制构件的结合部位留出后浇混凝土区,被连接预制构件的受力钢筋在后浇区采用搭接、焊接、直螺纹连接、冷挤压套筒连接、型钢或钢板预埋件连接等方式进行可靠连接,后浇区的截面尺寸应满足钢筋连接长度及施工操作的需要,通过现场浇筑混凝土将预制构件进行连接。比如剪力墙的边缘构件、相邻预制墙板之间的后浇段等,具体详见剪力墙结构的章节。

(2)套筒灌浆连接、浆锚搭接连接

装配式混凝土结构中,根据接头受力及施工工艺等要求,连接节点及接缝处的纵向钢筋可选用套筒灌浆连接、浆锚搭接连接。《装配式混凝土结构技术规程》(JGJ 1—2014)对于每种连接方式的适用范围提出了明确规定,如当结构层数较多时(房屋高度大于 12 m 或层数超过 3 层),框架柱的纵向钢筋宜采用套筒灌浆连接等,详见本书后续各章节的介绍。

(3)叠合连接

叠合连接是指预制构件与现浇混凝土叠合的连接方式,包括叠合楼板、叠合梁、叠合阳台板等。预制与现浇之间一般须设抗剪钢筋,详细内容在本书叠合楼板、叠合梁等章节中介绍。

2. 钢筋套筒灌浆连接

钢筋套筒灌浆连接是在金属套筒中插入单根带肋钢筋并注入灌浆料拌和物,通过拌合物硬化形成整体并实现传力的钢筋对接连接技术。按结构形式,套筒分为全灌浆套筒连接和半灌浆套筒连接。全灌浆套筒连接是两端钢筋均通过灌浆料与套筒进行的连接;半灌浆套筒连接是预制构件端采用直螺纹方式连接钢筋,现场装配端采用灌浆方式连接钢筋,直径较小时不适宜采用半灌浆套筒连接。

钢筋套筒灌浆连接技术是美籍华人余占疏于1968年发明,并最早应用在夏威夷檀香山阿拉莫阿纳酒店(一座38层的建筑)建筑中,后被日本引进并进行了改进。目前在美国、日本等地区,装配式混凝土结构受力钢筋的连接应用最多的就是这种连接方式,已经有长期、大量的实践经验,且应用于超高层建筑,经历了大地震的考验。我国也已有充分的研究和实践应用,并已颁布了相关的产品标准和技术规程。如《钢筋套筒灌浆连接应用技术规程》(JGJ 355—2015)、《钢筋连接用灌浆套筒》(JG/T 398—2019)、《钢筋连接用套筒灌浆料》(JG/T408—2019)等。

钢筋套筒灌浆连接接头的工作机理:注入灌浆套筒内的灌浆料有较高的抗压强度及微膨胀特性,灌浆料凝固后受到灌浆套筒的约束作用,在灌浆料与灌浆套筒筒壁间产生较大的正向应力,因而在套筒内带肋钢筋的粗糙表面产生较大的摩擦力,由此得以传递被连接钢筋的轴向力。因此,灌浆套筒连接接头要求套筒具有刚度大和变形小的能力,灌浆套筒的制作材料可以是碳素结构钢、合金结构钢或球墨铸铁等。灌浆料应具有高强、早强、无收缩和微膨胀等基本特征,以使其与套筒、被连接钢筋更有效地结合在一起共同工作,同时满足装配式结构快速施工的要求。

3. 钢筋浆锚搭接连接

钢筋浆锚搭接连接,是在预制混凝土构件中预留孔道,在孔道中插入需搭接的钢筋,并灌注水泥基灌浆料而实现传力的钢筋搭接连接技术。有两种钢筋浆锚搭接连接形式:螺旋箍筋约束钢筋浆锚搭接连接、金属波纹管钢筋浆锚搭接连接(图2-1)。

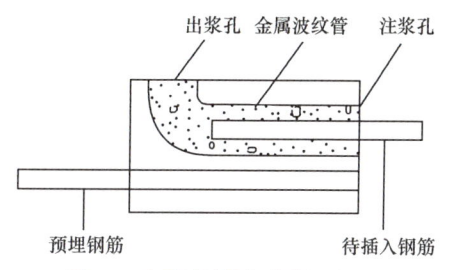

图 2-1 金属波纹管钢筋浆锚搭接连接

这种钢筋连接技术在欧洲已有多年的应用历史和研究成果,被称之为间接搭接或间接锚固。我国1989年版的《混凝土结构设计规范》的条文说明中,引用过欧洲标准对间接搭接的要求说明,后续版本的规范中取消了此内容。近年来,国内的科研单位及企业对各种形式的钢筋浆锚搭接连接接头进行了试验研究,有了一定的技术基础。这项技术的关键点包括孔洞内壁的构造及其成孔技术、灌浆料的质量以及约束钢筋的配置方法等。鉴于我国目前对钢筋浆锚搭接连接接头尚无统一的技术标准,因此工程使用时应提出较为严格的要求,要求使用前对接头进行力学性能及适用性的试验验证,即对整套技术,包括混凝土孔洞成形方式、约束配筋方式、钢筋布置方式、灌浆料、灌浆方法等形成的接头进行力学性能试验,并对采用此类接头技术的预制构件进行各项力学及抗震性能的试验验证,经相关部门组织的专家论证或鉴定后方可使用。

《装配式混凝土结构技术规程》(JGJ 1—2014)规定,直径大于 20 mm 的钢筋不宜采用浆锚搭接连接,直接承受动力荷载的构件纵向钢筋不应采用浆锚搭接连接。

4. 钢筋冷挤压套筒连接

钢筋冷挤压套筒连接是将两根待连接的带肋钢筋插入钢套筒内,用挤压连接设备沿径向挤压钢套筒,使之产生塑性变形,依靠变形后的钢套筒与被连接钢筋纵、横肋产生的机械咬合成为整体的钢筋连接方法。钢筋冷挤压套筒连接在现浇混凝土结构中应用广泛,经过成熟的工程实践检验。可连接 16～40 mm 直径的 HRB400 级带肋钢筋,可实现相同直径、不同直径的钢筋连接,可用于建筑结构中的水平、竖向、斜向等部位的钢筋的连接。钢筋挤压套筒连接需要留出足够长度或高度的混凝土后浇段。

习 题

1. 装配整体式结构中的主要连接方式有哪些?
2. 钢筋套筒灌浆连接的概念是什么?
3. 钢筋浆锚搭接连接形式有哪几种?

第3章 装配整体式混凝土建筑结构识图

学习目标

- 掌握装配式混凝土结构识图基础知识。
- 重点掌握预制混凝土外墙板识图,预制混凝土内墙板识图,桁架钢筋混凝土叠合板识图以及预制钢筋混凝土板式楼梯识图。
- 了解预制钢筋混凝土阳台板、空调板和女儿墙识图。

3.1 装配整体式混凝土建筑结构识图基础知识

3.1.1 装配式混凝土结构图集适用范围

装配式混凝土结构标准图集包括《装配式混凝土结构连接节点构造》(15G310—1~2)、《预制混凝土剪力墙外墙板》(15G365—1)、《预制混凝土剪力墙内墙板》(15G365—2)、《桁架钢筋混凝土叠合板(60 mm 厚底板)》(15G366—1)、《预制钢筋混凝土板式楼梯》(15G367—1)、《预制钢筋混凝土阳台板、空调板及女儿墙》(15G368—1)、《装配式混凝土结构表示方法及示例(剪力墙结构)》(15G107—1)、《装配式混凝土结构住宅建筑设计示例(剪力墙结构)》(15J939—1)等。

其适用于非抗震和抗震设防烈度为 6~8 度地区的装配式混凝土剪力墙结构住宅施工图的设计,其他类型建筑可参考使用。其制图规则既是设计者完成装配式混凝土剪力墙结构施工图的依据,也是施工、构件加工、监理人员准确理解装配式混凝土剪力墙结构施工图表示方法的参考。

3.1.2 混凝土结构抗震等级

装配整体式混凝土结构构件的抗震设计,应根据设防类别、烈度、结构类型和房屋高度采用不同的抗震等级,并应符合相应的计算和构造措施要求。丙类建筑装配整体式混凝土结构的抗震等级应按表3-1确定,其他抗震设防类别和特殊场地类别下的建筑应符合国家现行标准《建筑抗震设计规范(2016年版)》(GB 50011—2010)、《装配式混凝土结构技术规程》(JGJ 1—2014)、《高层建筑混凝土结构技术规程》(JGJ 3—2010)中对抗震措施进行调整的规定。

表3-1　丙类建筑装配整体式混凝土结构的抗震等级

结构类型		抗震设防烈度					
		6		7		8	
装配整体式框架结构	高度/m	≤24	>24	≤24	>24	≤24	>24
装配整体式框架结构	框架	四	三	三	二	二	一
	大跨度框架	三		二		一	
装配整体式框架-现浇剪力墙结构	高度/m	≤60	>60	≤24	>24且≤60	>60	≤24	>24且≤60	>60
	框架	四	三	四	三	二	三	二	一
	剪力墙	三		三	二		二	一	
装配整体式框架-现浇核心筒结构	框架	三		二		一	
	核心筒	二		二		一	
装配整体式剪力墙结构	高度/m	≤70	>70	≤24	>24且≤70	>70	≤24	>24且≤70	>70
	剪力墙	四	三	四	三	二	三	二	一
装配整体式部分框支-剪力墙结构	高度/m	≤70	>70	≤24	>24且≤70	>70	≤24	>24且≤70
	现浇框支框架	二	二	二	二	一	一
	底部加强部位剪力墙	三	二	三	二	二	一
	其他区域剪力墙	四	三	四	三	二	三	二

注:1. 大跨度框架指跨度不小于18 m 的框架;
2. 高度不超过60 m 的装配整体式框架-现浇核心筒结构按装配整体式框架-现浇剪力墙的要求设计时,应按表中装配整体式框架-现浇剪力墙结构的规定确定其抗震等级。

3.1.3 混凝土保护层最小厚度

为了防止钢筋锈蚀,增强钢筋与混凝土之间的黏结力及钢筋的防火能力,在钢筋混凝土构件中的外边缘至构件表面应留一定厚度的混凝土,称为保护层。

影响混凝土保护层厚度的四大因素包括:环境类别、构件类型、混凝土强度等级及结构设计使用年限。不同环境类别的混凝土保护层的最小厚度应符合以下规定,见表 3-2。

表 3-2　　　　　　　混凝土保护层的最小厚度(混凝土强度等级≥C30)

环境类别	板、墙、壳	梁、柱、杆
一	15	20
二 a	20	25
二 b	25	35
三 a	30	40
三 b	40	50

表 3-2 中混凝土保护层厚度指最外层钢筋外边缘至混凝土表面的距离,适用于设计使用年限为 50 年的混凝土结构。

构件中受力钢筋的保护层厚度不应小于钢筋的公称直径。

设计使用年限为 100 年的混凝土结构,一类环境中,最外层钢筋的保护层厚度不应小于表 3-2 中数值的 1.4 倍;二、三类环境中,应采取专门的有效措施。

例如:环境类别为一类,结构设计使用年限为 100 年的框架梁,混凝土强度等级为 C30,其混凝土保护层的最小厚度应为 20×1.4=28(mm)。

混凝土强度等级不大于 C25 时,表 3-2 中保护层厚度数值应增加 5 mm。

例如:结构设计使用年限为 50 年的混凝土结构,其混凝土强度等级均≤C25,则表 3-2 中各类构件混凝土保护层的最小厚度见表 3-3。

表 3-3　　　　　　　混凝土保护层的最小厚度(混凝土强度等级≤C25)

环境类别	板、墙、壳	梁、柱、杆
一	20	25
二 a	25	30
二 b	30	40
三 a	35	45
三 b	45	55

钢筋混凝土基础底面钢筋的保护层厚度,有混凝土垫层时应从垫层顶面算起,且不应小于 40 mm,无垫层时不应小于 70 mm。

混凝土结构的环境类别见表 3-4。

表 3-4　　　　　　　　　　混凝土结构的环境类别

环境类别	条件
一	室内干燥环境;无侵蚀性静水浸没环境
二 a	室内潮湿环境 非严寒和非寒冷地区的露天环境 非严寒和非寒冷地区与无侵蚀性的水或土壤直接接触的环境 严寒和寒冷地区的冰冻线以下与无侵蚀性的水或土壤直接接触的环境

(续表)

环境类别	条件
	室内干燥环境；无侵蚀性静水浸没环境
二 b	干湿交替环境 水位频繁变动环境 严寒和寒冷地区的露天环境 严寒和寒冷地区冰冻线以上与无侵蚀性的水或土壤直接接触的环境
三 a	严寒和寒冷地区冬季水位变动区环境 受除冰盐影响环境 海风环境
三 b	盐渍土环境 受除冰盐作用环境 海岸环境
四	海水环境
五	受人为或自然的侵蚀性物质影响的环境

注：在实际工程施工图中，如果用到环境类别，则一般由设计单位在施工图中直接标明，无须由施工单位、监理单位等进行判定。

3.1.4 钢筋连接、锚固及搭接长度

参考 16G101 系列图集中的相关规定，受拉钢筋的基本锚固长度 l_{ab}、抗震基本锚固长度 l_{abE} 分别见表 3-5 和表 3-6。

表 3-5　　受拉钢筋的基本锚固长度 l_{ab}

钢筋种类	混凝土强度等级								
	C20	C25	C30	C35	C40	C45	C50	C55	≥C60
HPB300	39d	34d	30d	28d	25d	24d	23d	22d	21d
HRB335、HRBF335	38d	33d	29d	27d	25d	23d	22d	21d	21d
HRB400、HRBF400、RRB400	—	40d	35d	32d	29d	28d	27d	26d	25d
HRB500、HRBF500	—	48d	43d	39d	36d	34d	32d	31d	30d

表 3-6　　受拉钢筋的抗震基本锚固长度 l_{abE}

钢筋种类		混凝土强度等级								
		C20	C25	C30	C35	C40	C45	C50	C55	≥C60
HPB300	一、二级	45d	39d	35d	32d	29d	28d	26d	25d	24d
	三级	41d	36d	32d	29d	26d	25d	24d	23d	22d

(续表)

钢筋种类		混凝土强度等级							
		C20	C25	C30	C35	C40	C45	C50	C55	≥C60
HRB335、HRBF335	一、二级	44d	28d	33d	31d	29d	26d	25d	24d	24d
	三级	40d	35d	31d	28d	26d	24d	23d	22d	22d
HRB400、RRB400	一、二级	—	46d	40d	37d	33d	32d	31d	30d	29d
	三级	—	42d	37d	34d	30d	29d	28d	27d	26d
HRB500、HRBF500	一、二级	—	55d	49d	45d	41d	39d	37d	36d	35d
	三级	—	50d	45d	41d	38d	36d	34d	33d	32d

3.2 预制混凝土外墙板识图

3.2.1 预制墙板类型与编号规定

1. 预制混凝土剪力墙编号

预制混凝土剪力墙编号由墙板代号、序号组成,表达形式应符合表3-7的规定。

表 3-7　　　　　　　　　　预制混凝土剪力墙编号

预制墙板类型	代号	序号	预制墙板类型	代号	序号
预制外墙	YWQ	××	预制内墙	YNQ	××

在编号中,如若干预制剪力墙的模板、配筋、各类预埋件完全一致,仅墙厚与轴线的关系不同,也可将其编为同一预制剪力墙编号,但应在图中注明与轴线的几何关系。

在编号中的序号可为数字,或数字加字母。如:YNQ5a 表示某工程有一块预制混凝土内墙板与已编号的 YNQ5 除线盒位置外,其他参数均相同,为方便起见,将该预制内墙板序号编为 5a。

2. 预制混凝土剪力墙外墙

预制混凝土剪力墙外墙由内叶墙板、保温层和外叶墙板组成。

(1)内叶墙板

标准图集《预制混凝土剪力墙外墙板》(15G365—1)中的内叶墙板共有 5 种形式,编号规则见表 3-8 和表 3-9。

表 3-8　　　　　　　　　　内叶墙板类型及示意图(一)

内叶墙板类型	示意图	编号
无洞口外墙	□	WQ—××—×× (无洞口外墙／标志宽度／层高)

(续表)

内叶墙板类型	示意图	编号
一个窗洞外墙（高窗台）		WQC1 — ×××× — ×××× 一个窗洞外墙高窗台　标志宽度 层高　窗宽 窗高
一个窗洞外墙（矮窗台）		WQCA — ×××× — ×××× 一个窗洞外墙矮窗台　标志宽度 层高　窗宽 窗高
两个窗洞外墙		WQC2 — ×××× — ×××× — ×××× 两个窗洞外墙 标志宽度 层高 左窗宽 左窗高 右窗宽 右窗高
一个门洞外墙		WQM — ×××× — ×××× 有个门洞外墙 标志宽度 层高　门宽 门高

表 3-9　　　　　　　　内叶墙板类型及示意图（二）　　　　　　　　mm

内叶墙板类型	示意图	墙板编号	标志宽度	层高	门/窗宽	门/窗高	门/窗宽	门/窗高
无洞口外墙		WQ-2428	2 400	2 800	—	—	—	—
一个洞口外墙（高窗台）		WQC1-3028-1514	3 000	2 800	1 500	1 400	—	—
一个洞口外墙（矮窗台）		WQCA-3029-1517	3 000	2900	1 500	1 700	—	—
两个窗洞外墙		WQC2-4830-0615-1515	4 800	3 000	600	1 500	1 500	1 500
一个门洞外墙		WQM-3628-1823	3 600	2 800	1 800	2300	—	—

(2) 外叶墙板。

标准图集《预制混凝土剪力墙外墙板》(15G365—1)中的外叶墙板共有两种类型,如图 3-1 所示。

标准外叶墙板 wy1(a、b),按实际情况标注 a、b,当 a、b 均为 290 mm 时,仅注写 wy1;

带阳台板外叶墙板 wy2(a、b、c_L 或 c_R、d_L 或 d_R),按外叶墙板实际情况标注 a、b、c_L 或 c_R、d_L 或 d_R。

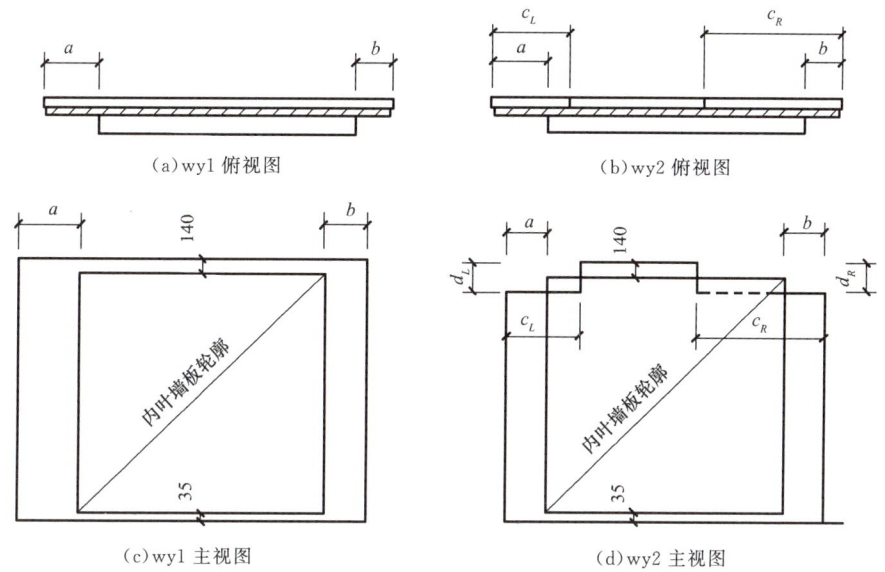

(a) wy1 俯视图　　(b) wy2 俯视图

(c) wy1 主视图　　(d) wy2 主视图

图 3-1　外叶墙板类型图(内表面图)

3.2.2　预制墙板列表注写内容

装配式混凝土剪力墙墙体结构可视为由预制剪力墙、后浇段、现浇剪力墙墙身、现浇剪力墙墙柱、现浇剪力墙梁等构件构成。其中,现浇剪力墙墙身、现浇剪力墙墙柱和现浇剪力墙梁的注写方式应符合《混凝土结构施工图平面整体表示方法制作规则和构造详图(现浇混凝土框架、剪力墙、梁、板)》(16G101—1)的规定。对应于预制剪力墙平面布置图上的编号,在预制墙板表中应表达图 3-2 所示的内容。

(1) 墙板编号。

预制墙板列表应按标准注写墙板编号。

(2) 各段墙板的位置信息,包括所在轴号和所在楼层号。

所在轴号应先标注垂直于墙板的起止轴号,用"~"表示起止方向;再标注墙板所在轴线、轴号,二者用"/"分隔。

(3) 管线预埋位置信息。当选用标准图集时,高度方向可只注写低区、中区和高区,水平方向根据标准图集的参数进行选择;当不可选用标准图集时,高度方向和水平方向均应注写具体定位尺寸,其参数位置所在装配方向为 X、Y,装配方向背面为 X'、Y',可用下角标编号区分不同线盒。

(4)构件质量、构件数量。

构件质量以吨(t)为单位,保留小数点后两位。构件数量以同等模数统计。

(5)构件详图页码。

当选用标准图集时,需标注图集号和相应页码;当自行设计时,应注写构件详图的图纸编号。

3.2.3 后浇段

后浇段编号由后浇段类型的代号和序号组成,表达形式见表3-10及表3-11。

表3-10 后浇段编号

后浇段类型	代号	序号
约束边缘构件后浇段	YHJ	××
构造边缘构件后浇段	GHJ	××
非边缘构件后浇段	AHJ	××

表3-11 后浇段表

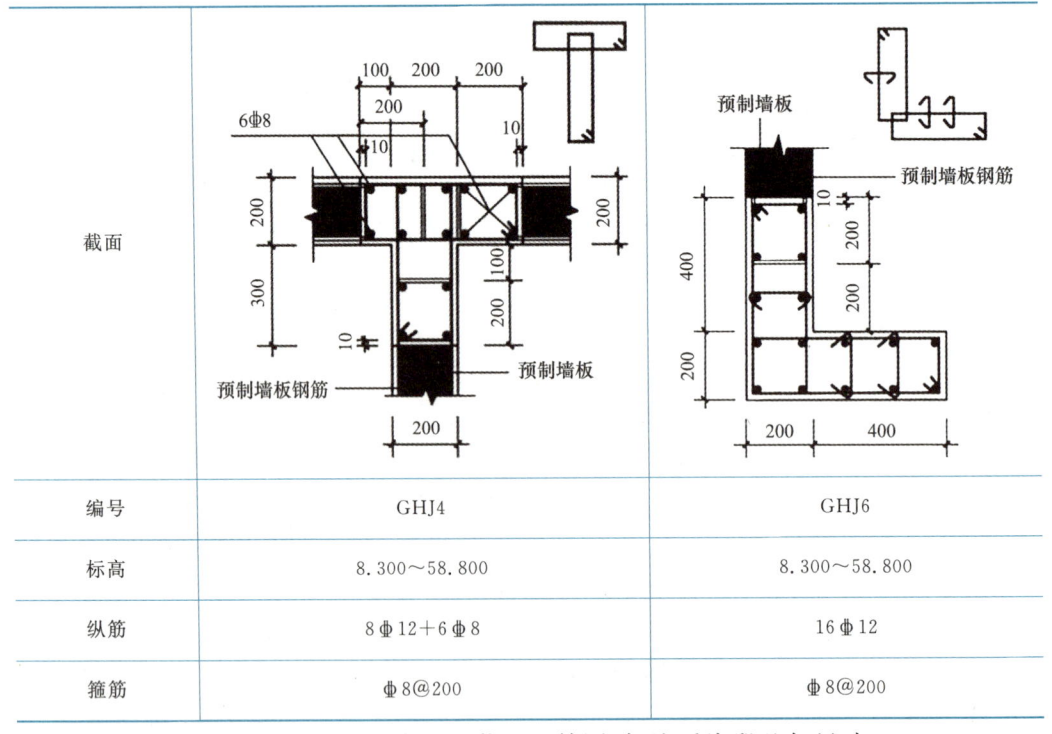

截面	(截面配筋图)	(截面配筋图)
编号	GHJ4	GHJ6
标高	8.300~58.800	8.300~58.800
纵筋	8⌀12+6⌀8	16⌀12
箍筋	⌀8@200	⌀8@200

(1)注写后浇段编号,绘制后浇段的截面配筋图,标注后浇段几何尺寸。

(2)注写后浇段的起止标高,自后浇段根部往上以变截面位置或截面未变但配筋改变处为界分段标注。

(3)注写后浇段的纵向钢筋和箍筋,注写值应与在表中绘制的截面配筋一致。纵向钢筋注写纵筋直径和数量;后浇段箍筋、拉筋注写方式与现浇剪力墙结构墙柱箍筋的注写方式相同。

(4)预制墙板外露钢筋尺寸应标注到钢筋中线,保护层厚度应标注至箍筋外表面。

3.2.4 其他说明

预制外墙模板编号由类型代号和序号组成,如 JM1。预制外墙模板表的内容包括平面图中编号、所在层号、所在轴号,外叶墙板厚度,构件质量、数量及构件详图页码(图号)如图 3-2 所示。图例见表 3-12,符号及其含义见表 3-13。

表 3-12　　　　　　　　　　　　　　图例

名称	图例	名称	图例
预制钢筋混凝土(包括内墙、内叶墙、外叶墙)		后浇段、边缘构件	
		夹心保温外墙	
保温层		预制外墙模板	
现浇钢筋混凝土墙体		防腐木砖	
预埋线盒			

表 3-13　　　　　　　　　　　　符号及其含义

符号	含义	符号	含义
C	粗糙面	h_q	内叶墙板高度
WS	外表面	L_q	外叶墙板高度
NS	内表面	h_a	窗下墙高度
MJ1	吊件	h_b	洞口连梁高度
MJ2	临时支撑预埋螺母	L_0	洞口边缘垛宽度
MJ3	临时加固预埋螺母	L_w	窗洞宽度
B-30	300 宽填充用聚苯板	h_w	窗洞高度
B-45	450 宽填充用聚苯板	L_{w1}	双窗洞墙板左侧窗洞宽度
B-50	500 宽填充用聚苯板	L_{w2}	双窗洞墙板右侧窗洞宽度
B-5	50 宽填充用聚苯板	L_d	门洞宽度
H	楼层高度	h_d	门洞高度
L	标志宽度	—	—

剪力墙梁表

编号	所在层号	梁顶相对标高高差	梁截面 $b\times h$	上部纵筋	下部纵筋	箍筋
LL1	4~20	0.000	200×500	2⌀16	2⌀16	⌀8@100(2)

预制墙板表

平面图中编号	内叶墙板	外叶墙板	管线预埋	所在层号	所在轴号	墙厚（内叶墙）	构件质量/t	数量	构件详图页码(图号)
YWQ1	——	——	见大样图	4~20	Ⓑ~Ⓓ/①	200	6.9	17	
YWQ2	——	——	见大样图	4~20	Ⓐ~Ⓑ/①	200	5.3	17	
YWQ3L	WQC1-3328-1514	wy-1 a=190 b=20	低区X=450 高区X=280	4~20	①~②/Ⓐ	200	3.4	17	
YWQ4L	——	——	见大样图	4~20	②~④/Ⓐ	200	3.8	17	
YWQ5L	WQC1-3328-1514	wy-2 a=20 b=190 c_R=590 d_R=80	低区X=450 高区X=280	4~20	①~②/Ⓓ	200	3.9	17	
YWQ6L	WQC1-3628-1514	wy-2 a=290 b=290 c_L=590 d_L=80	低区X=450 高区X=430	4~20	②~③/Ⓓ	200	4.5	17	
YNQ1	NQ-2728	——	低区X=150 高区X=450	4~20	Ⓒ~Ⓓ/②	200	3.6	17	
YNQ2L	NQ-2428	——	低区X=450 中区X=750	4~20	Ⓐ~Ⓑ/②	200	3.2	17	
YNQ3	——	——	见大样图	4~20	Ⓐ~Ⓑ/④	200	3.5	17	
YNQ1a	NQ-2728	——	低区X=150 中区X=750	4~20	Ⓒ~Ⓓ/③	200	3.6	17	

预制外墙模板表

平面图中编号	所在层号	所在轴号		外叶墙板厚度	构件质量/t	数量	构件详图页码（图号）
JM1	4~20	Ⓐ/①	Ⓓ/①	60	0.47	34	15G365—1，228

层号	标高/m	层高/m
屋面2	61.900	
屋面1	58.800	3.100
21	55.900	2.900
20	53.100	2.800
19	50.300	2.800
18	47.500	2.800
17	44.700	2.800
16	41.900	2.800
15	39.100	2.800
14	36.300	2.800
13	33.500	2.800
12	30.700	2.800
11	27.900	2.800
10	25.100	2.800
9	22.300	2.800
8	19.500	2.800
7	16.700	2.800
6	13.900	2.800
5	11.100	2.800
4	8.300	2.800
3	5.500	2.800
2	2.700	2.800
1	−0.100	2.800
−1	−2.250	2.650
−2	−5.450	2.700
−3	−8.150	2.700

底部加强部位

结构层楼面标高
结构层高

上部结构嵌固部位：
−0.100

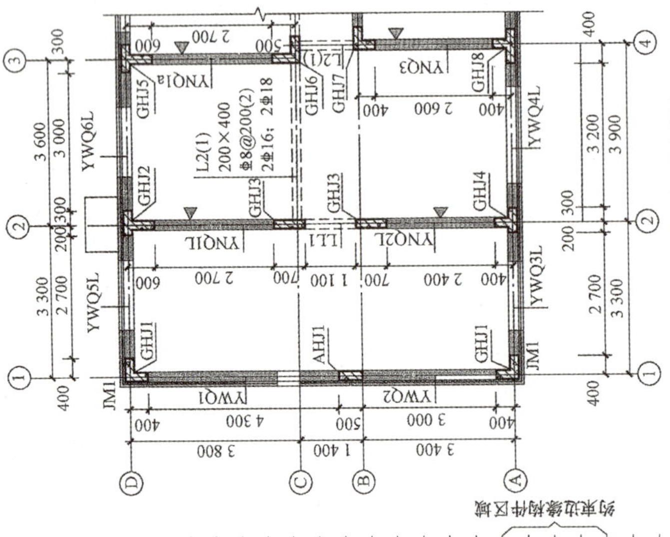

8.300~55.900剪力墙平面布置图

注：
1. 水平后浇带配筋详见装配式结构专项说明及预制墙板详图。
2. 本图中各配筋仅为示例，实际工程中详具体设计。
3. 未注明墙体均为轴线居中，墙体厚度为200 mm。

图 3-2　剪刀墙平面布置示例

3.2.5 外墙板识图

1. 模板图识读

从图 3-3 中可以读取出 WQCA-3028-1516 模板图中的以下内容，WQCA 选用表见表 3-14。

表 3-14　　　　　　　　　　WQCA 选用表

层高 H/mm	墙板编号	标志宽度 L/mm	L_w/mm	L_0/mm	h_a/mm	h_w/mm	h_b/mm
2 800	WQCA-3028-1516	3 000	1 500	450	730(780)	1 600	310(260)
	WQCA-3328-1816	3 300	1 800	450			
	WQCA-3628-1816	3 600	1 800	600			
2 800	WQCA-3028-2116	3 600	2 100	450	730(780)	1 600	310(260)
	WQCA-3928-2416	3 900	2 400	450			
	WQCA-4228-2416	4 200	2 400	600			
	WQCA-4228-2716	4 200	2 700	450			

注：表中表示建筑面层为 50 mm 和 100 mm 两种，括号内为 100 mm 厚建筑面层相对应数值。

(1) 外墙板的标志宽度为 3 000 mm，层高为 2 800 mm。

(2) 外叶墙板的宽度为 2 980 mm，高度为 2 780+35=2 815(mm)，厚度为 60 mm，外叶墙板对角线控制尺寸为 4 099 mm。

(3) 内叶墙板宽度为 2 400 mm，高度为 2 640 mm，厚度为 200 mm，内叶墙板对角线控制尺寸为 3 568 mm。

(4) 夹心保温层宽度为 2 980-20×2=2 940(mm)，高度为 2 640+140=2 780(mm)，厚度 t。

(5) 内叶墙板距离外叶墙板边缘宽度方向两边各为 290 mm，高度方向底部为 20 mm，顶部为 140 mm。

(6) 内叶墙板距离夹心保温层边缘宽度方向两边各为 270 mm，高度方向底部平齐，顶部为 140 mm。

(7) 外墙板预留窗洞口宽度为 1 500 mm，高度为 1 600 mm，窗洞口两边缘距离内叶墙板两侧各为 450 mm，窗下墙高度为 730(580)mm，洞口连梁高度为 310(260)mm。

2. 配筋图识读

从图 3-4 中可以读取出 WQCA-3028-1516 内叶墙板配筋图中共有 17 种类型钢筋，根据前述工程概况，构件抗震等级为三级。下面以连梁为例介绍各种钢筋信息（边缘构件和窗下墙钢筋信息识读参考连梁及 WQ-3028 配筋图识读部分内容）：

(1) 12a 号钢筋为 2 根直径为 16 mm 的 HRB400 水平纵筋，两端插入边缘构件内，两端延伸出墙板外露长度各为 200 mm。

(2) 12b 号钢筋为 2 根直径为 10 mm 的 HRB400 水平纵筋，两端插入边缘构件内，两端延伸出墙板外露长度各为 200 mm。

(3) 1G 号钢筋为 15 根直径为 8 mm 的 HRB400 箍筋，为焊接封闭箍筋，箍筋外露内叶墙板顶面 110 mm。

(4)1L 号钢筋为 15 根直径为 8 mm 的 HRB400 拉筋,拉筋弯钩平直段长度为 $10d$(d 为拉筋直径)。

3. 预埋件布置图识读

(1)吊件 MJ1 两个,位于内叶墙板顶部,距离内叶墙板宽度方向两边缘各为 325 mm。

(2)临时支撑预埋螺母 MJ2 四个,分为上、下两排,下面一排距离内叶墙板底面为 550 mm,距离内叶墙板宽度边缘各为 300 mm,上面一排距离内叶墙板顶面为 700 mm,距离内叶墙板宽度边缘各为 300 mm。

(3)预埋线盒位置有三种选择,即高区、中区、低区。高区、中区距离窗洞口边缘距离 X_L、X_R 可参考预埋件明细表内的数据 130 mm、280 mm 选用;低区距离窗洞口左边缘距离 X_M 可参考预埋件明细表内的数据 50 mm、250 mm、450 mm 选用。

(4)套筒灌浆门窗孔和出浆孔的位置:第一灌浆区在窗洞口左门窗缘 450 mm 范围;第二灌浆区在窗洞口左、右边缘 700mm 范围、宽度为 100 mm;第三灌浆区在窗洞口右边缘 450 mm 范围;在窗下墙距离洞口边缘各 50 mm 处填充两道 B-5 聚苯板,见表 3-13 中 TG、TT1、TT2、T-45、B-5 所示。

4. 节点详图识读

结合图 3-5 可读取出节点①、②、③、④、⑤、⑥、⑦详图内容如下:

(1)节点①详图:内叶墙板厚度为 200 mm,上顶面为粗糙面;中间保温层厚度为 t,上顶面比内叶墙板顶面高 140 mm;外叶墙板厚度为 60 mm,上顶面带有坡面,坡面高度为 35 mm,厚度方向的细部尺寸分别为 10 mm、15 mm 和 35 mm。

(2)节点②详图:内叶墙板厚度为 200 mm,下底面为粗糙面;中间保温层厚度为 t,下底面与内叶墙板底面平齐;外叶墙板厚度为 60 mm,下底面带有坡面,坡面高度为 35 mm,坡面起点与内叶墙板和保温层平齐,厚度方向的细部尺寸分别为 15 mm、15 mm 和 30 mm。

(3)节点③详图:内叶墙板厚度为 200 mm;中间保温层厚度为 t,下底面与内叶墙板底面平齐;外叶墙板厚度为 60 mm,下底面带有坡面,坡面高度为 10 mm。

(4)节点④详图:内叶墙板厚度为 200 mm;中间保温层厚度为 t,下底面与内叶墙板底面平齐;外叶墙板厚度为 60 mm,下底面带有凹槽,槽深为 15 mm,外叶墙板厚度方向细部尺寸分别为 30 mm、2 mm、11 mm、2 mm 和 15 mm。

(5)节点⑤详图:内叶墙板厚度为 200 mm;中间保温层厚度为 t,上表面与内叶墙板顶面平齐;外叶墙板厚度为 60 mm,上表面带有坡面,坡面高度为 10 mm。

(6)节点⑥详图:内叶墙板厚度为 200 mm,中间保温层厚度为 t,外叶墙板厚度为 60 mm,内叶墙板、保温层和外叶墙板表面均平齐。

(7)节点⑦详图:显示内叶墙板内侧边缘留有错台,长度为 30 mm,厚度为 5 mm,高度同内叶墙板高度。

5. 钢筋表与预埋件表识读

钢筋表与预埋件表内容如图 3-3 和图 3-4 所示,钢筋表主要表达墙板内钢防类型、钢防编号、结构抗震等级、钢防加工尺寸及备注等内容;预埋件表主要表达编号、名称、数量、预埋线盒位置选用等内容。

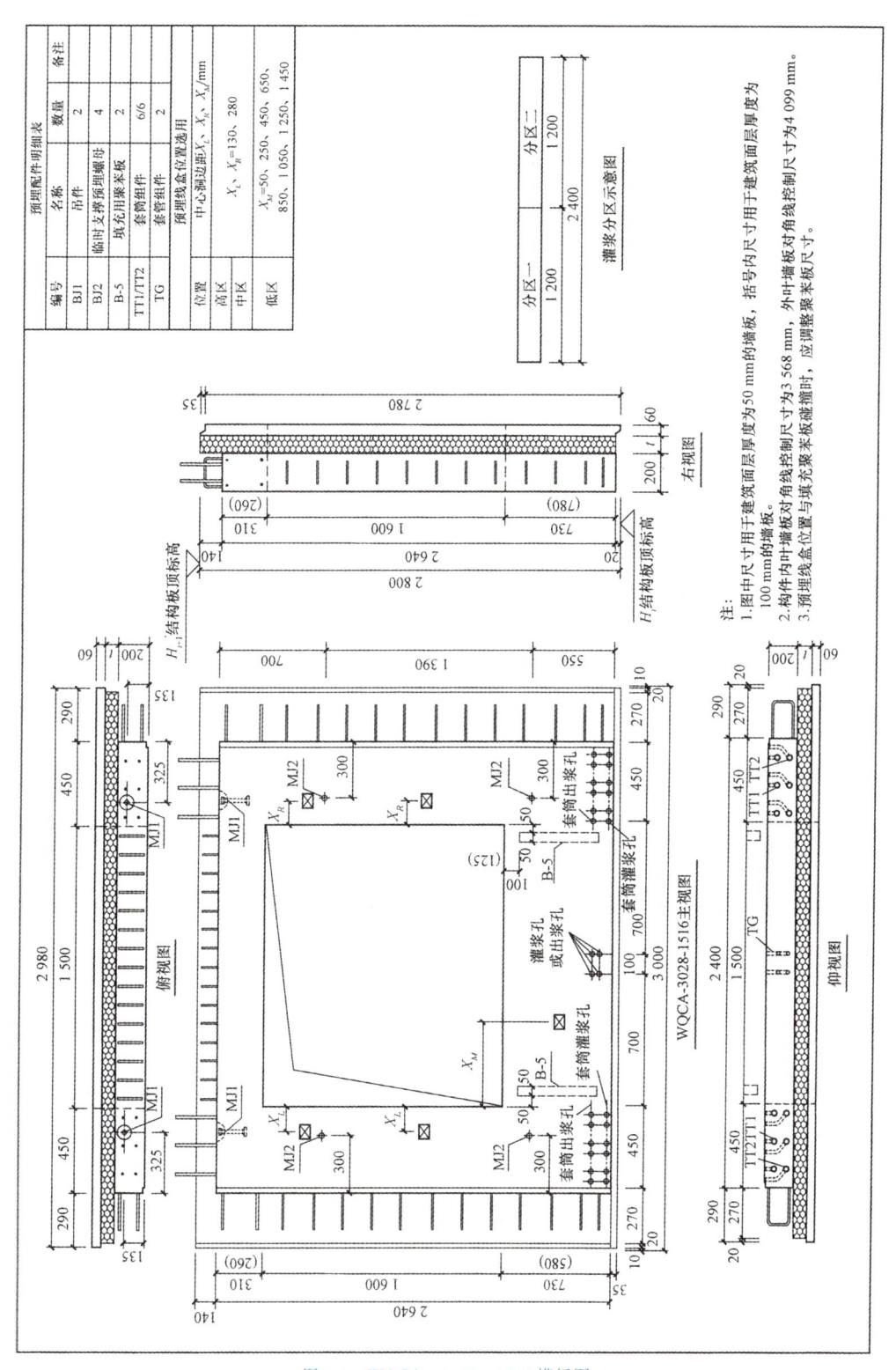

图 3-3 WQCA－3028－1516 模板图

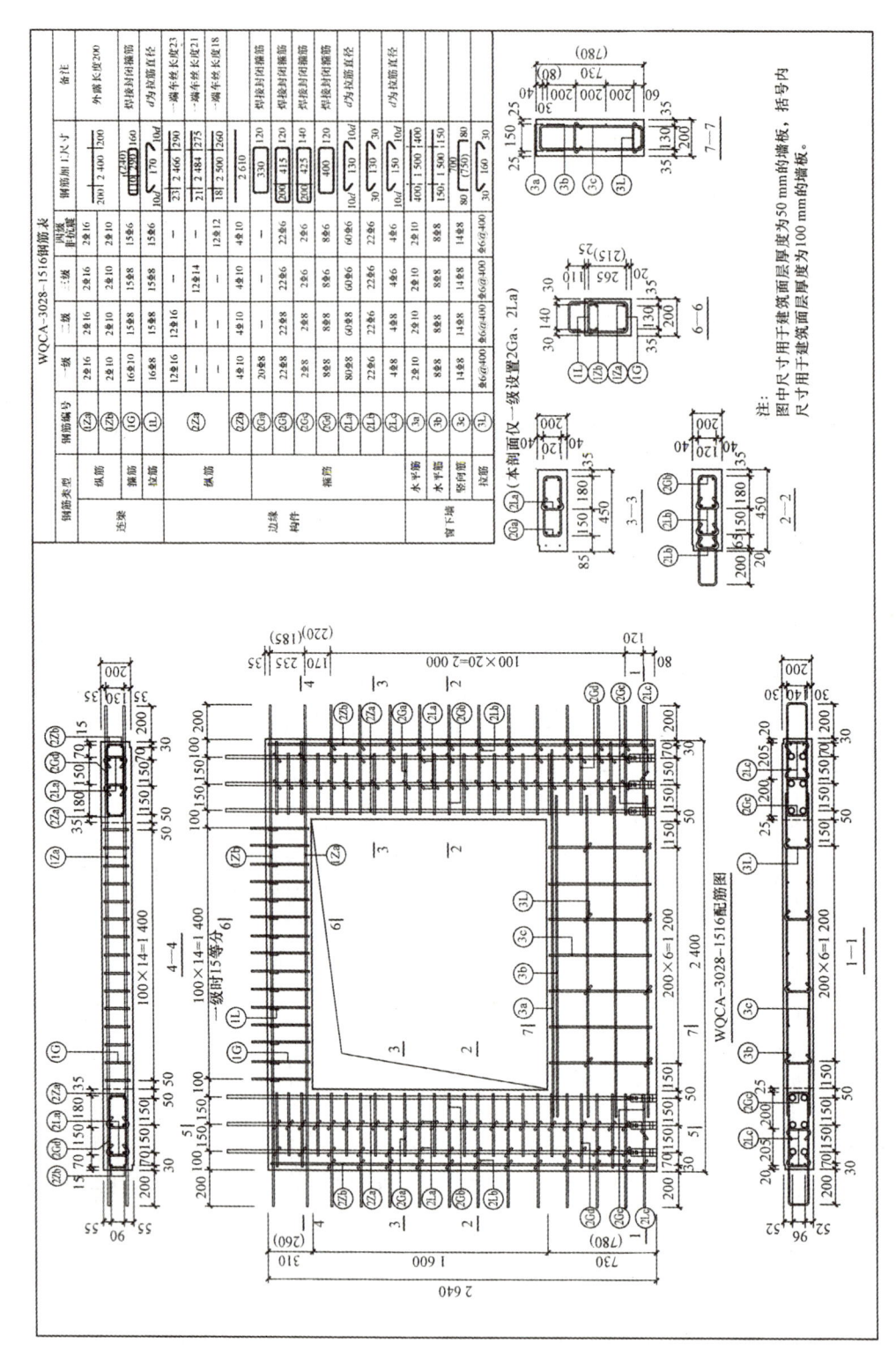

图 3-4 WQCA－3028－1516 配筋图

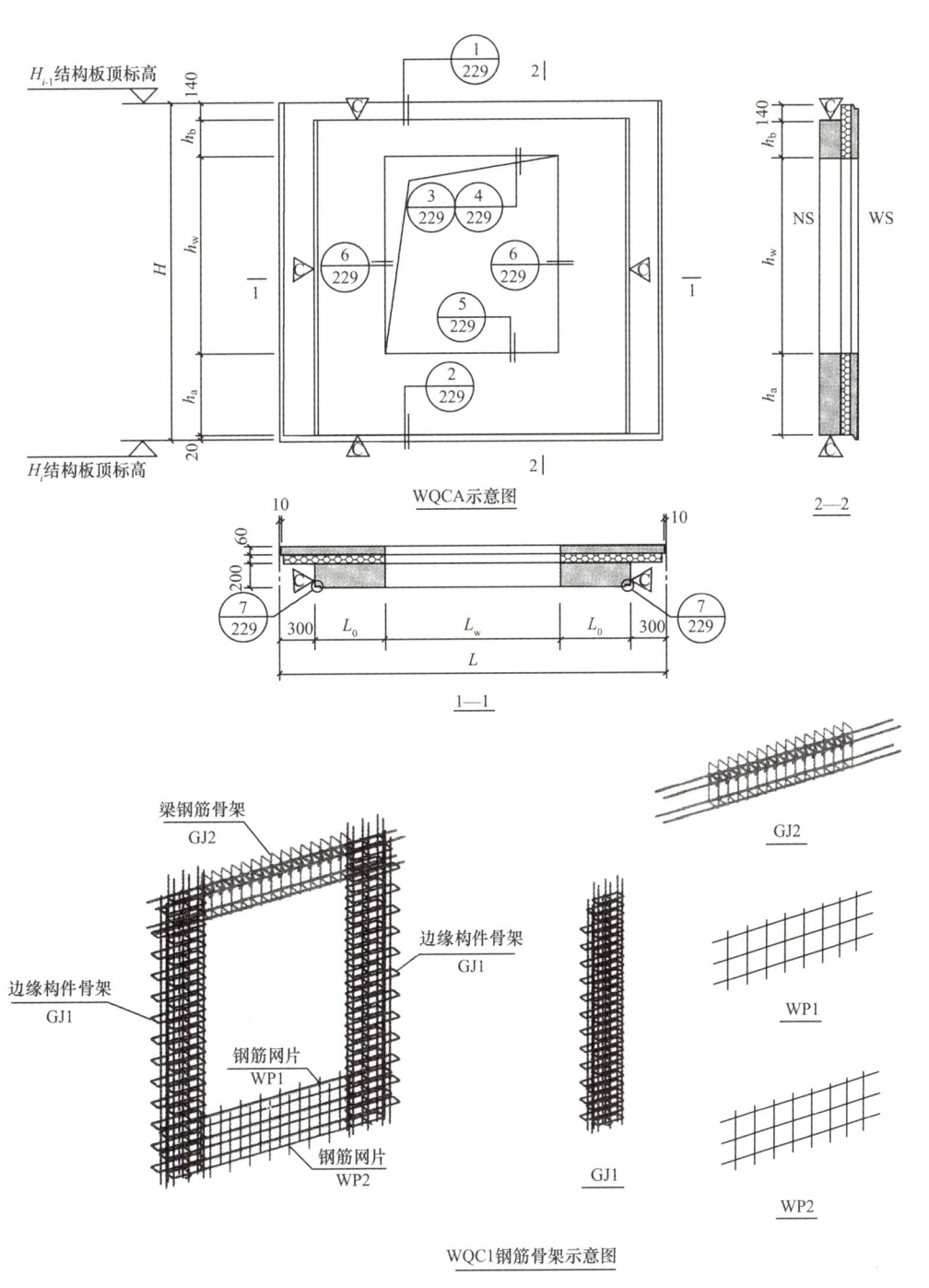

图 3-5 WQCA 墙板索引图

3.3 预制混凝土内墙板识图

3.3.1 预制内墙板类型与编号规定

1. 预制混凝土剪力墙内墙板

标准图集《预制混凝土剪力墙内墙板》(15G365—2)中,预制混凝土内墙板共有 4 种形式,见表 3-15。

表 3-15　　　　　　　　　预制混凝土剪力墙内墙板编号规则

预制混凝土剪力墙内墙板类型	示意图	编号
无洞口内墙	□	NQ—××—×× （无洞口内墙、标志宽度、层高）
一个门洞内墙（固定门垛）	∏	NQM1—××××—×××× （一个门洞内墙 固定门垛、标志宽度、层高、门宽、门高）
一个门洞内墙（中间门洞）	∏	NQM2—××××—×××× （一个门洞内墙 中间门洞、标志宽度、层高、门宽、门高）
一个门洞内墙（刀把内墙）	⌐	NQM3—××××—×××× （一个门洞内墙 刀把内墙、标志宽度、层高、门宽、门高）

3.3.2 预制内墙板识图

1. 模板图识读

从图 3-6 中可以读取出 NQM1-3330-1022 模板图中的以下内容:

(1)由主视图和右视图可以读取出内墙板的标志宽度为 3 300 mm,层高为 3 000 mm,厚度为 200 mm,预制墙板高度为 2 840 mm,墙板构件对角线控制尺寸为 4 354 mm。

(2)由仰视图和主视图可以读取出门垛宽度为 450 mm,门洞宽度为 1 000 mm,门洞两侧灌浆套筒对称布置;由右视图可以读取出内墙板底部距离结构板顶为 20 mm,内墙板顶部距离上一层结构板顶为 140 mm,门洞高度为 2 230 mm(2 280 mm)。

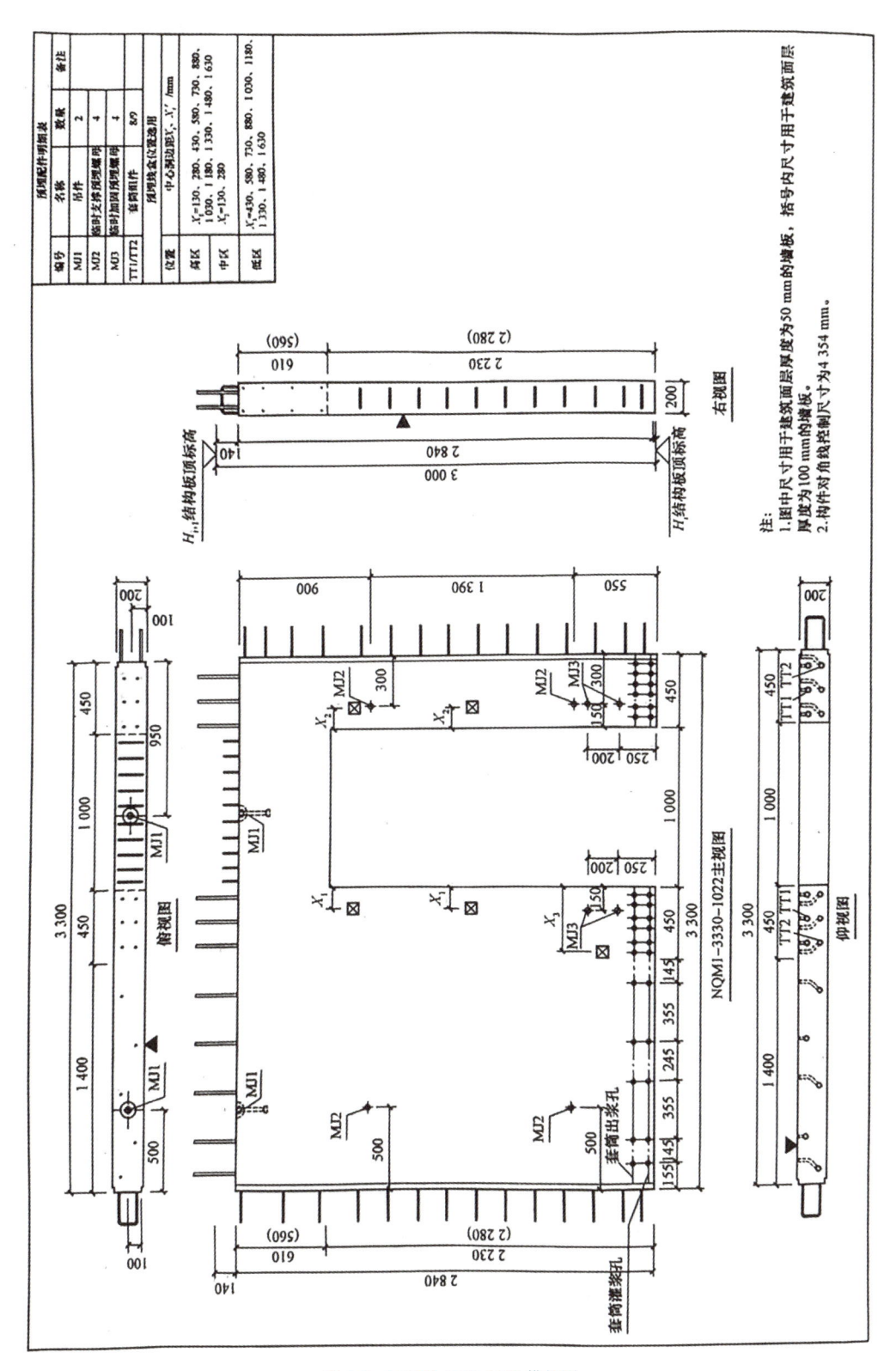

图 3-6 NQM1-3330-1022 模板图

2. 配筋图识读

从图 3-7 中可以读取出 NQM1-3330-1022 墙板配筋图中共有连梁、边缘构件、墙身三类构件、25 种类型钢筋,根据工程概况,构件抗震等级为三级。下面以连梁和边缘构件为例识读各种钢筋的相关信息:

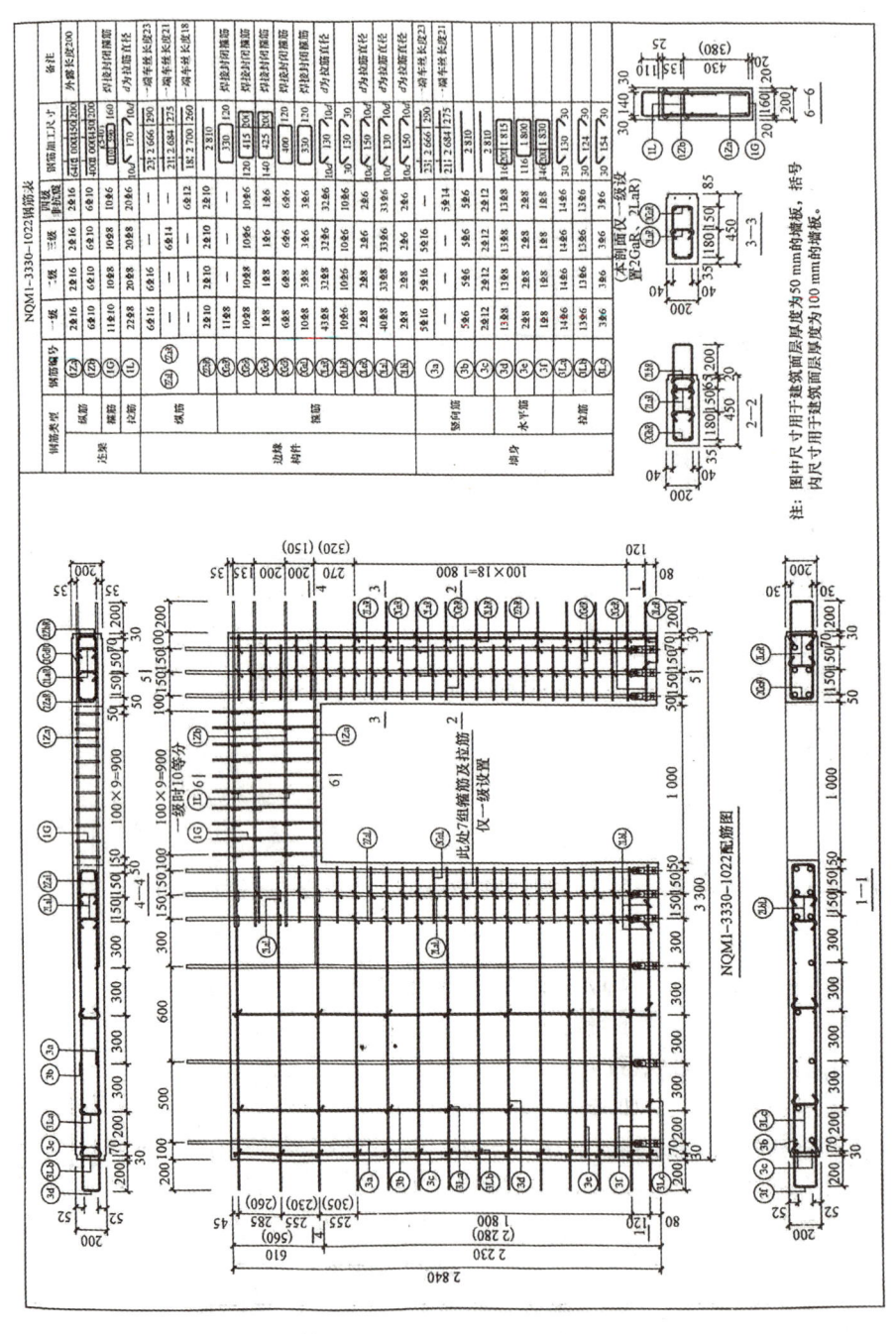

图 3-7 NQM1-3330-1022 配筋图

(1)连梁配筋图识读。边缘 20 mm,中间拉筋与箍筋下边缘高度为 430 mm (380 mm),两根拉筋之间的高度为 135 mm,上部拉筋距离连梁顶部 25 mm,连梁部伸出箍筋高度为 110 mm。

②号钢筋为 2 根直径为 16 mm 的 HRB400 水平纵筋,左端伸入门洞左边缘构件内 640 mm,右端延伸出墙板外露长度为 200 mm。

②号钢筋为 6 根直径为 10 mm 的 HRB400 水平纵筋,左端伸入门洞左边缘构件内 400 mm,右端延伸出墙板外露长度为 200 mm。

1G 号钢筋为 10 根直径为 8 mm 的 HRB100 箍筋,为焊接封闭箍筋,箍筋外露出内墙板页面 110 mm。

1L 号钢筋为 20 根直径为 8 mm 的 HRB400 拉筋,拉筋弯钩平直段长度为 10d(d 为拉筋直径)。

(2)边缘构件配筋图识读。由图 3-7 中 2—2 断面图可以读取出门垛边缘构件宽度为 450 mm,厚度为 200 mm;沿墙板厚度方向,箍筋距离墙板两侧边缘各 40 mm;沿墙板宽度方向箍筋距离左边缘 35 mm,与第一道拉筋之间的距离为 180 mm,第一道拉筋与第二道拉筋之间的距离为 150 m。第二道拉筋与第三道拉筋之间的距离为 65 mm,最后一道拉筋与墙板右边缘的距离为 20 mm,箍筋右侧外露长度为 200 mm。

2Zal2ZaK 号钢筋为 6 根直径为 14 mm 的 HRB400 纵向钢筋,下端插入套筒内,上端延伸出墙板顶部,下端车丝长度为 21 mm。

2ZbR 号钢筋为 2 根直径为 10 mm 的 HRB400 纵向钢筋。

3. 预埋件布置图识读

(1)由主视图可以读取出第一排套筒灌浆孔(出浆孔)距离内墙板左侧边缘 155 mm,中间各排距离分别为 145 mm、355 mm、245 mm、355 m、145 mm,在门洞口两侧 450 mm 范围内均匀布置。

(2)临时支撑预埋螺母 MJ2 有 4 个,左侧距离内墙板左边缘 500 mm,右侧距离内墙板右边缘 300 mm,沿着高度方向的距离分别为 550 mm、1 390 mm 和 1 900 mm,临时支撑预埋螺母 MJ3 共 4 个,门洞左侧距离门洞左边缘 150 mm,右侧距离门洞右边缘 150 mm,沿着高度方向的距离分别是 250 mm 和 200 mm。

(3)结合俯视图,吊件 MJ1 共 2 个,左侧的距离内墙板左侧边缘 500 mm,右侧的距离内墙板右侧边缘 950 mm,居墙板中线位置。

(4)预埋线盒共 5 个,高区、中区中心与墙门洞边缘的距离 X_1 可以选取 130 mm、280 mm、430 mm 等尺寸,X_2 可以选取 130 mm、280 mm,低区中心与墙门洞边缘的距离 X_3 可以选取 430 mm、580 mm,730 mm 等尺寸。

(5)由仰视图可以读取出套筒组件 TT1 共 8 个、TT2 共 9 个。

4. 节点详图识读

结合图 3-8 可读取出节点①详图内容如下:内墙板左、右两侧边缘各预留宽度为 30 mm、深度为 5mm 的槽孔,竖向贯穿整个内墙板高度。

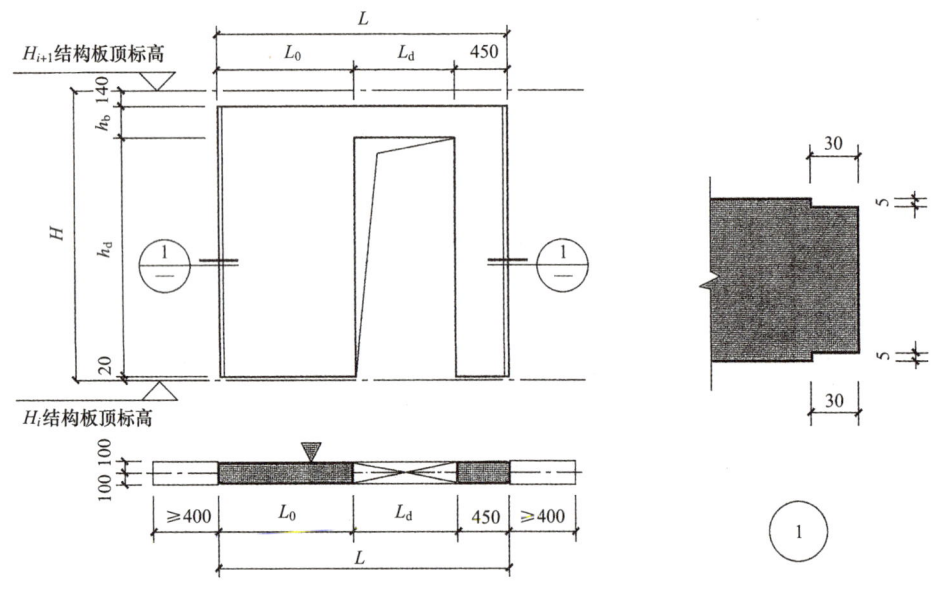

图 3-8 NQM1 墙板索引图

5. 钢筋表与预埋件表识读

钢筋表与预埋件表的内容如图 3-6 和图 3-7 所示。钢筋表主要表达墙板内钢筋类型、钢筋编号、结构抗震等级、钢筋加工尺寸及备注等内容;预埋件表主要表达编号、名称、数量、预埋线盒位置选用等内容。

3.4 桁架钢筋混凝土叠合板识图

3.4.1 相关知识

桁架钢筋混凝土叠合板类型有叠合楼面板、叠合屋面板、叠合悬挑板,主要包括底板平面布置图、现浇层配筋平面图、水平后浇带或圈梁平面图。所有叠合板块应逐一编号,相同编号的板块可选择其一作集中标注,其他仅注写于圆圈内的板编号。叠合板编号由叠合板代号和序号组成,见表 3-16。

表 3-16　　　　　　　　　　叠合板编号

叠合板类型	代号	序号
叠合楼面板	DLB	××
叠合屋面板	DWB	××
叠合悬挑板	DXB	××

1. 双向叠合板类型与编号规定

双向叠合板分为底板边板和底板中板两种类型。双向叠合板的编号如图 3-9 所示。

```
         DBS× ×× ×× ××-××-δ
```

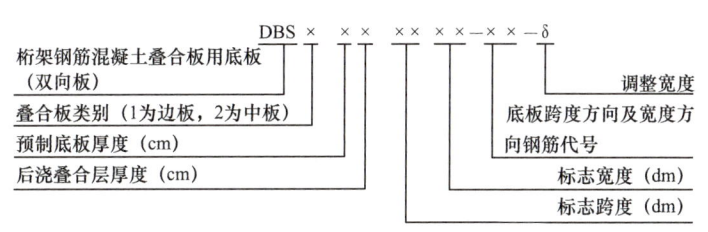

图 3-9 双向叠合板的编号

双向板底板宽度及跨度和双向板底板跨度、宽度方向钢筋代号组合分别见表 3-17 和表 3-18。

表 3-17 双向板底板宽度及跨度

	标志宽度/mm	1 200	1 500	1 800	2 000	2 400
宽度	边板实际宽度/mm	960	1 260	1 560	1 760	2 160
	中板实际宽度/mm	900	1 200	1 500	1 700	2 100
跨度	标志跨度/mm	3 000	3 300	3 600	3 900	4 200	4 500
	实际宽度/mm	2 820	3 120	3 420	3 720	4 020	4 320
	标志宽度/mm	4 800	5 100	5 400	5 700	6 000	—
	实际宽度/mm	4 620	4 920	5 220	5 520	5 820	—

表 3-18 双向板底板跨度、宽度方向钢筋代号组合

编号跨度方向 编号 宽度方向钢筋	C8@200	C8@150	C10@200	C10@150
C8@200	11	21	32	41
C8@150	—	22	32	42
C8@100	—	—	—	43

【例 3-1】 底板编号 DBS1-67-3620-31,表示双向受力叠合板用底板,拼装位置为边板,预制底板厚度为 60 mm,后浇叠合层厚度为 70 mm,预制底板的标志跨度为 3 600 mm,预制底板的标志宽度为 2 000 mm,底板跨度方向配筋为 C10@200,底板宽度方向配筋为 C8@200。

【例 3-2】 底板编号 DBS2-67-3620-31,表示双向受力叠合板用底板,拼装位置为中板,预制底板厚度为 60 mm,后浇叠合层厚度为 70 mm,预制底板的标志跨度为 3 600 mm,预制底板的标志宽度为 2 000 mm,底板跨度方向配筋为 C10@200,底板宽度方向配筋为 C8@200。

2. 双向叠合板现浇层标注方法

叠合楼盖现浇层注写方法与《混凝土结构施工图平面整体表示方法制图规则和构造详图(现浇混凝土框架、剪力墙、梁、板)》(16G101—1)的"有梁楼盖板平法施工图的表示方法"相同。同时应标注叠合板编号,如图 3-10 中的叠合板 DLB1、DLB2、DLB3 等。

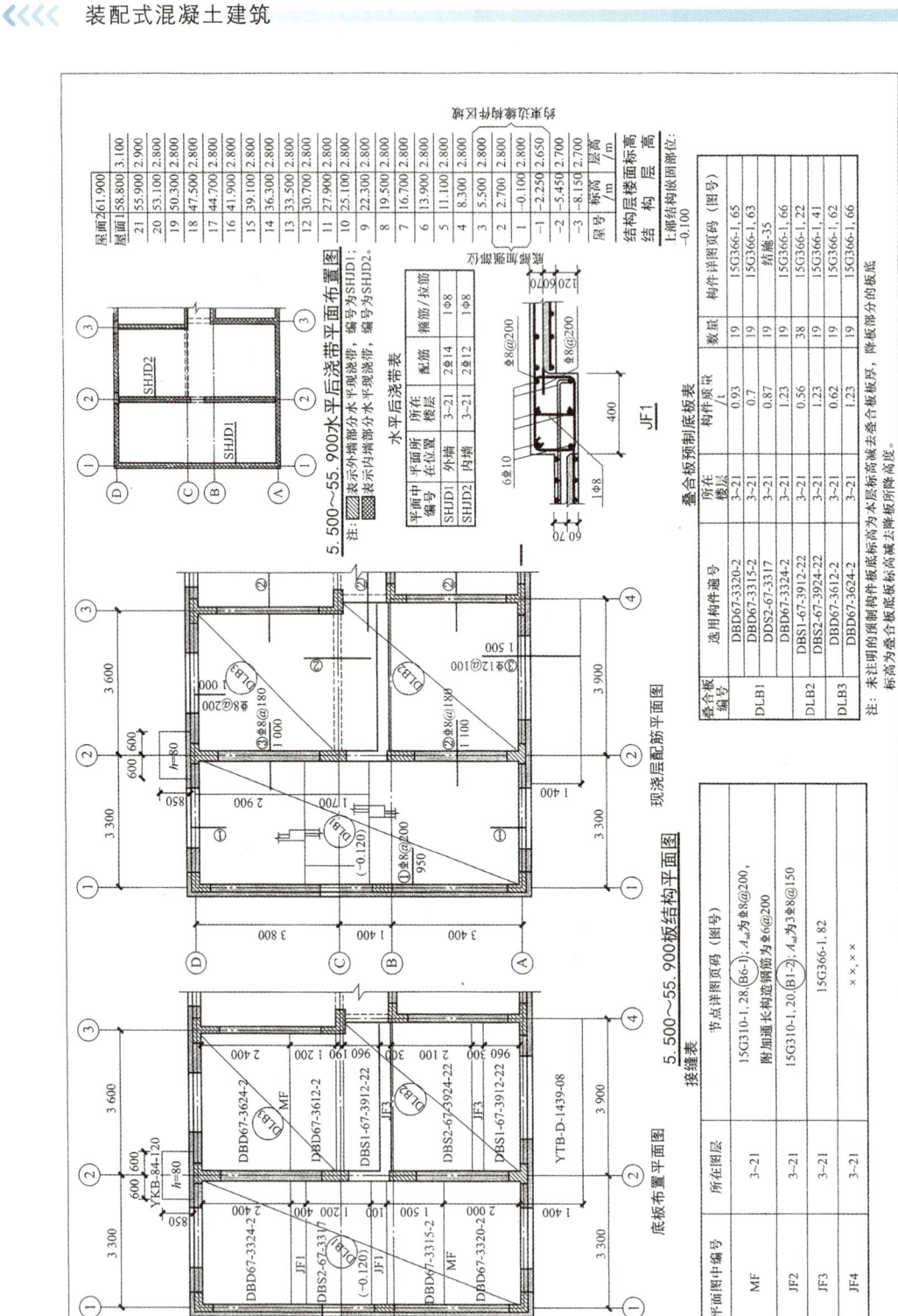

图 3-10 叠合楼盖平面布置图示例

3. 双向叠合板底板标注方法

预制底板布置平面图中需要标注叠合板编号、预制底板编号、各块预制底板尺寸和定位。预制底板为单向板时，需标注板边调节缝和定位；预制底板为双向板时还应标注接缝尺寸和定位；当板面标高不同时，标注底板标高高差，下降为负1。如图 3-10 所示，①轴与②轴之间叠合板编号为 DLB1；编号为 DBS2-67-3317 的叠合板，其标志跨度为 3 300 mm，标志宽度为 1 700 mm，两侧底板接缝宽度各为 400 mm，板面标高比两侧底板低 120 mm。

预制底板表中需要标明编号、板块内的预制底板编号及其与叠合板编号的对应关系、所在楼层、构件质量和数量、构件详图页码（自行设计构件为图号）、构件设计补充内容（线盒、留洞位置等）。

4. 其他说明

（1）叠合楼盖预制底板接缝需要在平面上标注其编号、尺寸和位置，并需给出接缝的详图，接缝编号规则见表 3-19，尺寸、定位和详图如图 3-10 所示。例如，JF1 位于 B 轴与 D 轴之间，该底板接缝为一现浇梁，宽度为 400 mm，高度为 250 mm，两侧板底高差为 120 mm。

表 3-19　　　　　　　　　　　叠合板底板接缝编号规则

名称	代号	序号
叠合板底板接缝	JF	××
叠合板底板密拼接缝	MF	—

（2）水平后浇带或圈梁标注。需在平面上标注水平后浇带或圈梁的分布位置，水平后浇带编号由代号和序号组成，见表 3-20，内容包括平面中的编号、所在平面位置、所在楼层及配筋等。

表 3-20　　　　　　　　　　　水平后浇带编号

类型	代号	序号
水平后浇带	SHJD	××

任务实施

1. 模板图识读

从图 3-11 和表 3-21 中可以读取出 DBS2-67-3015-11 模板图中的以下内容：

（1）模板长度方向的尺寸：$l_0=2\,820$ mm，$a_1=150$ mm，$a_2=70$ mm，$n=13$，$l_0=a_1+a_2+200n$，总长度 $L=l_0+90×2=3\,000$（mm），两端延伸至支座中线；桁架长度为 $l_0-50×2=2\,720$（mm）。

（2）模板宽度方向的尺寸：板实际宽度为 1 200 m，标志宽度为 1 500 mm，板边缘至拼缝定位线各 150 mm，板的四边坡面水平投影宽度均为 20 mm；桁架距离板长边边缘 300 mm 两平行桁架之间的距离为 600 mm，钢筋桁架端部距离板端部 50 mm。

（3）叠合板底板厚度为 60 mm，M 所指方向代表模板面，C 心所指方向代表粗糙面。

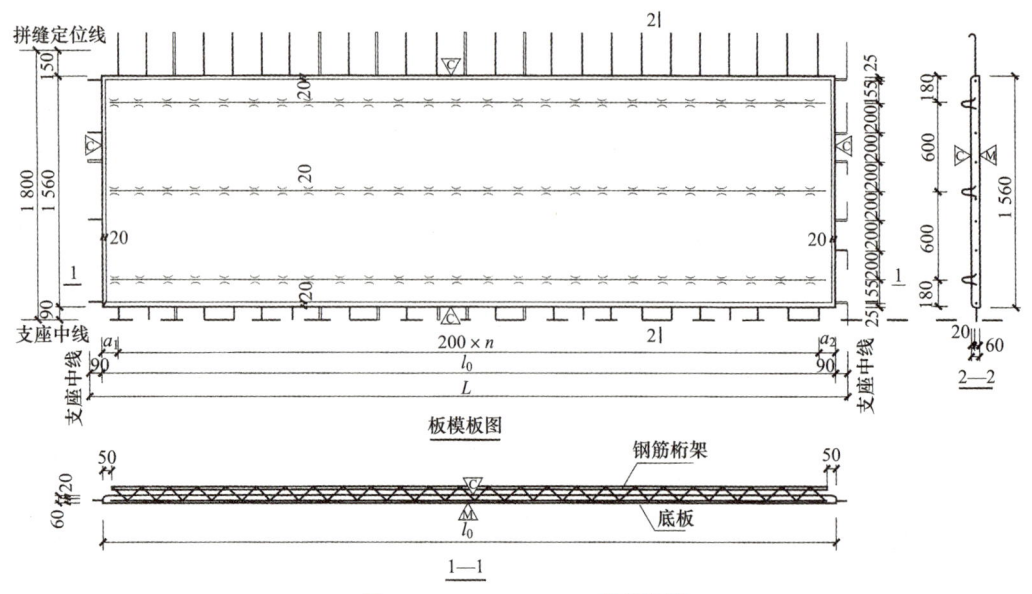

图 3-11　DBS2-67-3015-11 板模板图

表 3-21　　　　　　　　　叠合板 DBS2-67-3015-11 底板参数

底板编号 (X 代表 1、3)	l_0	a_1	a_2	n	桁架型号		
					编号	长度/mm	质量/kg
DBS2-67-3015-X1	2 820	150	70	13	A80	2 720	4.79
DBS2-68-3015-X1					A90		4.87

注：DBS2-67-3015-11 中各符号的含义：DBS—桁架钢筋混凝土叠合板用底板（双向板）；2—叠合板类型（1 为边板，2 为中板）；6—预制底板厚度，以 cm 计，即 60 mm；7—后浇叠合层厚度，以 cm 计（7 代表 70 mm，8 代表 80 mm，9 代表 90 mm）；30—标志宽度，以 dm 计，即 3 000 mm；15—标志宽度，以 dm 计，即 1 500 mm；11—底板跨度及宽度方向钢筋代号。

2. 配筋图识读

从图 3-12 和表 3-22、表 3-23 中可以读取出 DBS2-67-3015-11 配筋图中的以下内容：

(1)①号钢筋为直径为 8 mm 的 HRB400 级，两端弯锚 135°，平直段长度为 40 mm，间距为 200 mm，长度方向两端伸出板边缘 290 mm，左侧板边第一根钢筋距离板左边缘 a_1=150 mm，右侧板边第一根钢筋距离板右边缘 a_2=70 mm。

(2)②号钢筋为直径为 8 mm 的 HRB400 级，两端无弯钩，两端间距为 75 mm，中间间距为 200 mm，长度方向两端伸出板边缘 90 mm。

(3)③号钢筋为直径为 6 mm 的 HRB400 级，两端无弯钩，两端与①号钢筋的间距分别为 150－25=125(mm) 和 70－25=45(mm)。

(4)桁架上弦和下弦钢筋为直径为 8 mm 的 HRB400 级，腹杆钢筋为直径为 6 mm 的 HPB300 级，长度方向桁架边缘距离板边缘 50 mm。

板配筋图

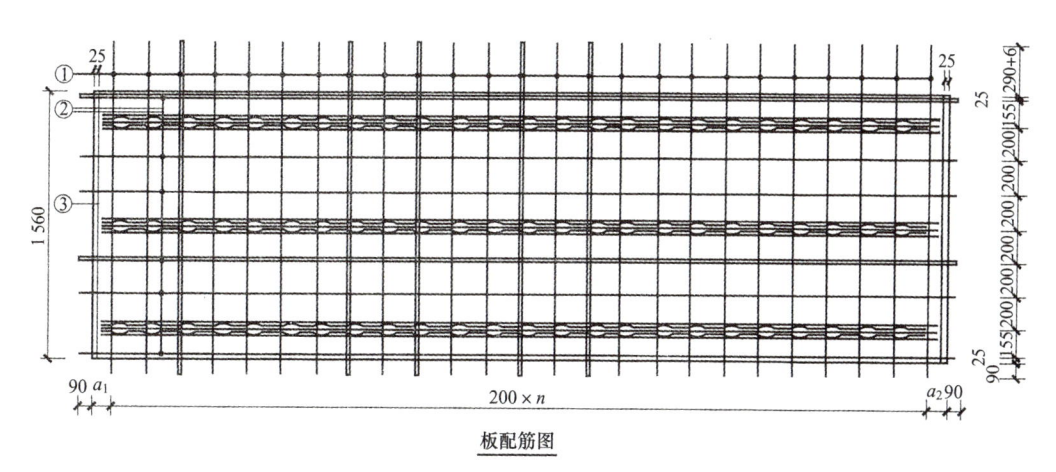

图 3-12　DBS2-67-3015-11 板配筋图

注：①号钢筋弯钩角度为 135°；②号钢筋位于①号钢筋上层，桁架下弦钢筋与②号钢筋同层。

表 3-22　　　　　　　　　　　DBS2-67-3015-11 底板配筋表

底板编号 （X 代表 7、8）	①			②			③		
	规格	加工尺寸	根数	规格	加工尺寸	根数	规格	加工尺寸	根数
DBS2-6X-3015-11 DBS2-6X-3015-31	C8	⌐ 40 1 780 40 ⌐	14	C8 C10	3 000	6	C6	1 150	2

表 3-23　　　　　　　　　　　钢筋桁架规格及代号表

桁架规格代号	上弦钢筋 公称直径/mm	下弦钢筋 公称直径/mm	腹杆钢筋 公称直径/mm	桁架 设计高度/mm	桁架每延米理论 质量/kg·m^{-2}
A80	8	8	6	80	1.76
A90	8	8	6	90	1.79
A100	8	8	6	100	1.82
B80	10	8	6	80	1.98
B90	10	8	6	90	2.01
B100	10	8	6	100	2.04

3. 吊点位置布置图识读

从图 3-13 可知，图中所示"▲"表示吊点位置，吊点应设置在距图中所示位置最近的上弦节点处。该双向板一共有 4 个吊点，吊点距离构件边缘 600 mm，每个吊点两侧各设置两根直径为 8 mm 的 HRB400 附加钢筋，长度为 280 mm。

4. 节点详图识读

从图 3-14 可知，钢筋桁架高度 $H_1=80$ mm，两个下弦之间的水平距离为 80 mm；腹杆顶部弯折处水平距离为 200 mm，腹杆端部距离板边缘 50 mm；底板钢筋和叠合层钢筋的外边缘距离构件边缘 15 mm；双向板的断面顶部两端为坡面，坡面的断面尺寸为高度 20 mm、宽度 20 mm。

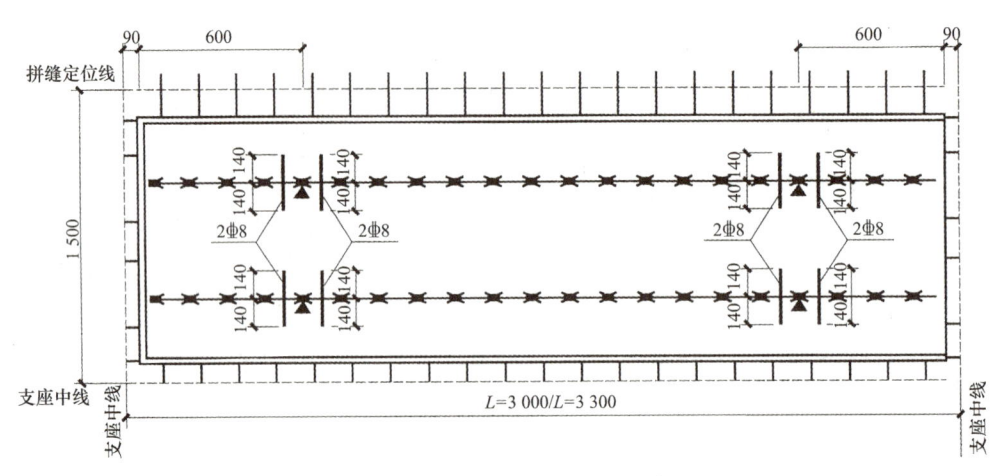

(a)宽1 500双向板吊点位置平面示意

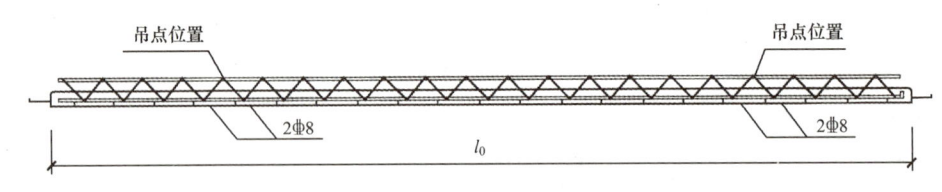

(b)吊点位置侧面示意

图3-13 宽1 500双向板吊点位置示意

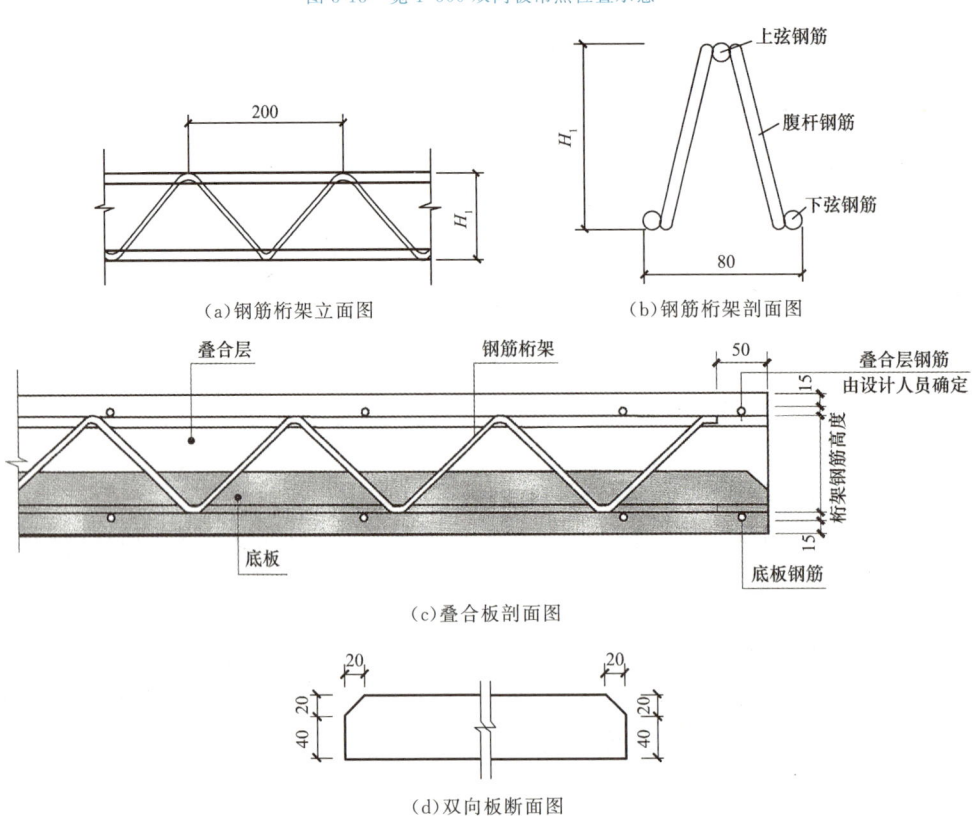

(a)钢筋桁架立面图

(b)钢筋桁架剖面图

(c)叠合板剖面图

(d)双向板断面图

图3-14 钢筋桁架及底板大样图

5. 钢筋表与底板参数表识读

钢筋表主要表达底板编号，钢筋编号以及各编号钢筋的规格、加工尺寸和根数等内容。底板参数表主要表达底板编号，从表 3-21 可知，底板净长度 l_0，第一根与最后一根钢筋与板端的距离 $a_1(a_2)$，板筋间距数量 n，桁架型号、编号、长度及质量等内容。

3.4.2 单向叠合板类型与编号规定

单向叠合板与双向叠合板相比，底板边板与中板构造相同，其编号如图 3-15 所示，单向叠合板底板钢筋编号见表 3-24，标志宽度和标志跨度见表 3-25。

```
              DBD×× - ××××-×
桁架钢筋混凝土叠合板用底板        底板跨度方向钢筋代号:1~4
   （单向板）
   预制底板厚度（cm）              标志宽度（dm）
   后浇叠合层厚度（cm）             标志跨度（dm）
```

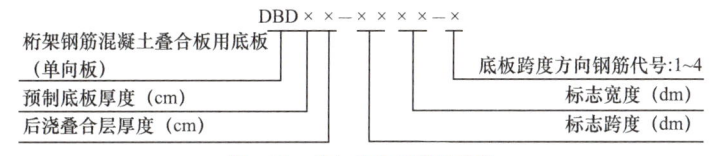

图 3-15 单向叠合板底板编号

表 3-24　　　　　　　　　　单向叠合板底板钢筋编号

代号	1	2	3	4
受力钢筋规格及间距	C8@200	C8@150	C10@200	C10@150
分布钢筋规格及间距	C6@200	C6@200	C6@200	C6@200

表 3-25　　　　　　　　　　单向叠合板标志宽度及跨度

宽度	标志宽度/mm	1 200	1 500	1 800	2 000	2 400
	实际宽度/mm	1 200	1 500	1 800	2 000	2 400
跨度	标志跨度/mm	2 700	3 000	3 300	3 600	3 900	4 200
	实际跨度/mm	2 520	2 820	3 120	3 420	3 720	4 020

【例 3-3】 底板编号 DBD67-3620-2，表示为单向受力叠合板用底板，预制底板厚度为 60 mm，后浇叠合层厚度为 70 mm，预制底板的标志跨度为 3 600 mm，预制底板的标志宽度为 2 000 mm，底板跨度方向受力钢筋规格及间距为 C8@150，宽度方向分布钢筋规格及间距为 C6@200。

2. 单向叠合板现浇层标注方法

单向叠合板现浇层标注方法参见【例 3-1】双向叠合板相应内容。

3. 单向叠合板底板标注方法

单向叠合板底板标注方法参见【例 3-1】双向叠合板相应内容。

其他说明：

(1)双向叠合板与单向叠合板断面图如图 3-13 所示，其区别在于：上部两侧倒角尺寸相同，均为宽度 20 mm、高度 20 mm；双向板下部无倒角，单向板下部两侧倒角尺寸为宽度 10 mm、高度 10 mm。

(2)双向叠合板与单向叠合板拼缝构造大样图如图 3-14 所示，其区别在于：双向板底拼缝为接缝(JF)构造，缝宽度为 300mm，两侧板预留钢筋搭接长度为 280 mm，接缝处纵向钢筋直径及间距同底板下部钢筋；单向板底拼缝为密拼接缝(MF)构造，接缝处垂直缝长方向设置 C6@200 连接筋，长度为 180 mm，沿缝长方向设置 2C6 纵筋，用于固定 C6@200 钢筋。

任务实施

1. 模板图识读

从图 3-16 和表 3-26 中可以读取出 DBD67-3615-1 模板图中的以下内容：

(1) 模板长度方向的尺寸：$l_0 = 3\,420\,\text{mm}, a_1 = 110\,\text{mm}, a_2 = 110\,\text{mm}, n = 16, l_0 = a_1 + a_2 + 200n$，总长度 $L = l_0 + 90 \times 2 = 3\,600\,(\text{mm})$，两端延伸至支座中线；桁架长度为 $l_0 - 50 \times 2 = 3\,320\,(\text{mm})$。

(2) 模板宽度方向尺寸：板实际宽度为 $1\,500\,\text{mm}$，标志宽度为 $1\,500\,\text{mm}$，板的四边坡面水平投影宽度均为 $20\,\text{mm}$；桁架距离板长边边缘 $150\,\text{mm}$，两平行桁架之间的距离为 $600\,\text{mm}$，钢筋桁架端部距离板端部 $50\,\text{mm}$。

(3) 叠合板底板厚度为 $60\,\text{mm}$，M 所指方向代表模板面，C 所指方向代表粗糙面。

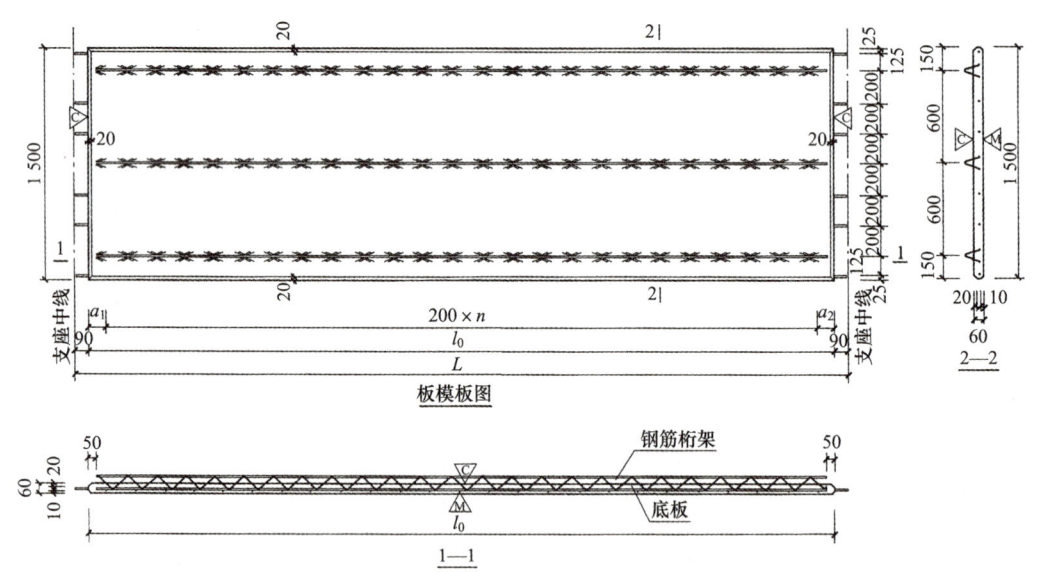

图 3-16 DBD67-3615-1 板模板图

表 3-26　　叠合板 DBD67-3615-1 底板参数

底板编号 （X 代表 1、3）	L_0/mm	a_1/mm	a_2/mm	n	桁架型号		
					编号	长度/mm	质量/kg
DBD67-3615-X	3 420	110	110	16	A80	3 320	5.85
DBD683615-X					A90		5.94
DBD693615-3					A100		6.04

注：DBD67-3615-1 中各符号的含义：DBD—钢筋混凝土叠合板用底板（单向板）；6—预制底板厚度，以 cm 计，即 60 mm；7—后浇叠合层厚度，以 cm 计（7 代表 70 mm，8 代表 80 mm，9 代表 90 mm）；36—标志跨度，以 dm 计，即 3 600 mm；15—标志宽度，以 dm 计，即 1 500 mm；1—底板跨度方向钢筋代号。

2. 配筋图识读

从图 3-17 和表 3-27 中可以读取出 DBD67-3615-1 配筋图中的以下内容：

(1)①号钢筋为直径为 6 mm 的 HRB400 级,两端无弯锚,间距为 200 m,长度方向两端无外伸,左、右两侧板边第一根钢筋距离板边缘 $a_1=a_2=110$ mm。

(2)②号钢筋为直径为 8 mm 的 HRB400 级,两端无弯钩,间距为 125 mm,中间间距为 200 mm,长度方向两端伸出板边缘 90 mm。

(3)③号钢筋为直径为 6 mm 的 HRB400 级,两端无弯钩,两端与①号钢筋的间距分别为 110－25＝95(mm)。

(4)桁架上弦和下弦钢筋为直径为 8 mm 的 HRB400 级,腹杆钢筋为直径为 6 mm 的 HPB300 级,长度方向桁架边缘距离板边缘 50 mm。

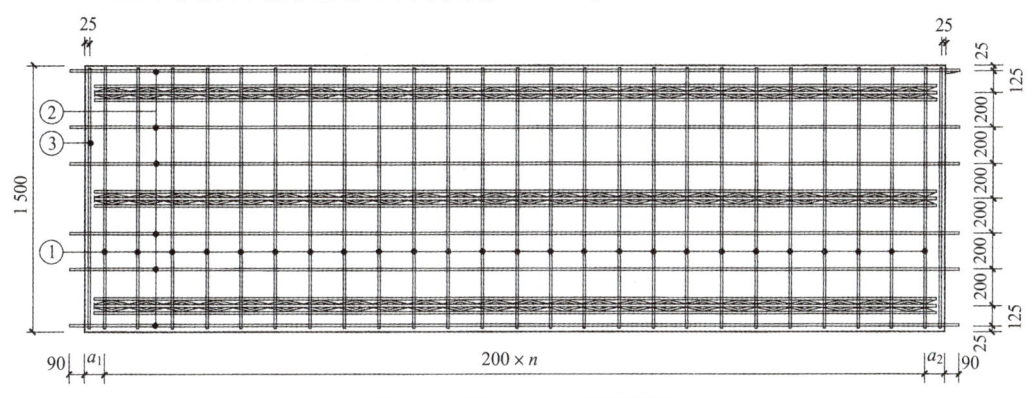

图 3-17 DBD67-3615-1 板配筋图

注:当现浇叠合层厚度为 90 mm 时,②号钢筋仅有 ϕ10 一种规格;
②号钢筋位于①号钢筋上层,桁架下弦钢筋与②号钢筋同层。

表 3-27　　　　　　　　　　DBD67-3615-1 底板配筋表

底板编号 (X 代表 7、8)	①			②			③		
	规格	加工尺寸	根数	规格	加工尺寸	根数	规格	加工尺寸	根数
DBD6X-3615-1	C6	1 470	17	C8	3 600	6	C6	1 470	2
DBD6X-3615-3				C10					

3. 吊点位置布置图识读

从图 3-18 可知,图中所示"▲"表示吊点位置,吊点应设置在距离图中所示位置最近的上弦节点处。该单向板一共有 4 个吊点,吊点距离构件边缘 700 mm,每个吊点两侧各设置两根直径为 8 mm 的 HRB400 附加钢筋,长度为 280 mm。

4. 节点详图识读

从图 3-19 可知,钢筋桁架高度 $H_1=80$ mm,两个下弦之间的水平距离为 80 mm;腹杆顶部弯折处水平距离为 200 mm,腹杆端部距离板边缘 50 mm,底板钢筋和叠合层钢筋的外边缘距离构件边缘 15 mm。单向板的断面顶部两端为坡面,坡面的断面尺寸为高度 20 mm、宽度 20 mm;断面底部两端也为坡面,坡面的断面尺寸为高度 10 mm、宽度 10 mm。

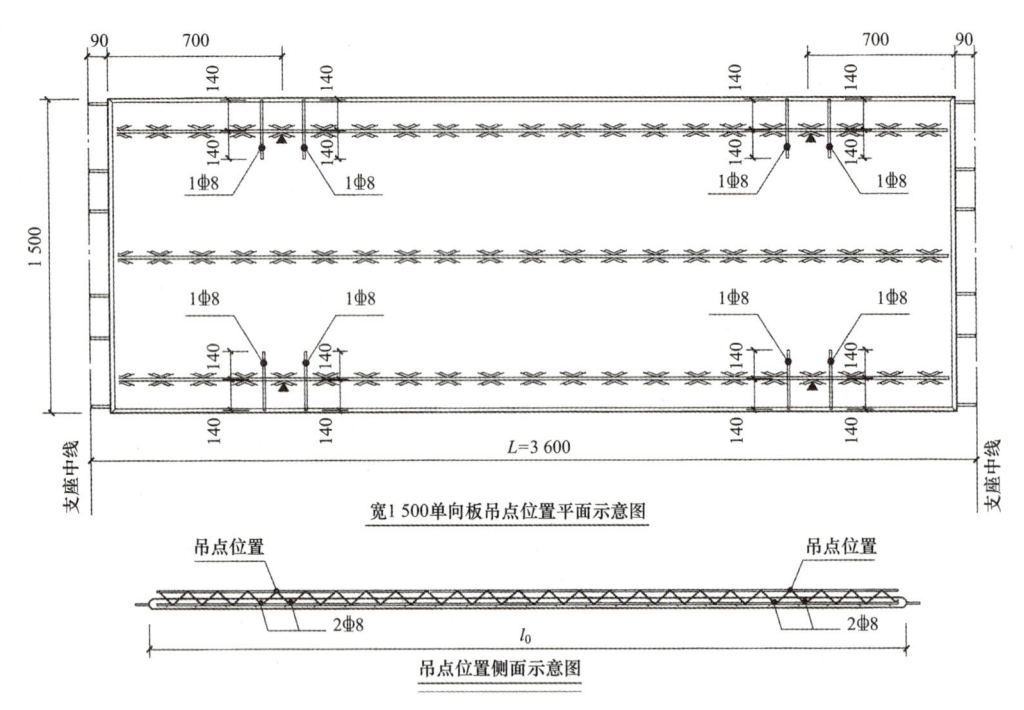

图 3-18 宽 1 500 单向板吊点位置平面示意图

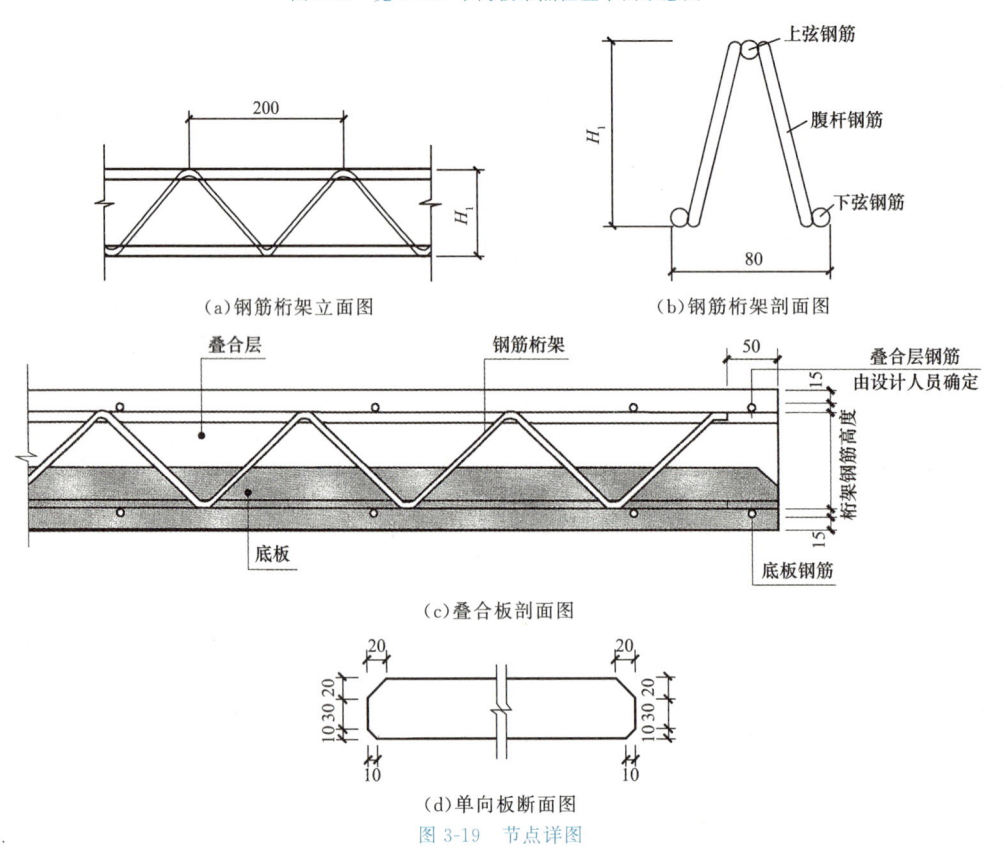

（a）钢筋桁架立面图

（b）钢筋桁架剖面图

（c）叠合板剖面图

（d）单向板断面图

图 3-19 节点详图

5. 钢筋表与底板参数表识读

从表 3-24 和表 3-25 可知,钢筋表主要表达底板编号、钢筋编号以及各编号钢筋的规格、加工尺寸和根数等内容。底板参数表主要表达底板编号,底板净长度 l_0,第一根与最后根钢筋与板端的距离 $a_1(a_2)$,板筋间距数量 n,桁架型号、编号、长度以及质量等内容。

3.5 预制钢筋混凝土板式楼梯识图

3.5.1 双跑楼梯编号规定

预制双跑楼梯编号如图 3-20 所示,例如,ST-28-25 表示预制混凝土板式双跑楼梯,建筑层高为 2 800 mm,楼梯间净宽为 2 500 mm。预制混凝土板式楼梯图例见表 3-28。

图 3-20 预制双跑楼梯编号

表 3-28 预制混凝土板式楼梯图例

图例	含义
◐	栏杆预留洞口
⊕	梯段板吊装预埋件
▭	梯段板吊装预埋件
╫╫╫╫╫	栏杆预留埋件

2. 双跑楼梯平面布置图与剖面图标注内容

(1)平面布置图标注内容。预制楼梯平面布置图标注内容包括楼梯间的平面尺寸、楼层结构标高、楼梯的上下方向、预制梯板的平面几何尺寸、梯板类型及编号、定位尺寸和连接作法索引号等。

在图 3-21 所示的预制双跑楼梯平面布置图中,选用了编号为 ST-28-24 的预制混凝土板式双跑楼梯,建筑层高为 2 800 mm,楼梯间净宽为 2 400 mm,梯段水平投影长度为 2 620 mm,梯段宽度为 1 125 mm。中间休息平台标高为 1.400 m,宽度为 1 000 mm,楼层平台宽度为 1 280 mm。

(2)剖面图标注内容。预制楼梯剖面图标注内容包括预制楼梯编号、梯梁梯柱编号、预制梯板水平及竖向尺寸、楼层结构标高、层间结构标高、建筑楼面做法厚度等。

在图 3-22 所示的预制楼梯剖面图中,预制楼梯编号为 ST-28-24,梯梁编号为 TL1,梯段高为 1 400 mm,中间休息平台标高为 1 400 mm,楼层平台标高为 2 800 mm,入户处楼梯建筑面层厚度为 50 mm,中间休息平台建筑面层厚度为 30 mm。

平面布置图

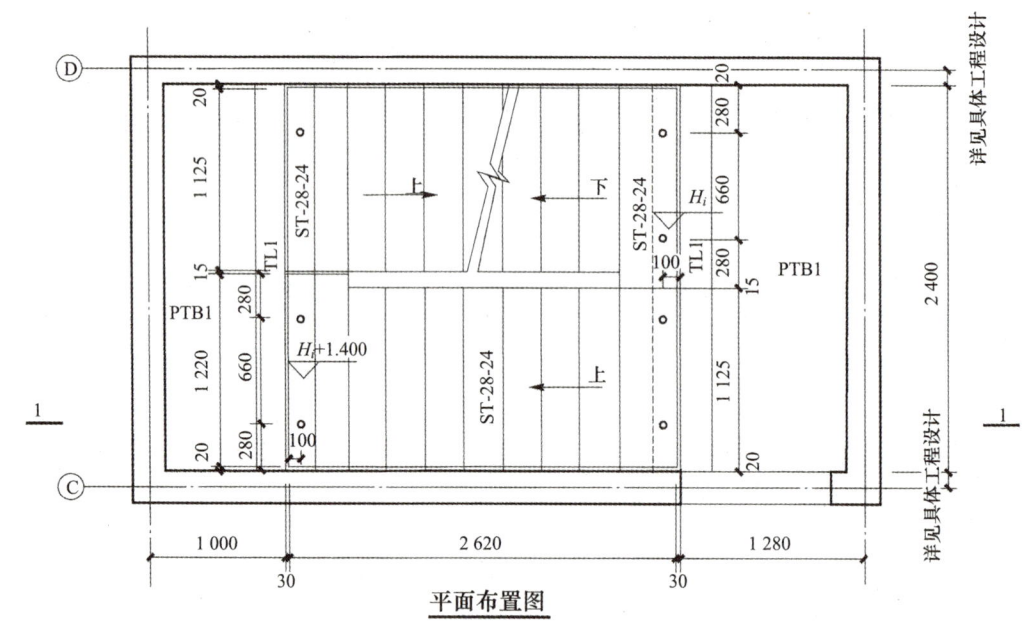

图3-21 预制双跑楼梯平面布置图

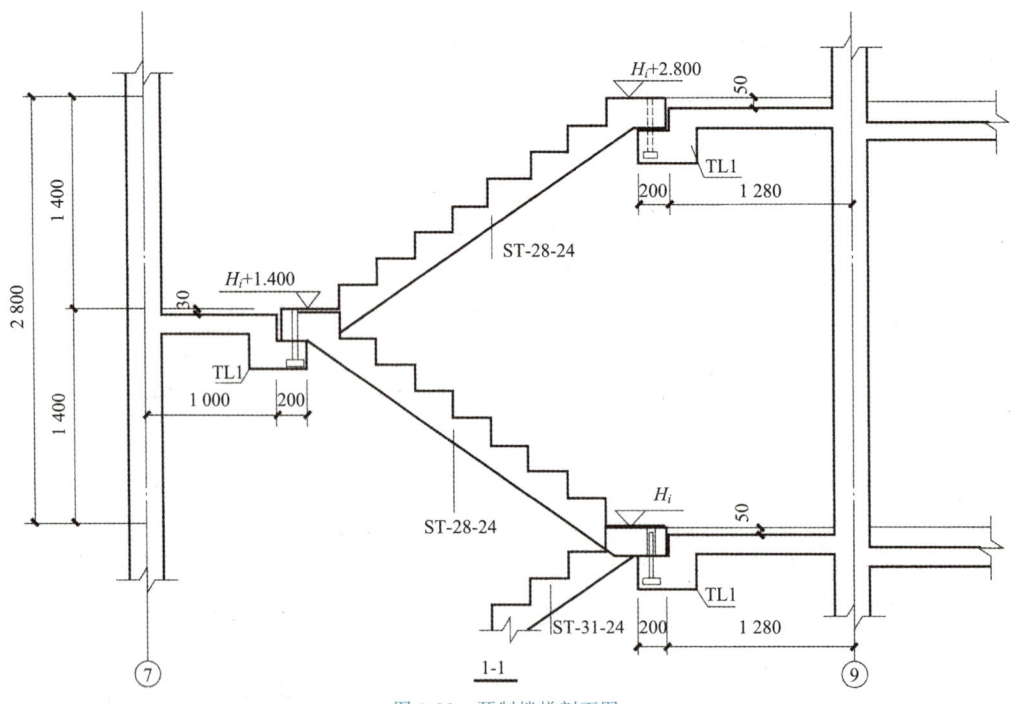

图3-22 预制楼梯剖面图

3. 其他说明

（1）预制楼梯表的主要内容包括：构件编号、所在楼层、构件质量、构件数量、构件详图页码（选用标准图集的楼梯注写具体图集号和相应页码；自行设计的构件需注写施工图），连接索引（标准构件应注写具体图集号、页码和节点号；自行设计时需注写施工图页码，备注中可标明该预制构件是"标准构件"或"自行设计"），见表3-29。

表 3-29　　　　　　　　　　　　　　预制楼梯表

构件编号	所在楼层	构件质量/t	构件数量	构件详图页码(图号)	连接索引	备注
ST-28-24	3～20	1.61	72	15G367—1,8～10	—	标准构件
ST-31-24	1～2	1.8	8	结施-24	15G367—1,27①②	自行设计本图略

（2）预制隔墙板编号由预制隔墙板代号和序号组成，表达形式见表 3-30。如 GQ3 表示预制隔墙序号为 3。

表 3-30　　　　　　　　　　　　　　预制隔墙板编号

预制墙板类型	代号	序号
预制隔墙板	GQ	××

任务实施

1. 模板图识读

如图 3-21 和图 3-23 所示，可以读取出楼梯 ST-28-24 模板图的相关信息。

（1）楼梯间净宽为 2 400 mm，其中梯井宽为 110 mm，梯段板宽为 1 125 mm，梯段板与楼梯间外墙间距为 20 mm，梯段板水平投影长为 2 620 mm，梯段板厚度为 120 mm。

（2）梯段板设置一个与低处楼梯平台连接的底部平台、7 个梯段中间的正常踏步（图纸中编号为 01～07）和一个与高处楼梯平台连接的踏步平台（图纸中编号为 08）。

（3）梯段底部平台面宽为 400 mm（因梯段有倾斜角度，平台底宽为 348 mm），长度与梯段宽度相同，厚度为 180 mm。顶面与低处楼梯平台顶面建筑面层平齐，搁置在平台挑梁上，与平台顶面间留 30 mm 空隙。平台上设置 2 个销键预留洞，预留洞中心与梯段板底部平台侧边的距离分别为 100 mm（靠楼梯平台一侧）和 280 mm（靠楼梯同外墙一侧），对称设置。预留洞下部 140 mm 孔径为 50 mm，上部 40 mm 孔径为 60 mm。

（4）梯段中间的 01～07 号踏步自下而上排列，踏步高为 175 mm，踏步宽为 260 mm，踏步面长度与梯段宽度相同。踏步面上均设置防滑槽，第 01、04 和 07 号踏步台阶部近梯井一侧的侧面各设置 1 个拉杆预留埋件 M3，在踏步宽度上居中设置。第 02 和 06 号踏步台阶靠近楼梯间外墙一侧的侧面各设置 1 个梯段板吊装预埋件 M2，在踏步宽度上居中设置。第 02 和 06 号踏步面上各设置 2 个梯段板吊装预埋件 M1，在踏步宽度上居中，距离踏步两侧边（靠楼梯间外墙一侧和靠梯井一侧）200 mm 处对称设置。

（5）与高处楼梯平台连接的 08 号踏步平台面宽 400 mm（因梯段有倾斜角度，平台底宽为 192 mm），长为 1 220 mm（靠楼梯间外墙一侧与其他踏步平齐，靠梯井一侧比其他踏步长 95 mm），厚为 180 mm。顶面与高处楼梯平台顶面建筑面层平齐，搁置在平台挑梁上，与平台顶面间留 30 mm 空隙。平台上设置 2 个销键预留洞，孔径为 50 mm，预留洞中心与踏步侧边的距离分别为 100 mm（靠楼梯平台一侧）和 280 mm（靠楼梯间外墙一侧），对称设置。该踏步平台与上一梯段板底部平台搁置在同一楼梯平台挑梁上，之间留 15 mm 空隙。

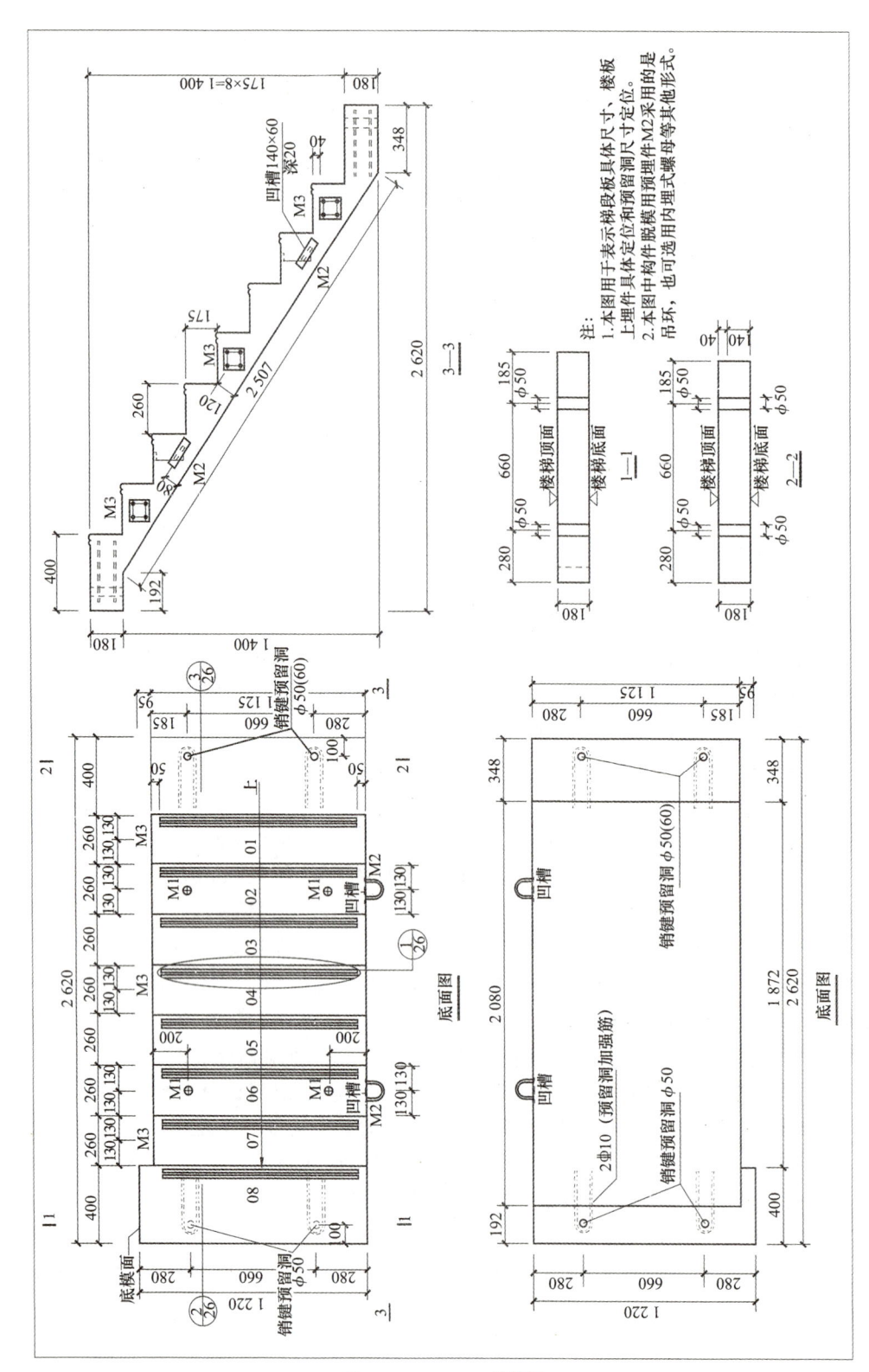

图 3-23　ST-28-24 模板图

2. 配筋图识读

如图 3-24 所示，可以读取出楼梯 ST-28-24 配筋图的相关信息。

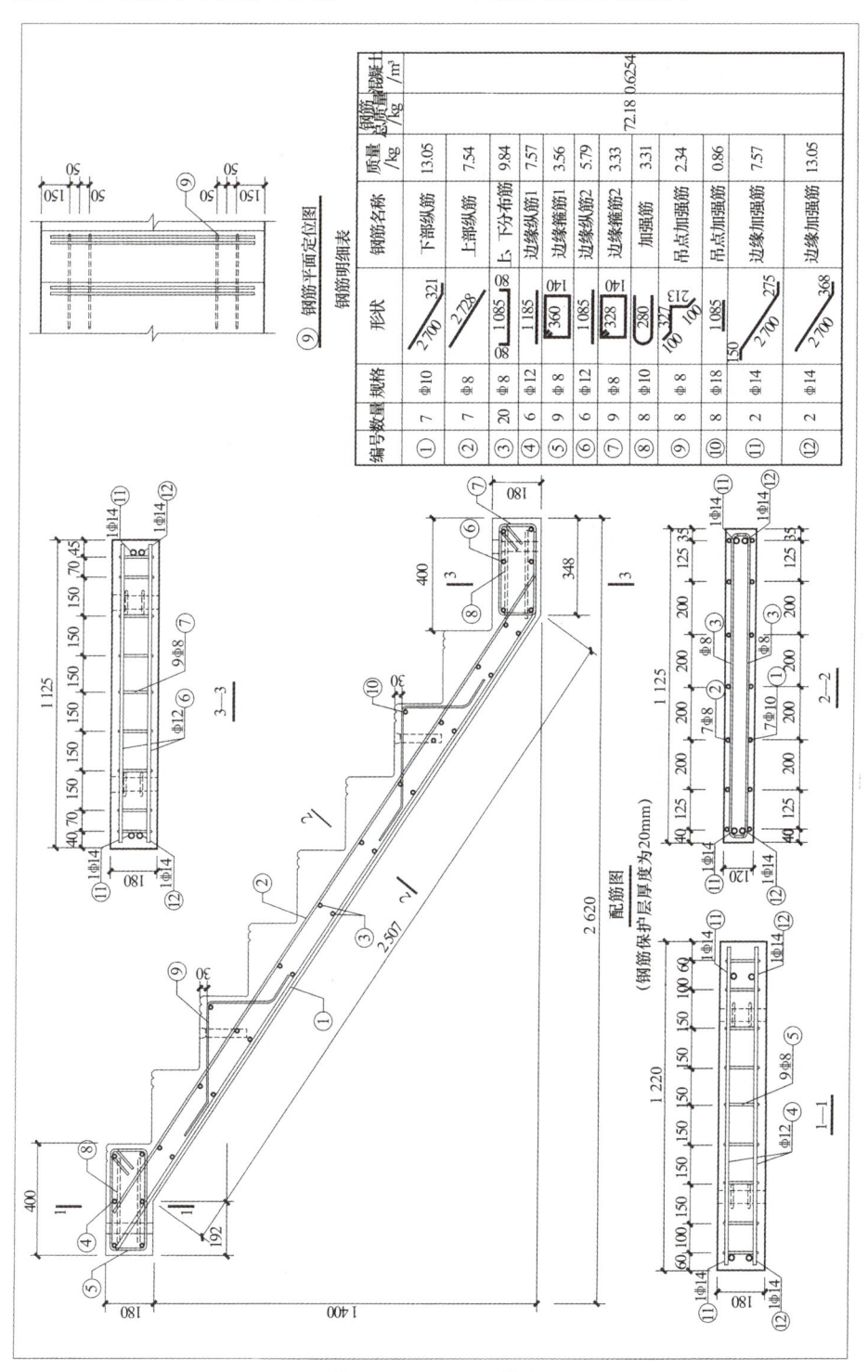

编号	数量	规格	形状	钢筋名称	质量/kg	钢筋总质量/kg	混凝土/m³
①	7	Φ10	2700 321	下部纵筋	13.05	72.18	0.6254
②	7	Φ8	2728	上部纵筋	7.54		
③	20	Φ8	1085 80	上、下分布筋	9.84		
④	6	Φ12	360 1185 140	边缘纵筋1	7.57		
⑤	8	Φ8	1085	边缘箍筋1	3.56		
⑥	6	Φ12	328 213 140	边缘纵筋2	5.79		
⑦	9	Φ8	327 280	边缘箍筋2	3.33		
⑧	8	Φ10	100 1085	加强筋	3.31		
⑨	8	Φ8	275	吊点加强筋	2.34		
⑩	8	Φ18	150	吊点加强筋	0.86		
⑪	2	Φ14	2700	边缘加强筋	7.57		
⑫	2	Φ14	2700 368	边缘加强筋	13.05		

图 3-24 ST-28-24 配筋图

(1)下部①号纵筋:7根,布置在梯段板底部。沿梯段板方向倾斜布置,在梯段板底部平台处弯折成水平向。间距为200 mm,梯段板宽度上最外侧的两根下部纵筋间距调整为125 mm,与板边的距离分别为40 mm和35 mm。

(2)上部②号纵筋:7根,布置在梯段板顶部。沿梯段板方向倾斜布置,在梯段板底部平台处不弯折,直伸至水平向下部纵筋处。在梯段板宽度上部与下部纵筋对称布置。

(3)上、下③号分布筋:20根,分别布置在下部纵筋和上部纵筋内侧,与下部纵筋和上部纵筋分别形成网片。仅在梯段倾斜区均匀布置,底部平台和顶部踏步平台处不布置。单根分布筋两端90°弯折,弯钩长度为80 mm,对应的上、下分布筋通过弯钩搭接成封闭状(位于纵筋内侧,不能称为箍筋)。

(4)边缘④⑥号纵筋:12根,分别布置在底部平台和顶部踏步平台处,沿平台长度方向(即梯段宽度方向)。每个平台布置6根,平台上、下部各为3根,采用类似梁纵筋形式布置。因顶部踏步平台长度较梯段板宽度稍大,其边缘纵筋长度大于底部平台边缘纵筋长度。底部平台边缘纵筋布置在梯段板下部纵筋水平段之上。

(5)边缘⑤⑦号箍筋:18根,分别布置在底部平台和顶部踏步平台处,箍住各自的边缘纵筋。间距为150 mm,底部平台最外侧两道箍筋间距调整为70 mm,顶部踏步平台最外侧两道箍筋间距调整为100 mm。

(6)边缘⑪⑫号加强筋:4根,布置在上、下分布筋的弯钩内侧,与梯段板下部纵筋和上部纵筋同向。在梯段板底部平台处均弯折成水平向,与梯段板下部纵筋水平段同层。上部边缘加强筋在顶部踏步平台处弯折成水平向。

(7)销键预留洞⑧号加强筋:8根,每个销键预留洞处上、下各1根,布置在梯段板上、下分布筋内侧,水平布置。

(8)吊点⑨号加强筋:8根,每个吊点预埋件M1左、右各布置1根。定位见钢筋平面位置定位图。

(9)吊点⑩号加强筋:2根。

3. 安装图识读

ST-28-24安装图如图3-25所示,楼梯间净宽为2 400 mm,梯井宽为110 mm,梯段板宽为1 125 mm平台面之间的缝隙宽15 mm,梯段板与楼梯间外墙间距为20 mm。梯段板水平投影长为2 620 mm,两端与TL之间的缝隙宽为30 mm。其他识读内容参见模板图识读部分内容。

4. 节点详图识读

双跑楼梯ST-28-24节点详图如图3-26所示。

从图3-26中可以读取出ST-28-24双跑楼梯8个节点的详图信息,具体内容如下:

(1)节点①防滑槽加工做法。防滑槽长度方向两端距离梯段板边缘50 mm,相邻两防滑槽中心线之间的距离为30 mm,边缘防滑槽中心线距离踏步边缘30 mm,每个防滑槽中心线与两边的距离分别为9 mm和6 mm,防滑槽深为6 mm。

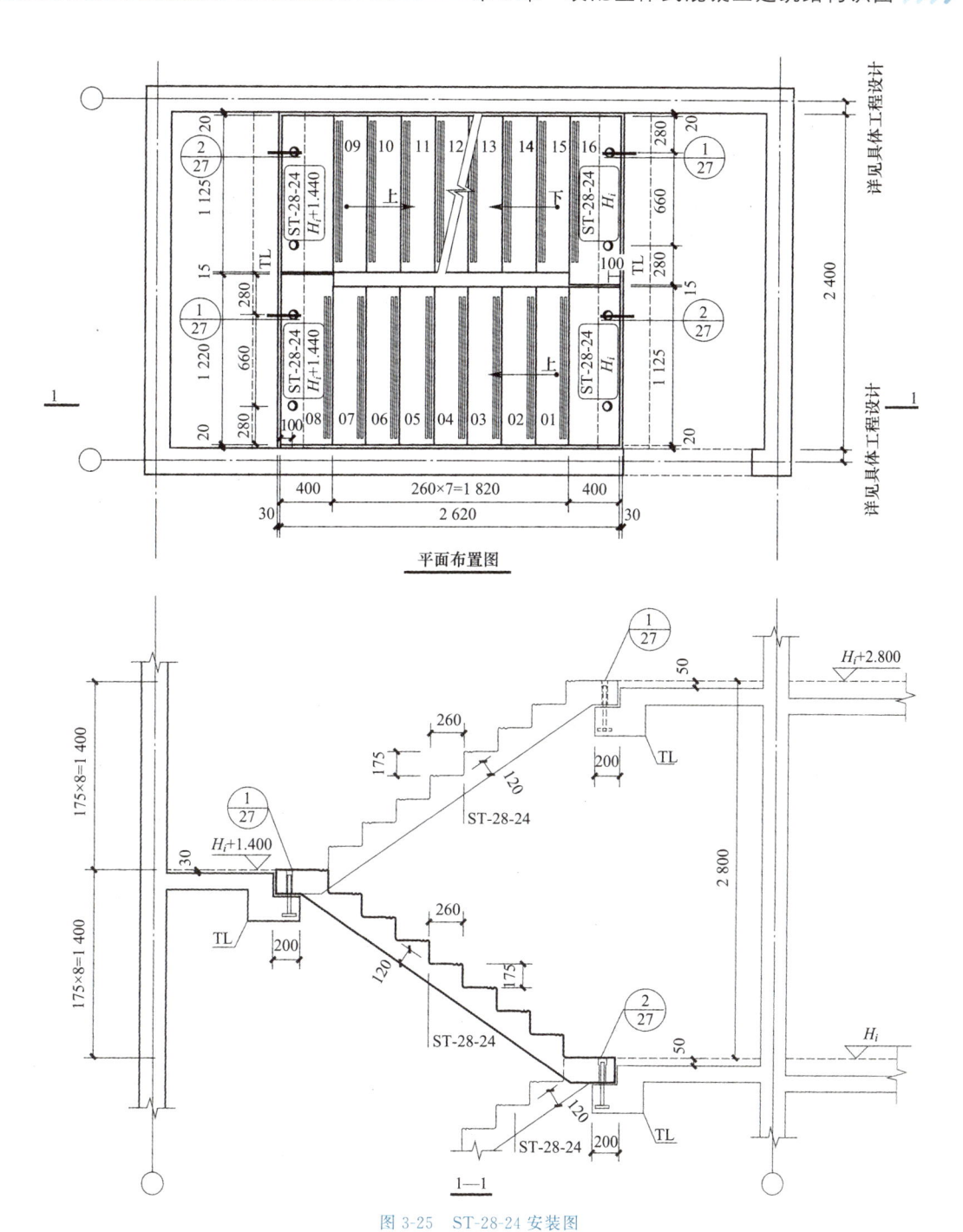

图 3-25 ST-28-24 安装图

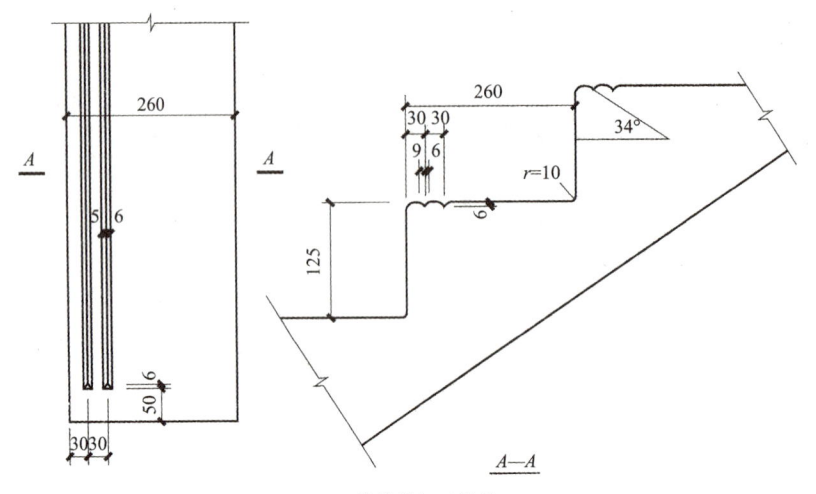

(a) 防滑槽加工做法

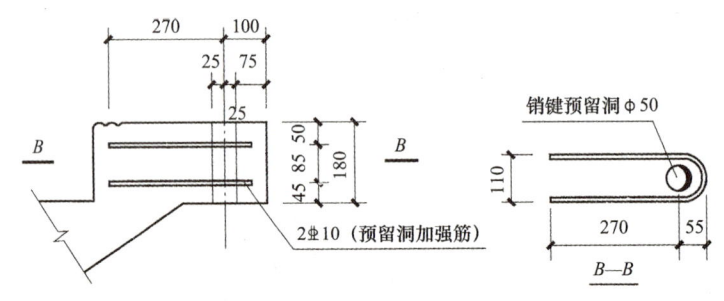

(b) 上端销键预留洞加强筋做法

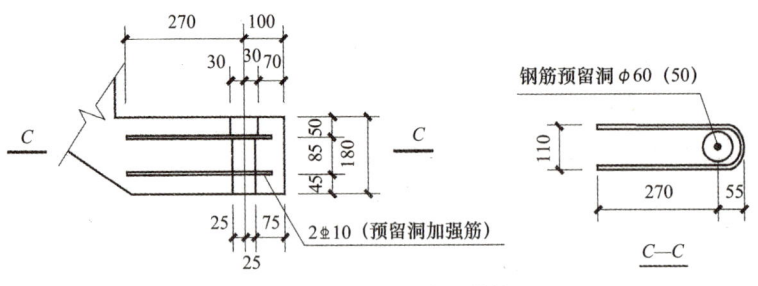

(c) 下端销键预留洞加强筋做法

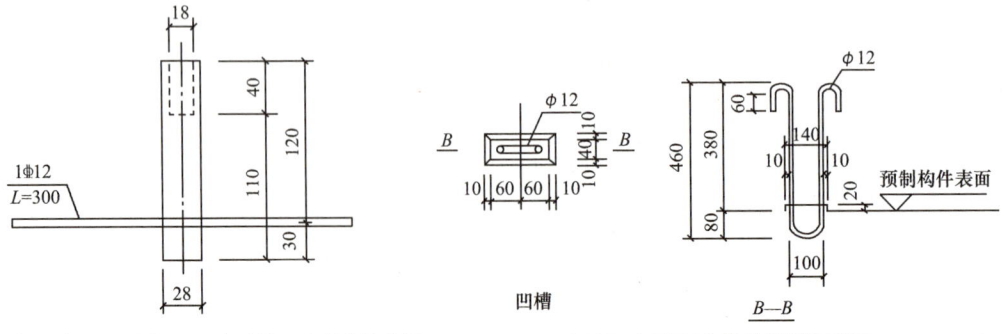

(d) M1 示意图（螺栓型号为 M18，仅为施工过程中吊装用）

(e) M2 大样图（构件脱模用的吊环）

图 3-26 双跑楼梯 ST-28-24 节点详图

(f) M3 大样图

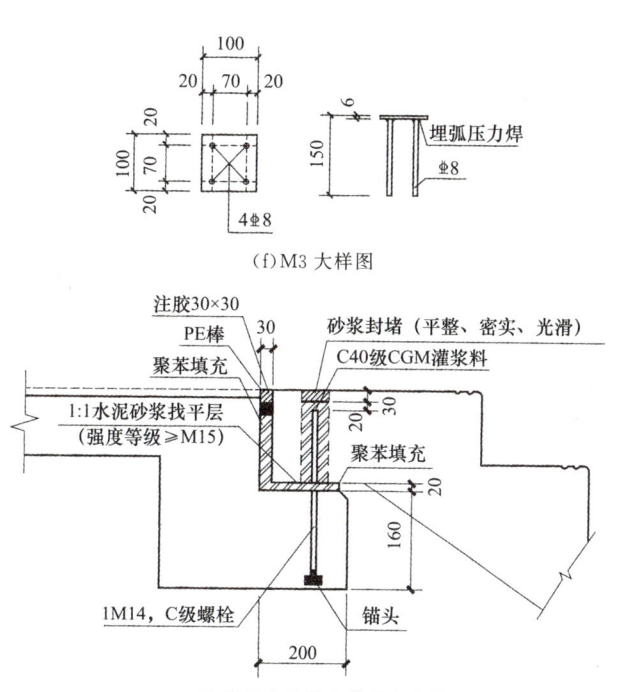

(g) 双跑梯固定铰端安装节点大样图

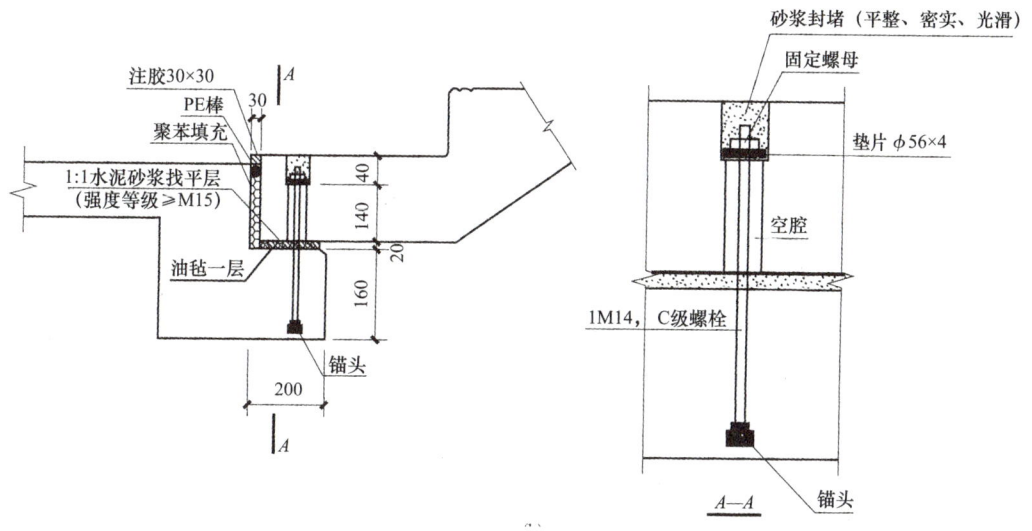

(h) 双跑梯滑动端安装节点大样图

续图 3-26 双跑楼梯节点详图

(2) 节点②上端销键预留洞加强筋做法。预留洞外边缘距离支承外边缘 75 mm；每个预留洞设置 2 根直径为 10 mm 的 HRB400 级钢筋，U 形加强筋右边缘距离预留洞中心 55 mm，加强筋平直段长度为 270 mm，两平行边之间的距离为 110 mm；在竖直方向，上层加强筋与支承顶面的距离为 50 mm，下层加强筋与支承顶面的距离为 45 mm，两层加强筋之间的距离为 85 mm。

(3)节点③下端销键预留洞加强筋做法。预留洞外边缘距离支承外边缘距离：洞底部75 mm，洞顶部为70 mm；预留洞上部直径为60 mm，深为50 mm，下部直径为50 mm，深为130 mm；其他钢筋构造同节点②。

(4)节点预埋件M1构造。预埋吊件直径为28 mm，长度为150 mm，吊件顶部的螺栓孔直径为18 mm（深为40 mm），与预埋吊件相连接的加强筋为1根直径为12 mm的HRB400级钢筋，长度为300 mm，与预埋吊件垂直布置，距离吊件底部30 mm。

(5)节点⑤预埋件M2构造。节点中预埋件凹槽为四棱台，长度为140 mm，宽度为60 mm，深度为20 mm，四棱台四个斜面水平投影长度均为10 mm；预埋吊筋呈U形，为1根直径为12 mm的HPB300级钢筋，下端凸出预制构件表面80 mm，伸入构件内部380 mm，钢筋端部做180°弯钩，平直段长度为60 mm，平行段之间的距离为100 mm。

(6)节点⑥预埋件M3构造。预埋钢板长度为100 mm，宽度为100 mm，厚度为6 mm；与预埋钢板焊接的4根钢筋均为直径为8 mm的HRB400级钢筋，长度为144 mm，焊接点与钢板边缘的距离均为20 mm。

(7)节点⑦双跑梯固定铰端安装节点大样。梯梁挑耳上预留1M14，C级螺栓，螺栓下端头设置锚头，上端插入梯板预留孔，预留孔内填塞C40级CGM灌浆料，上端用砂浆封堵（平整、密实、光滑）；梯梁与梯板水平接缝铺设1∶1水泥砂浆找平层，强度等级≥M15，竖向接缝用聚苯填充，顶部填塞PE棒，注胶30×30。

(8)节点⑧双跑梯滑动铰端安装节点大样。与固定铰端安装节点大样不同的是，梯梁与梯板水平接缝处铺设油毡一层，梯板预留孔内呈空腔状态，螺栓顶部加垫片，56×4和固定螺母，预留孔顶部用砂浆封堵（平整、密实、光滑）。

5. 钢筋表识读

如图3-21所示，钢筋表主要表达钢筋的编号、数量、规格、形状（含各段细部尺寸）、钢筋名称、质量、钢筋总重等内容，其具体识读内容详见前述"配筋图识读"相应内容。

3.6 预制钢筋混凝土阳台板、空调板和女儿墙识图

3.6.1 预制钢筋混凝土阳台板编号规定

全预制板式阳台选用表（表3-31）。

表3-31　　　　　　　　全预制板式阳台选用表

规格	阳台长度 l/mm	房间开间 b/mm	阳台宽度 b_0/mm	全预制板厚度 h/mm	预制构件质量/t	脱模（吊装）吊点 a_1/mm	施工临时支撑 c_1/mm
YTB-B-1024-04	1 010	2 400	2 380	130	1.17	450	425
YTB-B-1027-04	1 010	2 700	2 680	130	1.30	550	475
YTB-B-1030-04	1 010	3 000	2 980	130	1.43	600	525
YTB-B-1033-04	1 010	3 300	3 280	130	1.56	650	575

注：预制阳台板YTB-B-1024-04中各符号的含义：YTB—预制阳台；B—预制阳台板类型（B型代表全预制板式阳

台、D型代表叠合板式阳台、L型代表全预制梁式阳台);10—阳台板悬挑长度(结构尺寸 10 dm,为相对剪力墙外表面挑出长度);24—预制阳台板宽度对应房间开间的轴线尺寸(24 dm);04—封边高度(04代表阳台封边高度 4 dm、08代表封边设计 8 dm、12代表封边高度 12 dm)。

全预制板式阳台配筋表(表3-32)。

表 3-32　　　　　　　　　　　全预制板式阳台配筋表

构件编号	钢筋编号	规格	加工尺寸/mm	根数
YTB-B-1024-04	①	C8	120 / 1 300	25
	②	C8	120 / 2 330 / 120	8
	③	C8	120 / 1 085	18
	④	C10	150 / 2 330 / 150	8
	⑤	C12	180 / ≈800	4
	⑥	C12	180 / ≈800	4
	⑧	C6	350 × 100	22
	⑨	C12	180 / 2 330 / 180	2
	⑩	C12	180 / 2 330 / 180	2
	⑫	C6	350 × 100	21

注:YTB-B-1024-04全预制板式阳台中没有⑦号和⑪号钢筋;因保温层厚度不确定,影响长度方向封边纵筋长度,在表中用"≈"表示约等于;封边封闭箍筋做135°弯钩,平直段长度为5d;表中数据不作为下料依据,仅供参考,实际下料时按图纸设计要求及计算规则另行计算。

3.6.2 相关知识

1. 预制阳台板、空调板和女儿墙类型与编号规定

(1)预制阳台板、空调板和女儿墙类型与编号规定。预制阳台板、空调板及女儿墙的编号由构件代号、序号组成。编号规则见表3-33,参数选用如图3-27所示。

表3-33 预制阳台板、空调板及女儿墙的编号、序号

预制构件类型	代号	序号
阳台板	YYTB	××
空调板	YKTB	××
女儿墙	YNEQ	××

注:在女儿墙编号中,如若干女儿墙的厚度尺寸和配筋均相同,仅墙厚与轴线关系不同,可将其编为同一墙身号,但应在图中注明与轴线的位置关系。序号可为数字或数字加字母。

例如 YKTB2:表示预制空调板,编号为2。

例如 YYTB3a:某工程有一块预制阳台板与已编号的 YYTB3 除洞口位置外,其他参数均相同,为方便起见,将该预制阳台板序号编为3a。

例如 YNEQ5:表示预制女儿墙,编号为5。

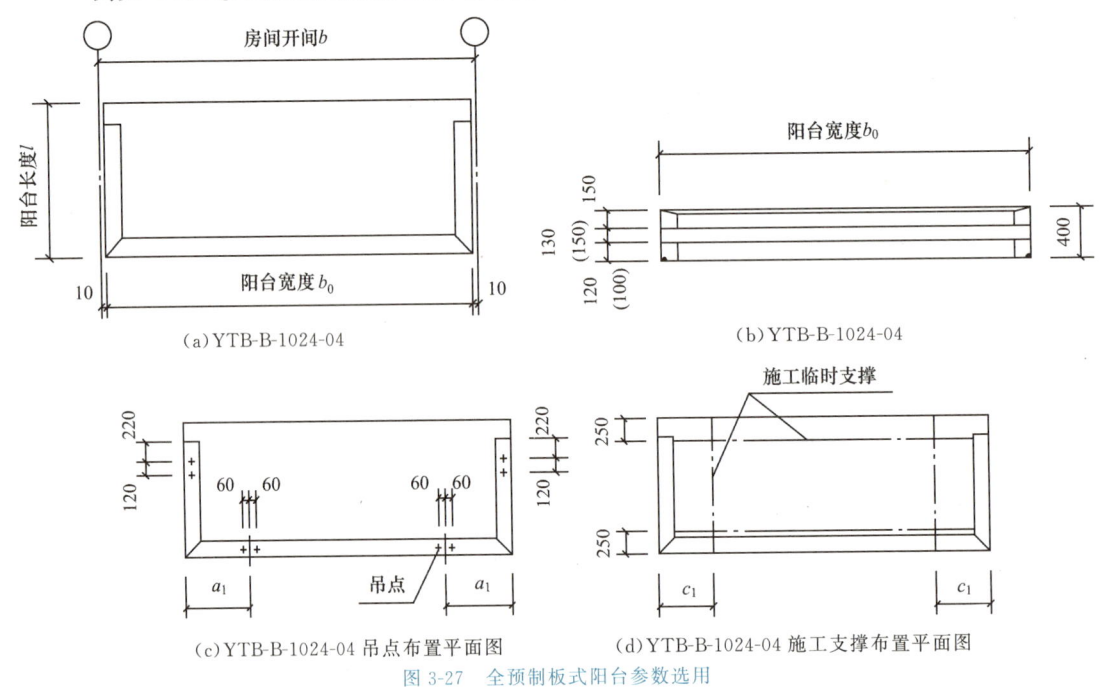

(a) YTB-B-1024-04

(b) YTB-B-1024-04

(c) YTB-B-1024-04 吊点布置平面图

(d) YTB-B-1024-04 施工支撑布置平面图

图3-27 全预制板式阳台参数选用

注:构件脱模与吊装使用相同吊点;施工应采取可靠措施,设置临时支撑,防止构件倾覆

(2)选用标准预制阳台板、空调板和女儿墙时的类型与编号规定。当选用标准图集中的预制阳台板、空调板及女儿墙时,可选型号参见《预制钢筋混凝土阳台板、空调板及女儿墙》(15G368—1),其编号规定见表3-34。

表 3-34　　标准图集中预制阳台板、空调板及女儿墙的编号

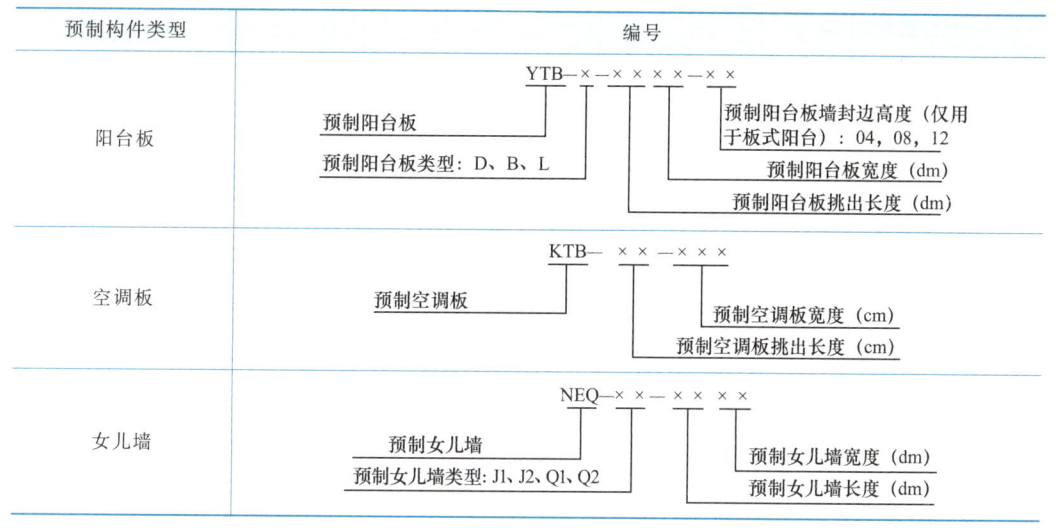

预制构件类型	编号
阳台板	YTB—×—××××—×× 预制阳台板 预制阳台板类型：D、B、L 预制阳台板封边高度（仅用于板式阳台）：04，08，12 预制阳台板宽度（dm） 预制阳台板挑出长度（dm）
空调板	KTB—××—××× 预制空调板 预制空调板宽度（cm） 预制空调板挑出长度（cm）
女儿墙	NEQ—×—×××× 预制女儿墙 预制女儿墙类型：J1、J2、Q1、Q2 预制女儿墙宽度（dm） 预制女儿墙长度（dm）

(1) 预制阳台板编号。

①YTB 表示预制阳台板。

②YTB 后第一组为单个字母 D、B 或 L，表示预制阳台板类型。其中，D 表示叠合板式阳台，B 表示全预制板式阳台，L 表示全预制梁式阳台。

③YTB 后第二组四个数字，表示阳台板尺寸。其中，前两个数字表示阳台板悬挑长度（按 dm 计，从结构承重墙外表面算起），后两个数字表示阳台板宽度对应房间开间的轴线尺寸（按 dm 计）。

④YTB 后第三组两个数字，表示预制阳台封边高度。04 表示封边高度为 400 mm，08 表示封边高度为 800 mm，12 表示封边高度为 1 200 mm。当为全预制梁式阳台时，无此项。

例如 YTB-D-1024-08：表示预制叠合板式阳台，挑出长度为 1 000 mm，阳台开间为 2 400 mm，封闭高度为 800 mm。

(2) 预制空调板编号。

①KTB 表示预制空调板；

②KTB 后第一组两个数字，表示预制空调板长度（按 cm 计，挑出长度从结构承重墙外表面算起）；

③KTB 后第二组三个数字，表示预制空调板宽度（按 cm 计）。

例如 KTB-84-130：表示预制空调板，构件长度为 840 mm，宽度为 1 300 mm。

(3) 预制女儿墙编号。

①NEQ 表示预制女儿墙。

②NEQ 后第一组两个数字，表示预制女儿墙类型，分别为 J1、J2、Q1 和 Q2 型。其中，J1 型代表夹心保温式女儿墙（直板）、J2 型代表夹心保温式女儿墙（转角板）、Q1 型代表非保温式女儿墙（直板）、Q 型代表非保温式女儿墙（转角板）。

③NEQ 后第二组四个数字，表示预制女儿墙尺寸。其中，前两个数字表示预制女儿墙长度（按 dm 计），后两个数字表示预制女儿墙宽度（按 dm 计）。

例如 NEQ-J1-3614：表示夹心保温式女儿墙，高度为 1 400 mm，长度为 3 600 mm

2. 预制阳台板、空调板和女儿墙平面布置图标注内容
(1)预制构件编号。
(2)各预制构件的平面尺寸、定位尺寸。
(3)预留洞口尺寸及相对于构件本身的定位(与标准构件中留洞位置一致时可不标)。
(4)楼层结构标高。
(5)预制钢筋混凝土阳台板、空调板结构完成面与结构标高不同时的标高高差。
(6)预制女儿墙厚度、定位尺寸、女儿墙墙顶标高。

3. 预制阳台板、空调板和女儿墙构件表注写内容
(1)预制阳台板、空调板构件表的主要内容。
①预制构件编号。
②选用标准图集的构件编号,自行设计构件可不写。
③板厚(mm),叠合式还需注写预制底板厚度,表示方法为"×××(××)"。
④构件质量。
⑤构件数量。
⑥所在层号。
⑦构件详图页码:选用标准图集构件需注写图集号和相应页码,自行设计构件需注写施工图图号。
⑧备注中可标明该预制构件是"标准构件"或"自行设计"。
(2)预制女儿墙构件表的主要内容。
①平面图中的编号。
②选用标准图集的构件编号,自行设计构件可不写。
③所在层号和轴线号,轴号标注方法与外墙板相同。
④内叶墙厚。
⑤构件质量。
⑥构件数量。
⑦构件详图页码:选用标准图集构件需注写图集号和相应页码,自行设计构件需注写施工图图号。
⑧如果女儿墙内叶墙板与标准图集中的一致,外叶墙板有区别,可对外叶墙板调整后选用,调整参数(a、b),如图3-28所示。

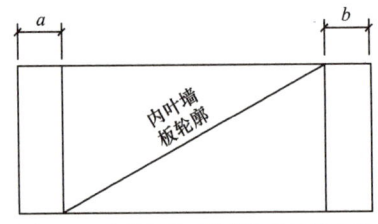

图3-28 女儿墙外叶墙板调整选用示意

⑨备注中可标明该预制构件是"标准构件""调整选用"或"自行设计"。

4. 其他说明
预制阳台板、空调板及女儿墙施工图应包括按标准层绘制的平面布置图、构件选用表。平面布置图中需要标注预制构件编号、定位尺寸及连接做法。

3.6.3 任务实施

1. 模板图识读

从图 3-29 中可以读取出 YTB-B-1024-04 模板图中的以下内容:

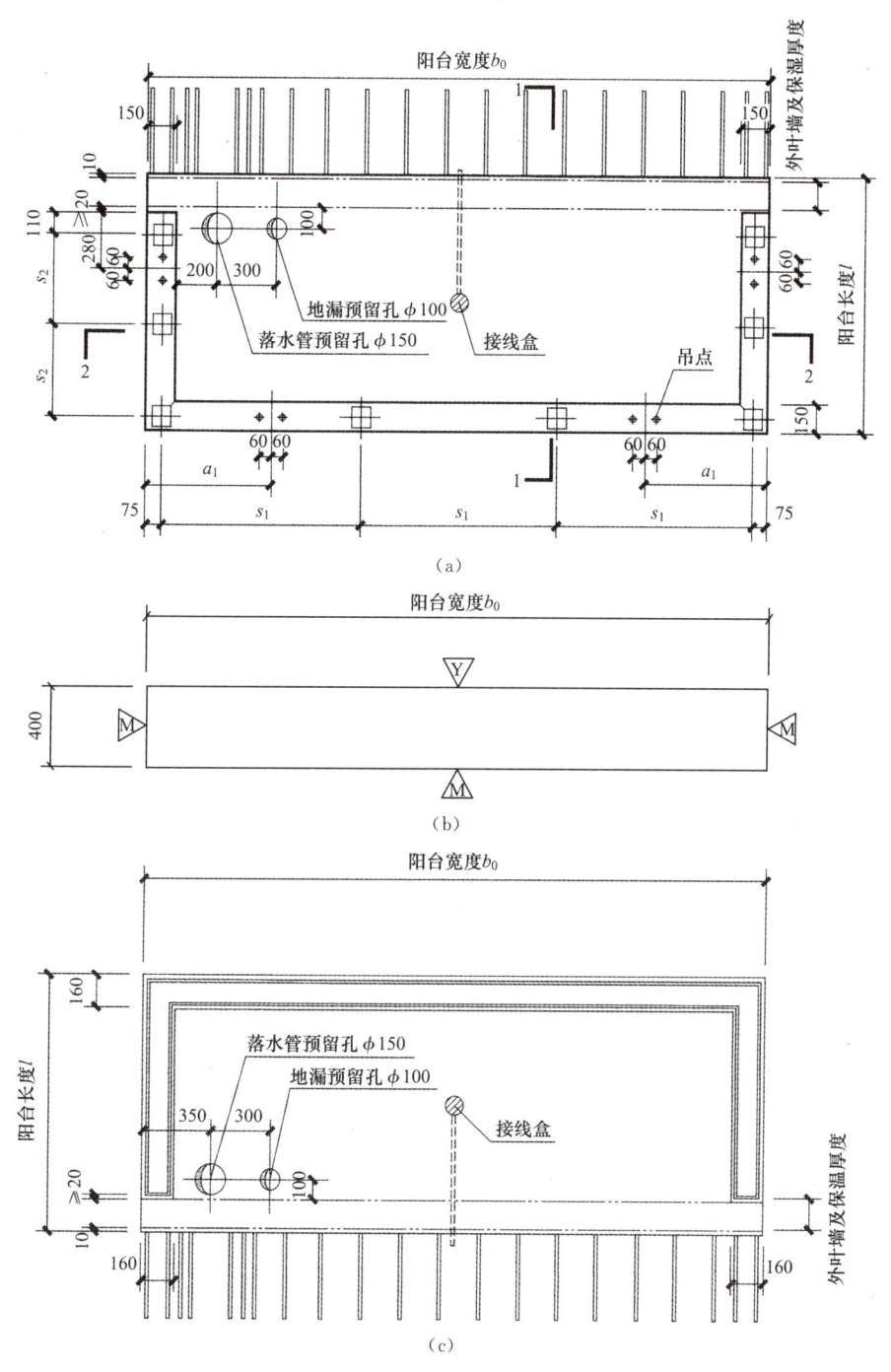

(a)

(b)

(c)

图中标注（从上至下）：

(d) 阳台宽度 b_0，150，400，h，150，10

(e) 左侧立面图：阳台长度 l，≥20，外叶墙外表面，400，h

(f) 1—1剖面图：阳台长度 l，≥20，外叶墙外表面，15，400，h，150，h，1/B14

(g) 2—2剖面图：阳台宽度/2（b_0/2），15，400，h，150，h，1/B14

(h) 洞口纵向排布图：350，100，300，落水管预留孔 $\phi150$，地漏预留孔 $\phi100$

图3-29　全预制板式阳台模板图

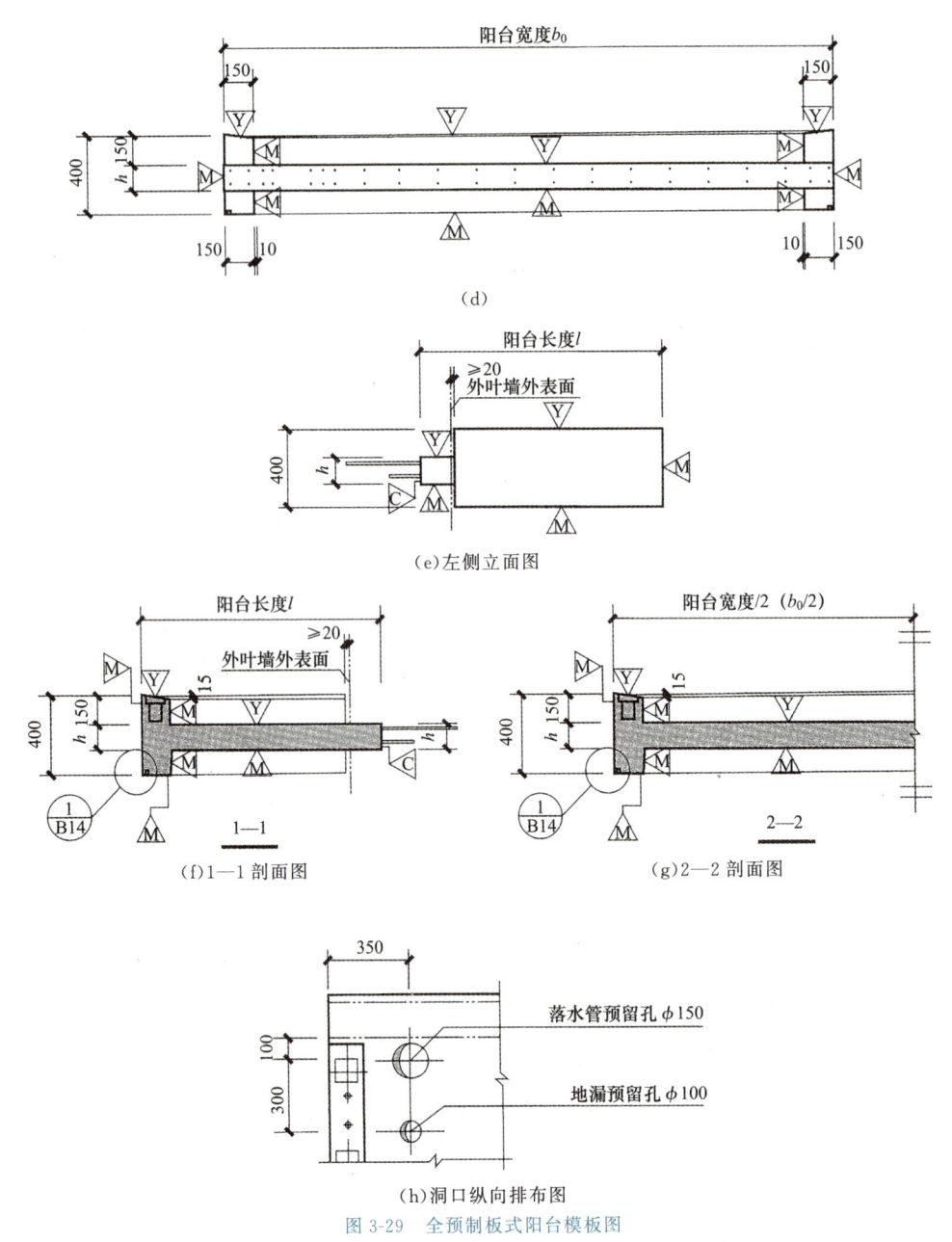

注：图中预制阳台板栏杆预埋件间距 s_1、s_2 不大于 750 mm 且等分布置

(1) 全预制板式阳台的具体尺寸。结合表3-31可以读取出阳台长度 $l=1\,010$ mm，阳台宽度 $b_0=2\,380$ mm，阳台板厚度 $h=130$ mm；封边高度为400 mm，上封边高度为150 mm、厚度为150 mm，下封边高度为 $400-150-130=120$（mm），顶部厚度为160 mm，底部厚度为150 mm。

(2) 预埋件的定位尺寸。由图3-29(a)可知，阳台长度方向第一个预埋件距离外叶墙外表面 $110+20=130$（mm），相邻两个预埋件之间的距离为 s_2；阳台宽度方向第一个预埋件距离阳台板边缘 75 mm,相邻两个预埋件之间的距离为 s_1。

（3）预留洞口的定位尺寸。从平面图和底面图中可以读取出阳台底板预留两个洞口,一个是落水管预留孔,150 mm,一个是地漏预留孔,100 mm,两个洞口之间的距离为 300 mm,距离外叶墙外表面 100 mm,落水管预留孔距离阳台边缘 350 mm。

（4）图中符号说明：Y 所指方向代表压光面,M 所指方向代表模板面,C 所指方向代表粗糙面。

2. 配筋图识读

从图 3-30 中可以读取出 YTB-B-1024-04 配筋图中共有 10 种类型的钢筋,各种钢筋信息内容如下：

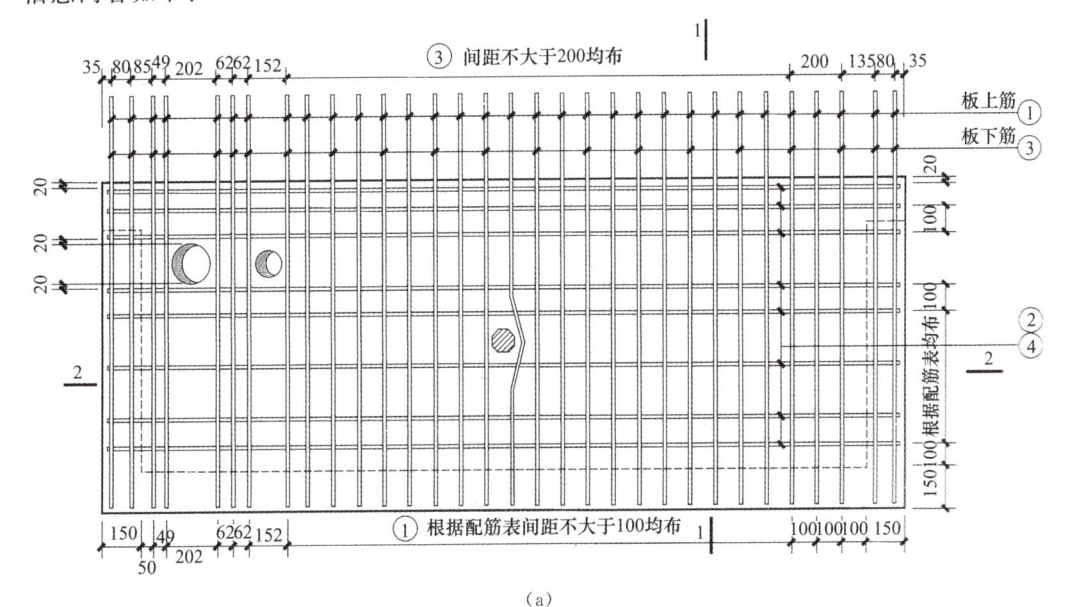

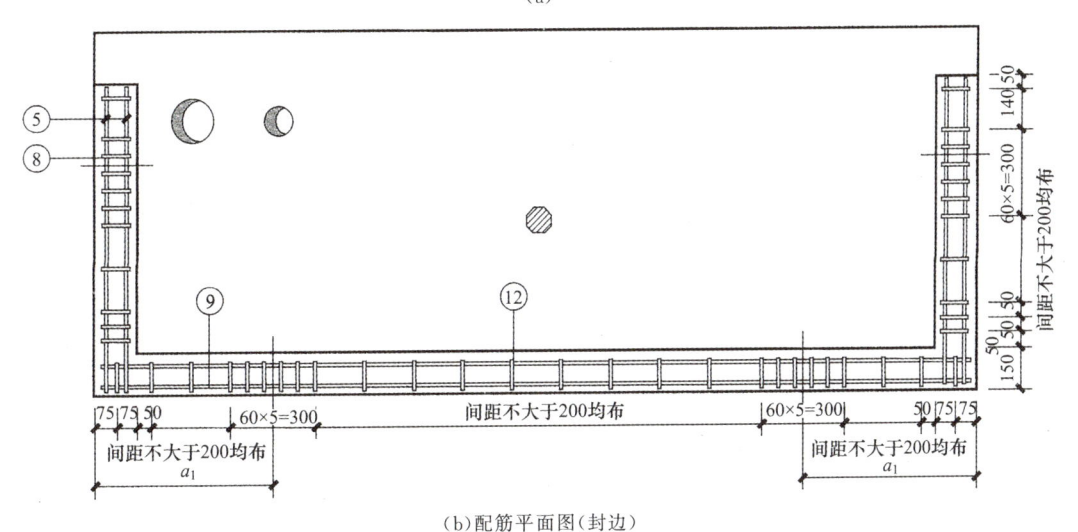

(a)

(b)配筋平面图(封边)

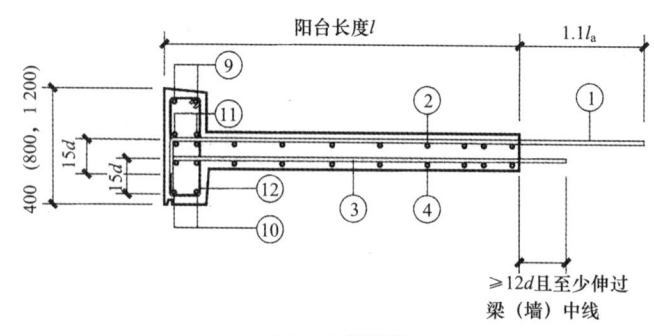

(c) 1—1 剖面图

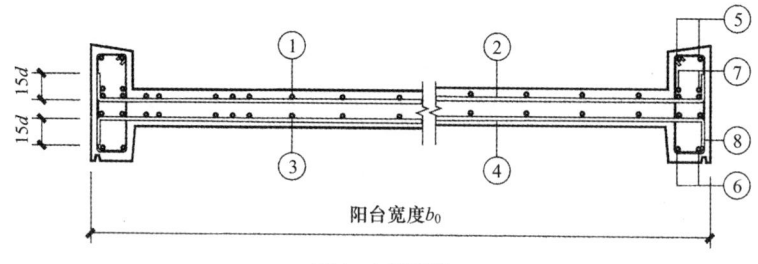

(d) 2—2 剖面图

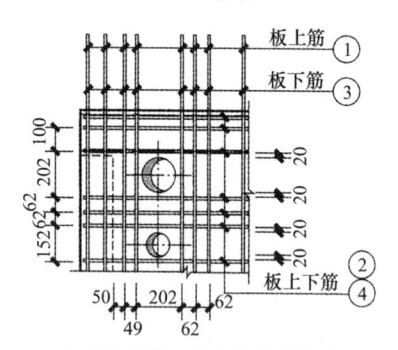

(e) 阳台板洞口纵向排布配筋图

图 3-30　全预制板式阳台配筋图

(1) ①号钢筋为直径为 8 mm 的 HRB400 级,为阳台长度方向板上部钢筋,外侧弯锚 $15d$,内侧向墙(梁)或板内锚固 $1.1l_a$。间距按照图 3-31(a)中的要求进行布置,即左端钢筋的间距:第一根距离边缘 35 mm,其余分别为 80 mm、85 mm、49 mm、202 mm、62 mm、62 mm、152 mm;右端钢筋的间距:第一根距离边缘 35 mm,其余分别为 80 mm、135 mm、100 mm、100 mm;中间部分钢筋的间距根据钢筋表间距不大于 100 mm 均布(其他类型钢筋间距的阅读方法与此相同)。

(2) ②号钢筋为直径为 8 mm 的 HRB400 级,为阳台宽度方向板上部钢筋,两端弯锚 $15d$。

(3) ③号钢筋为直径为 8 mm 的 HRB400 级,为阳台长度方向板下部钢筋,外侧弯锚 $15d$,内侧向墙(梁)内延伸长度 $\geqslant 12d$ 且至少伸过梁(墙)中线。

(4) ④号钢筋为直径为 10 mm 的 HRB400 级,为阳台宽度方向板下部钢筋,两端弯锚 $15d$。

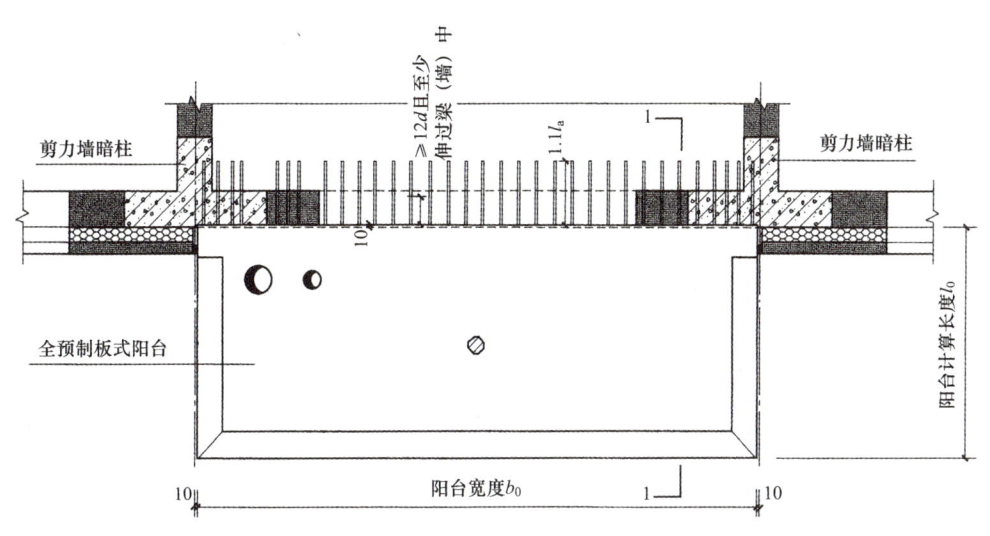

(a) 全预制板式阳台与主体结构安装平面图;

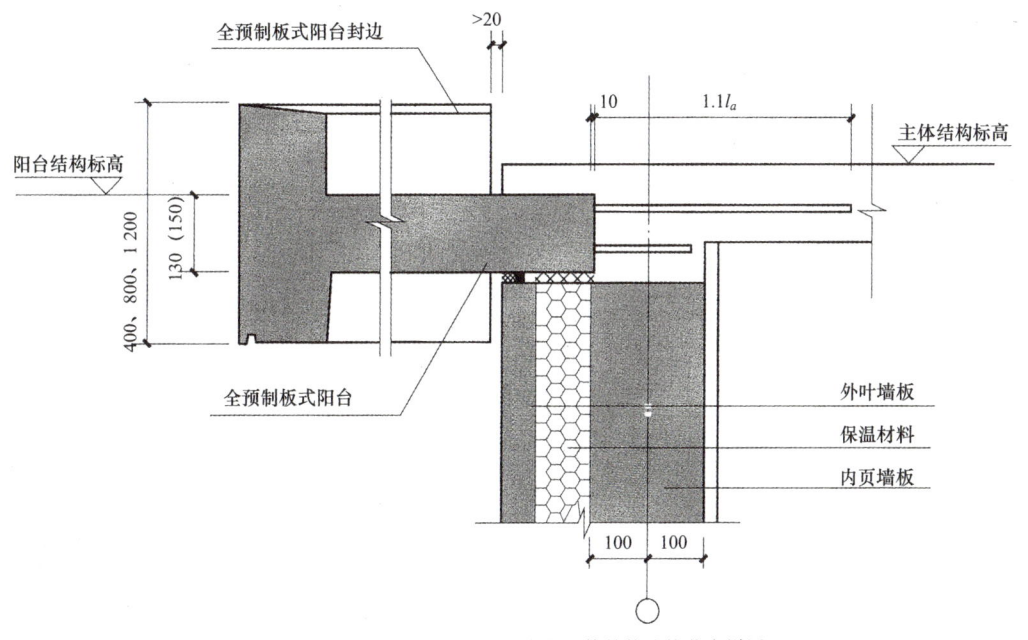

(b) 1—1 剖面图(全预制板式阳台与主体结构连接节点详图)

图 3-31 预制板式阳台节点详图

注:全预制板式阳台长度方向封边尺寸=阳台长度 $l-10$ mm-保温层厚度-外叶墙板厚度-20 mm

(5)⑤号钢筋为直径为 12 mm 的 HRB400 级,为阳台长度方向封边上部钢筋,外侧弯锚 $15d$,内侧直锚。

(6)⑥号钢筋为直径为 12 mm 的 HRB400 级,为阳台长度方向封边下部钢筋,外侧弯锚 $15d$,内侧直锚。

(7)⑧号钢筋为直径为 6 m 的 HRB400 级,为阳台长度方向封边上的箍筋。

(8)⑨号钢筋为直径为 12 mm 的 HRB400 级,为阳台宽度方向封边上部钢筋,两端弯锚 $15d$。

(9)⑩号钢筋为直径为 12 mm 的 HRB400 级,为阳台宽度方向封边下部钢筋,两端弯锚 $15d$。

(10)⑫号钢筋为直径为 6 mm 的 HRB400 级,为阳台宽度方向封边上的箍筋。

(11)由图 3-30(a)和图 3-30(e)可知,在阳台长度方向落水管预留孔两边缘距离两侧钢筋边缘 20 mm,在阳台宽度方向落水管预留孔和地漏预留孔两边缘与两侧钢筋边缘的距离均为 20 mm。

3. 吊点位置布置图识读

阳台长度方向两个吊点之间的中点距离外叶墙外表面 $280+20=300(\mathrm{mm})$,两个吊点之间的距离为 $60\times2=120(\mathrm{mm})$;阳台宽度方向相邻两个吊点之间的中点距离阳台边缘 $a_1=450\ \mathrm{mm}$,两个吊点之间的距离为 $60\times2=120(\mathrm{mm})$。

4. 节点详图识读

从图 3-31 及表 3-32 中可以读取出 YTB-B-1024-04 两个节点的详图信息,具体内容如下:

沿阳台长度方向上部钢筋向主体结构内延伸 $1.1l_a$,下部钢筋延伸 $\geqslant 12d$ 且至少伸过梁(墙)中线,阳台板内边缘伸过内叶墙板外边缘 10 mm,封边内边缘距离外叶墙板外边缘 20 mm;阳台宽度方向的两外边缘距离两端轴线 10 mm;阳台板长度方向封边尺寸=阳台长度 $l-10\ \mathrm{mm}-$ 保温层厚度$-$外叶墙板厚度$-20\ \mathrm{mm}$。

5. 钢筋表识读

钢筋表主要表达构件编号、钢筋编号、钢筋规格、加工尺寸及钢筋根数等,具体阅读内容前面已详述,此处不再赘述。

第4章 装配式混凝土建筑设计

学习目标

- 掌握装配式建筑总平面设计与平面设计。
- 熟知装配式建筑立面设计和剖面设计。
- 了解装配式建筑防水设计和节能设计。
- 基本了解装配式建筑装修一体化。

4.1 装配式混凝土建筑总平面设计与平面设计

4.1.1 装配式混凝土建筑总平面设计

装配式混凝土建筑总平面设计需要满足城市总体规划要求、国家规范及建设标准要求,还需要考虑装配式建筑的施工特点,如构件运输、吊装及临时堆场设置等,因此总平面图在各个设计阶段应考虑以下几个方面:

(1)预制构件运输,应考虑现场交通便利及运输过程中的道路限高、限重的要求。

(2)预制构件在施工过程中应合理布置塔吊的位置,根据经济性原则选择适宜塔吊吨位以有效提高场地使用效率。

(3)根据项目、场地、预制构件运输及塔吊等条件综合设置临时堆场位置及规模,合理布置临时堆放场能够提高施工的效率。

4.1.2 装配式混凝土建筑平面设计

(1)平面设计的原则

平面设计需要遵循模数协调的基本原则,对建筑平面的开间、尺寸、种类等进行有效优化,确保构件标准化和内装通用性,完善产业化配套体系,提升装配式建筑工程的总体建设质量,降低项目建设成本。

①建筑外轮廓的要求

建筑外轮廓宜规整,平面尽可能规整,减少凹凸。对超高层而言,方形或接近方形是结构最合理的平面形状。

②平面布置宜采用大开间、大进深,空间灵活可变。

③承重墙、柱等竖向构件应上、下连续;门窗洞口宜上下对齐,成列布置,剪力墙结构不宜采用转角窗。

④设备与管线集中布置,并应进行管线综合设计。

(2)平面设计的标准化、模块化、集成化

①标准化设计

平面设计的标准化设计即根据对不同地区、不同人群的实际调研,综合政策、气候、民俗等因素,创造功能模块的标准化设计。

②模块化设计

装配式建筑平面设计应该遵循模数协调的原则,对平面尺寸与种类进行优化,实现建筑预制构件和内装部品的标准化、模数协调及可兼容性,完善装配式建筑产业化配套应用技术,提升工程质量,降低建造标准。

③集成化设计

装配式建筑平面设计集成化是指在已有的结构体系中,按照模数统一原则对建筑外围护结构构件拆分,精简构件类型,提高装配效率,在标准化设计的基础上通过组合实现装配化与多样化。

(3)平面设计要点分析

装配式建筑平面设计对建筑立面、防水、设备预埋专业等具有重要影响,因此在平面设计时需要具有精确、严谨的态度及前瞻性。

①平面设计中外围护结构的拆分位置选择

装配式建筑外围护结构由预制构件拼接而成,在两个预制构件拼接处通常留有一定宽度拼接缝,该缝对建筑外立面及建筑防水产生重要影响,预制构件拆分与其重量有关,在设计时需对其位置进行合理选择。

②平面设计中门窗大小及位置选择

平面设计中应选择适宜的门窗尺寸,还应满足构件拆分的最小尺寸及结构受力要求。

③平面设计中阳台板的设计

阳台、露台板尺寸要求如下:

全预制悬挑阳台悬挑长度(从外墙轴线到阳台边缘)不宜大于 1 500 mm。

叠合阳台悬挑长度(从外墙轴线到阳台外边缘)不宜大于 2 100 mm。

当外挂板设置在阳台内侧时,应考虑外挂板厚度对阳台使用净空的影响。

④平面设计中空调板的设计

空调板尺寸要求如下:

全预制空调板设计厚度不宜小于80 mm,应根据空调机位大小,满足散热要求来确定空调板尺寸,应减小空调板规格,此外其结构宜降板30 mm。

外挑全预制空调板不宜设上翻边,空调板下应设滴水线。

⑤平面设计中厨房、卫生间设计

装配式建筑厨房与卫生间设计应充分考虑两者功能的合理分区。卫生间采用异层排水体系,结构降板50 mm,对于同层排水的卫生间,需要设计沉箱或现浇楼板;厨房与卫生间的设计宜采用整体厨卫。厨卫设计尺寸见表4-1和表4-2。

表4-1　　　　　　　　　　　厨房平面优先净尺寸表　　　　　　　　　　　　mm

平面布置形式	宽度×长度
单排布置	1 500×1 700　1 500×3 000(2 100×2 700)
双排布置	1 800×2 400　2 100×2 400　2 100×2 700　2 100×3 000(2 400×2 700)
L型布置	1 500×2 700　1 800×2 700　1 800×3 000　(2 100×2 700)
U型布置	1 800×3 000　2 100×2 700　2 100×3 000(2 400×2 700)　(2 400×3 000)

表4-2　　　　　　　　　　　卫生间平面优先净尺寸表　　　　　　　　　　　mm

平面布置形式	宽度×长度
便溺	1 000×1 200　1 200×1 400(1 400×1 700)
洗浴(淋浴)	900×1 200　1 000×1 400(1 200×1 600)
洗浴(淋浴＋盆浴)	1 300×1 700　1 400×1 800(1 600×2 000)
便溺、盥洗	1 200×1 500　1 400×1 600(1 600×1 800)
便溺、洗浴(淋浴)	1 400×1 600　1 600×1 800(1 600×2 000)
便溺、盥洗、洗浴(淋浴)	1 400×2 000　1 500×2 400　1 600×2 000　1 800×2 000(2 000×2 200)
便溺、盥洗、洗浴、洗衣	1 600×2 600　1 800×2 800　2 100×2 100

习 题

1. 总平面图在各个设计阶段应考虑哪几方面的问题?
2. 平面设计的原则有哪些?

4.2 立面设计

4.2.1 立面设计理念

装配式混凝土建筑外立面主要采用混凝土预制构件,其建筑立面设计和传统立面设计有较大的区别。装配式建筑的立面设计需采用工业化的设计思维，遵循标准化、模数化、集成化的设计理念。

(1) 标准化设计

依据装配式建筑技术的要求，最大限度采用标准化的预制构件，以"少规格、多组合"的设计原则，将建筑外围护系统预制构件按立面设计要求组合成标准单元，并考虑工厂生产、运输、安装施工技术等因素，控制预制构件的种类和规格，减少异形构件。

(2) 模数化设计

立面设计应遵循模数协调的原则，使建筑与部品的模数协调，从而实现建筑与部品的模数化设计。设计中宜采用基本模数和扩大模数数列，用模数协调的原则，确定合理的设计参数。

(3) 集成化设计

装配式混凝土建筑的立面是预制构件和部件的集成与统一。建筑外立面设计应使建筑美观与功能相结合，集成化外墙是将围护、保温、隔热、外装饰等技术集成于预制构件中，形成外墙保温装饰一体化墙板。

4.2.2 立面拆分设计

装配式建筑的拆分设计是设计师整体设计方案与预制构件生产工艺相联系的重要环节，包括对整体建筑进行单元式拆分和预制构件设计。将建筑平面设计与立面设计相结合，不仅对建筑的内部空间进行拆分，还需对外墙、飘窗、阳台、空调板等构件进行拆分设计。

(1) 预制外墙的拆分

预制外墙的拆分需要设计师在满足工厂生产、运输、现场吊装施工要求的基础上，合理地设置外墙板分缝位置。构件之间的拼缝分为水平拼缝和竖向拼缝。水平拼缝一般设置在层高线的位置；竖向拼缝的设置应考虑建筑外立面的设计效果，并考虑构件的连接、控制构件的质量，减小墙板分缝对立面的影响。

建筑外立面有强调横、竖线条时可以利用墙板分缝进行设计；外立面需要整体效果时，墙板的分缝位置可以设置在非主立面来弱化板缝对立面的影响，以保证外立面达到理想效果。在建筑设计的外立面图中，应将墙板分缝体现在立面图和效果图中，保证图纸与实体建筑一致。

(2) 预制阳台板、空调板的拆分

立面设计时应考虑阳台、空调板等构件的拆分设计。拆分设计过程中宜结合立面造型特点进行拆分，以减小对外立面的影响。建筑中的穿墙孔、排水管道孔、地漏应提前预留，且管道宜进行隐蔽设计，减少对外立面的影响，做到隐而不露或露且雅观。阳台板和空调板设计时应将栏杆或百叶的预埋件按要求提前预埋在预制混凝土构件上，现场直接进行连接安装，方便快捷。

习 题

1. 装配式建筑的立面设计需遵循的设计理念有哪些？
2. 构件之间的拼缝分为哪几种，分别设置在什么位置？

4.3 剖面设计

建筑剖面设计是对建筑物各部分高度、建筑层数，建筑空间的组合与利用，以及建筑剖面中的结构、构造关系的反映。剖面设计主要研究内部空间在垂直方向上的问题。

影响剖面设计的主要因素有：房间的使用要求、室内空间的采光、通风要求、结构、施工等技术经济方面的要求及室内装修要求等。装配式混凝土建筑因其建造方式的特殊性，以及建筑成本控制等因素又有其需特别注意之处。

4.3.1 建筑层高

应根据其功能、主体结构、设备管线及装修等要求，确定合理的层高及净高尺寸。在设计中，功能相同的空间宜采用相同层高。影响装配式建筑层高的因素主要有以下几点：

1. 叠合楼板

楼板厚度根据结构选型、开间尺寸、受力特点的不同，其厚度也会不同。装配式混凝土建筑，叠合楼板厚度相较于传统现浇楼板厚度增加一般不小于 20 mm，对室内净高会产生影响。

2. 吊顶高度

吊顶高度主要取决于机电管线与梁占用的空间高度。建筑专业应与结构专业、机电专业以及室内装修进行协同设计，合理的布置吊顶内的机电管线，避免管线交叉，减少空间占用，协同室内吊顶高度。

3. 地面架空

《装配式混凝土建筑技术标准》(GB/T 51231—2016)（简称《装标》）规定装配式混凝土建筑的设备与管线及主体结构宜分离，因此在项目中宜采用设备管线走架空地面的方式。架空高度主要取决于设备管线、给排水管道等占用的空间高度，排水系统宜采用同层排水。当采用架空地面时，为保证室内净高，则需增加层高。

4.3.2 预制范围设计

根据项目场地情况、装配率政策要求、结构体系，合理的选择预制层数和预制部位，设计合理且经济的装配式设计方案，使建筑在满足其功能的要求上，更好地让装配式建造方式服务于建筑，并及早发现所选预制体系对建筑空间的影响，而采取相应措施。

（1）采用外挂墙板体系所带来的露梁、露柱情况时，宜结合室内装修设计，弱化其对使用者的心理感受。

（2）采用梁下外墙板时，应考虑预制构件与梁的连接以及生产、运输的合理性，传统方式下的梁下窗，宜在其梁下低 200 mm 处设置门窗洞口。当对建筑的采光、通风造成影响时，需降低窗台高度或扩大门窗洞口以满足使用要求。

习 题

1. 剖面设计的概念是什么？
2. 影响剖面设计的因素有哪些？
3. 影响装配式建筑层高的因素主要有哪些？

4.4 构造节点

装配式混凝土建筑预制构件根据其受力特点分为水平预制构件与竖向预制构件。水平预制构件主要包括叠合楼板、叠合梁、预制阳台板、预制空调板、预制楼梯、预制沉箱等。竖向预制构件有预制外墙板、预制内墙、预制女儿墙等。当采用装配式建造方式时，要求设计师在设计中注重构件的节点构造，在做拆分设计的同时考虑预制构件的连接、防水、保温等构造措施。本小节将分水平预制构件与竖向预制构件讲述它们各自的构造特点。

习 题

1. 装配式混凝土建筑预制构件根据其受力特点分为哪几类？
2. 水平预制构件主要包括哪些？
3. 竖向预制构件有哪些？

4.5 装配式混凝土建筑防水设计

4.5.1 装配式混凝土建筑防水概述

无论是传统建筑还是装配式建筑，建筑防水工程是保证建筑物（构筑物）结构不受水侵袭，内部空间不受水危害的一项分部工程，建筑防水工程在整个建筑工程中占有重要的地位。

1. 传统建筑与装配式建筑防水区别

传统建筑防水最主要的设计理念是堵水，将水流可以进入室内的通道全部阻断，以达防水的效果。而预制装配式建筑防水设计理念是导水优于堵水、排水优于防水。在设计阶段除进行防水处理，还需要考虑水流可能会突破外侧防水层。通过设计合理的排水路径，将可能渗入墙体的水引导至排水构造中，将其排出室外，有效避免其进一步渗透到室内。

2. 装配式建筑防水基本类型

装配式建筑防水主要有四方面：

（1）结构防水：通过合理设置外墙分缝位置，利用建筑结构自身的防水性能采取防水措施。

(2)构造防水:利用构件自身的构造特点达到防水的目的,主要用于装配式建筑外墙。

(3)材料防水:利用材料的不透水性来覆盖和密闭构件及缝隙。常用于屋面、外墙、地下室等处的防水。如卷材防水、涂膜防水等柔性防水材料;混凝土及水泥砂浆等刚性防水材料。

(4)构造导水:多采用空腔导水方式,是装配式建筑外墙区别于传统建筑外墙防排水的重要部分,主要用于建筑外墙的拼缝处。

4.5.2 装配式混凝土建筑防水部位的防水做法

装配式混凝土建筑防水的主要部位:外墙;外窗;阳台、空调板;室内卫生间;屋面。

1. 外墙防水

(1)墙体防水介绍

外墙防水工程在整个建筑工程中占有重要的地位。装配式混凝土建筑外墙由高强度钢筋混凝土振捣密实而成,因此墙体表面具有很强的防水性能,不需要再刷防水涂料。装配式混凝土建筑预制构件在现场拼装完成,外墙上会有水平拼缝和竖向拼缝,这些缝易成为渗水的通道。此外有些预制装配式建筑为了抵抗地震力的影响,将外墙板设计成在一定范围内可活动的预制构件,这就更增加了墙板拼缝防水的难度。因此,对于装配式建筑的防水工程应该是导水优于堵水、排水优于防水,通过设计合理的排水路径,如设置导水孔,使渗入拼缝的水流至排水构造中,从而排出室外。

(2)外墙拼缝防水设计

外墙水平拼缝防水设计:构造防水(企口由两块平板相接,板边分别起半边通槽口,一上一下搭合拼接,可防止水直接渗入内部)+材料防水(防水密封胶)。

外墙竖拼缝防水设计:结构防水(现浇构件)+材料防水(防水密封胶)+空腔导水。导水孔的位置宜设在外墙竖拼缝与横拼缝交界处上楼层高1/3处,首层及以上每3~5层设导水孔,板缝内侧应增设气密条密封构造。

(3)墙板拼缝防水原理

墙板水平拼缝防水原理:墙板的上、下两端分别设有用于配套连接的企口,将墙板横向拼缝设计成内高外低的企口缝,利用水流受重力作用自然垂流的原理,可有效防止水进一步渗入。

墙板竖向拼缝防水原理:拼缝处通过设计减压空腔,能防止水流通过毛细作用渗入室内,防止气压差造成拼缝空间内出现气流,带入雨水,形成漏水,使建筑内外侧等压,确保水密性和气密性。无论是墙板的横向拼缝,还是竖向拼缝,在板面的拼缝口处都用聚乙烯棒塞缝,并用密封胶嵌缝,以防水汽进入墙体内部。

2. 外窗防水

(1)外窗种类及做法

外窗窗框型材主要有金属类型材和非金属类型材。当采用金属类型材窗框时,可采用混凝土板与窗集成预制一体化,即在工厂内预埋金属窗框,现场安装玻璃即可。当采用塑料类型材窗框时,一般都采用现场安装的方式,因非金属类型材窗框大多强度较弱,抗变形能力差、在水泥振捣时易变形,因此一般不采用集成预制一体化。

预埋窗框的优点:整体性较好;防水性能强;做预制窗框的窗户更牢固,窗框安上玻璃和窗扇后不容易变形;可减少正框与其他工种的搭接时间。

预埋窗框的缺点:在运输过程中,因路途较远或运输不当易引起窗框变形而不易安装。

(2)外窗防水构造设计

装配式外窗节点的防水构造设计如下:①窗上口设置滴水线;②窗台内外设置高差20 mm(预埋窗框时可不设置),窗台外侧设斜坡;③窗框与墙体交接处打密封胶。

3. 阳台、空调板防水

装配式住宅设计中阳台板与空调板在防水构造措施上基本一致,主要有以下几点:

(1)设置室内外高差,与传统建筑降板处理相同。

(2)采用材料防水(防水密封胶+聚乙烯棒)+构造企口防水(阳台、空调板企口与墙板企口空腔处放聚乙烯棒,外打密封胶)。

(3)材料防水(防水密封胶):阳台、空调板两侧边及下部墙体相交的位置打防水密封胶。

(4)阳台、空调板外边缘处设置滴水槽。

4. 卫生间防水

(1)异层排水卫生间防水做法

异层排水的卫生间,降板 50 mm 左右,与传统建筑的防水做法相同。

(2)同层排水卫生间防水做法

同层排水的卫生间,可设置沉箱或采用下沉式叠合楼板,防渗堵漏。同层排水卫生间防水做法需要注意以下几点:

①卫生间沉箱与剪力墙或者梁相连接处,室内完成面宜低于外墙水平拼缝。

②上、下墙体间宜用高标号水泥砂浆坐浆。

③外墙干湿相接处宜用建筑防水涂料涂抹。

④沿内墙与沉箱内部做防水处理,用防水涂料涂抹。

⑤内部隔墙下均做不大于 200 mm 高现浇素混凝土反坎。

⑥卫生间沉箱需预留管道孔洞。

⑦需设置防漏宝,排除沉箱内积水。

5. 屋面防水

除传统防水措施外,叠合屋面的具体做法有以下几点:

(1)受力满足结构计算要求的情况下,适宜增加屋面叠合楼板现浇层的厚度,有利于增强屋面的防水。

(2)屋面女儿墙作现浇反坎与现浇楼板一起浇筑,形成一个整体的刚性防水层,在屋面与墙面交界处,如女儿墙式烟囱等部位,应铺设卷材或涂膜附加层,卷材应一直铺贴到墙上,卷材收头应压入凹槽内固定密封,凹槽距屋面的最低高度应不小于 250 mm。然后再大面积铺设防水卷材,上翻高度满足泛水要求,防水卷材嵌入防水压槽中,最后用密封胶进行收口处理。屋面防水构造如图 4-1 所示。

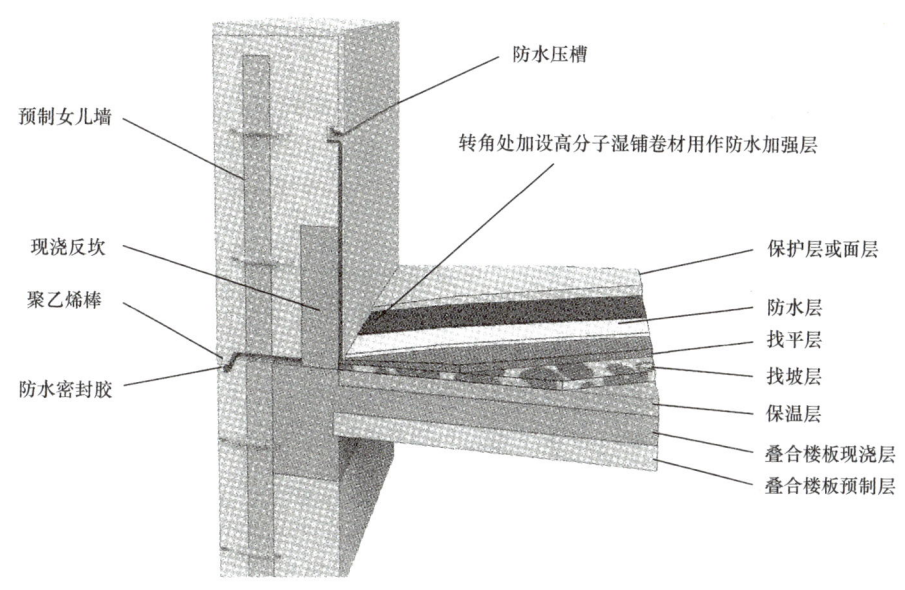

图 4-1 屋面防水构造

4.5.3 装配式混凝土建筑外墙板拼缝处密封防水材料

1. 密封材料的选用

装配式建筑密封材料也是防水的关键,建筑密封材料包括不定型密封材料(如嵌缝腻子、油膏、弹性密封胶等)和定型密封材料(如密封胶带、密封垫等)。它们都需满足以下要求:密封材料应与混凝土具有相融性、规定的抗剪切和伸缩变形能力,以及防霉、防水、防火、耐候等性能。

2. 拼缝用胶技术要求

(1)黏结性:混凝土属于碱性材料,普通密封胶很难黏结,且混凝土表面疏松多孔,导致有效黏结面积减小。此外,在南方多雨的地区,可能出现混凝土的"泛碱"现象,会对密封胶的黏结界面造成严重破坏。因此要求密封胶与混凝土要有足够强的黏结力。

(2)耐候性:装配式建筑外墙拼缝常用作装饰面的分割缝,即胶缝做明缝处理,此时密封胶需要长期经受阳光照射和雨水冲刷,所以密封胶需要良好的耐候性。

(3)可涂装性:拼缝因施工安装误差大,密封胶需要涂料覆盖时,密封胶与涂料的相融性尤为重要。

(4)耐污性:密封胶的污染不仅影响建筑的美观,且难以清洗,同时也大大增加了建筑的维护成本,故选择密封胶时也要注重耐污性。

(5)抗位移能力:装配式建筑由于存在强风地震引起的层间位移、热胀冷缩引起的伸缩位移、干燥收缩引起的干缩位移和地基沉降引起的沉降位移等,因此,对密封胶的受力要求非常高,密封胶须具备良好的位移能力和弹性恢复力,以更好适应变形而不易出现破坏。

(6)施工现状:目前我国装配式建筑施工环境复杂且缺少专业的密封胶施工人员,因此,如何让施工人员迅速掌握打胶操作并保证施工质量是目前亟待解决的问题,有关部门

3. 拼缝处密封胶的背衬材料选用及做法

拼缝处密封胶的背衬材料,宜选用柔软闭孔的圆形的或扁平的聚乙烯条。背衬材料宽度应大于拼缝宽度 25% 以上;建议密封胶宽度:厚度在 2∶1 到 1∶1,且厚度不宜小于 10 mm。当宽度超过 30 mm 时,建议密封胶施胶厚度为 15 mm。

习 题

1. 传统建筑与装配式建筑的防水有何区别?
2. 装配式建筑防水主要有哪几方面?
3. 装配式建筑防水的主要部位有哪些?
4. 预埋窗框有哪些优缺点?
5. 装配式外窗节点的防水构造如何设计?
6. 密封材料需要具有哪些性能?

4.6 装配式混凝土建筑节能设计

随着社会的不断进步,人们越来越关心其赖以生存地球的环境,世界上大多数国家也充分认识到了环境对于人类发展的重要性,节能是我国可持续发展的一项长远发展战略,装配式建筑具有建造速度快、绿色环保、节约成本、节约劳动力、保温一体化等优点,在建筑领域上应运而生。

4.6.1 装配式混凝土建筑能耗

传统建筑的建筑方式不仅投资金额大,施工周期长,而且消耗大量的资源能源,对环境和生态有巨大影响。在我国,建筑钢材的消费占比、房屋建筑消耗的水泥占比、房屋建筑用地占城镇建设用地的比例,建筑全寿命周期能耗(含建材能耗)占全国的比例等非常大。而装配式建筑,采用标准化设计、工厂化生产、装配化施工等,在设计、生产、施工、开发等环节形成完整的、有机的产业链,实现建造全过程的装配化、集成化和一体化,从而提高建筑工程质量和效益,并大大降低能耗浪费,具有节水、节能、节时、节材、节地等优点。

同时,随着建筑工业化、建筑信息模型、健康建筑等高新技术与理念的广泛应用和不断深入,《住房城乡建设事业"十三五"规划纲要》明确提出要推进绿色发展,推进资源节约,如循环利用,实施国家节水行动,降低能耗、物耗,实现生产系统和生活全面执行绿色建筑标准。

在《绿色建筑评价标准》中节材和绿色建材有评分要求,《装配式建筑评价标准》(GB/T 51129—2017)中对装配式建筑评价有明确规定,国家为统筹装配式建设发展的道路不断地研究和更新,以节能、绿色、环保为基石,绿色装配式建筑将成为建设领域新的发展方向。

4.6.2 装配式建筑节能设计与传统建筑节能设计分析

无论是装配式建筑节能设计还是传统建筑节能设计,都从计算的两大要点分析,分为外围护结构和内围护结构,围护结构就是建筑及建筑内部各个房间(或空间)包围起来的墙、窗、门、屋面、楼板等各种建筑部件的统称。我们来分析一下装配式预制夹芯保温外墙板、传统外墙外保温和外墙内保温的优劣。

1. 外墙保温方式

(1)预制夹芯保温外墙板构造为(由外至内)预制钢筋混凝土外页板、保温层、预制钢筋混凝土内页板,保温材料在预制夹芯外墙板中形成无空腔复合夹芯保温系统,其厚度由项目节能计算确定。中间的保温层通过复合非金属材料与内外页混凝土连接,防火性能和抗腐蚀性能相对于传统保温有了非常大的提升,具有与墙体同寿命的优点。预制夹芯保温外墙板中的保温材料及接缝处填充用保温材料的燃烧性能、导热系数及体积比吸水率等应符合现行的规范标准。

(2)传统外墙外保温,即保温材料在主体外墙的室外部分,外墙的构造(由内至外)为外墙砌体、保温材料、饰面层,外墙保温层经受长期的日晒雨淋等因素,保温层容易产生裂缝,引发渗水、脱落、丧失节能效果,降低了墙体的整体性、保温性、耐久性。

(3)传统内保温构造(由外至内)为外墙主体、保温层、保护层。保温层在墙体内部,减少了房间的使用面积,并在二次装修中经常被破坏。当内保温层被破坏时,将导致内、外墙出现两个温度场,形成温差,外墙面的热胀冷缩现象比内墙面变化大,室内保温层也容易出现裂缝。

2. 门窗、幕墙和采光顶

(1)依据《民用建筑热工设计规范》(GB 50176—2016)各个热工气候区建筑对热环境有要求的房间,其外门窗、透光幕墙、采光顶的传热系数宜符合表 4-3 的规定,装配式建筑的窗户,如金属类型材窗户可在工厂预埋好窗框,门窗、幕墙的选型同传统节能设计选型。

表 4-3　建筑外门窗、透光幕墙、采光顶传热系数的限值和抗结露验算要求

气候区	传热系数 $K/(W \cdot m^{-2} \cdot K^{-1})$	抗结露验算要求
严寒 A 区	≤2.0	验算
严寒 B 区	≤2.2	验算
严寒 C 区	≤2.5	验算
寒冷 A 区	≤3.0	验算
寒冷 B 区	≤3.0	验算
夏热冬冷 A 区	≤3.5	验算
夏热冬冷 B 区	≤4.0	不验算
夏热冬暖区	—	不验算
温和 A 区	≤3.5	验算
温和 B 区	—	不验算

3. 屋面

屋面可分为正置式屋面和倒置式屋面,保温层位于防水层下方的保温屋面,即正置式屋面;将保温层设置在防水层之上的保温屋面,为倒置式屋面。

(1)保温材料应符合节能和相关技术规范要求,保温材料应选用表面密度小、压缩强度大、导热系数小、吸水率低的保温材料,不能使用松散保温材料;依据《倒置式屋面工程技术规程》(JGJ 230-2010)5.2.5条规定倒置式屋面保温层的设计厚度应按计算厚度增加25%取值(设计厚度为节能计算厚度),且最小厚度不应小于25 mm,屋面的传热系数需满足规范要求的限值,按照《民用建筑热工设计规范》(GB 50176-2016)来验算屋顶的隔热设计。

(2)装配式正置式屋面板构造层(由下而上)为叠合板预制混凝土层、现浇混凝土层、保温层、防水层、保护层;装配式建筑屋面的节能设计与传统建筑的节能设计相同,楼板保温层都设置在结构板之上,叠合楼板的厚度依据结构计算确定。

4. 楼板

装配式叠合楼板构造层(由下至上)为预制混凝土层、现浇混凝土层、保温层,楼板的保温设计在装配式节能设计当中与传统的楼板节能设计的构造形式相同,都属于结构板上保温,不同点在于结构层,装配式的结构层由预制部分和现浇部分共同组成,而传统的楼板为全现浇。如图4-2所示。

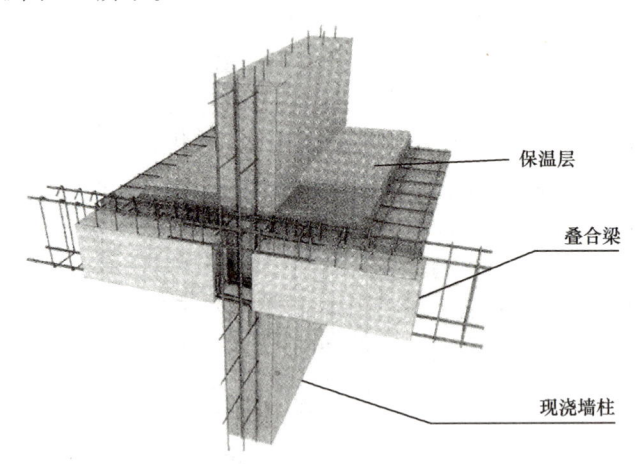

图4-2 楼板保温构造

4.6.3 热桥

热桥是指处在外墙和屋面等围护结构中的梁、柱、肋等部位。因这些部位传热能力强,热流较为密集,内表面温度较低,故称为热桥。所谓热桥效应,即热传导的物理效应,由于楼层和墙角处有混凝土梁和构造柱,而混凝土材料的导热性是普通砖的2至4倍,在不同时节,室内室外温差大,墙体保温层导热不均匀,产生热桥效应,造成房屋室内结露、发霉,故围护结构中的热桥部位应进行保温设计。下面将分别从不同的热桥部位进行分析。

1. 窗口热桥

预制夹芯保温墙板的保温层在主体墙板的中间位置,意味着窗口位置的保温层也需在中间,装配式建筑窗口位置的保温层直接做到与窗口齐平,保温层从围护结构中延续到窗口位置,保证整体围护结构保温的延续性,如图4-3、图4-4所示。

2. 楼板热桥

预制夹芯保温外墙板在楼板外侧,预制墙板通过钢筋与叠合楼板现浇层连接,上下预制夹芯保温墙板预留施工缝,保证保温层的延续性,需在施工缝中填补保温材料,保证热桥楼板保温的有效性,如图 4-5 所示。

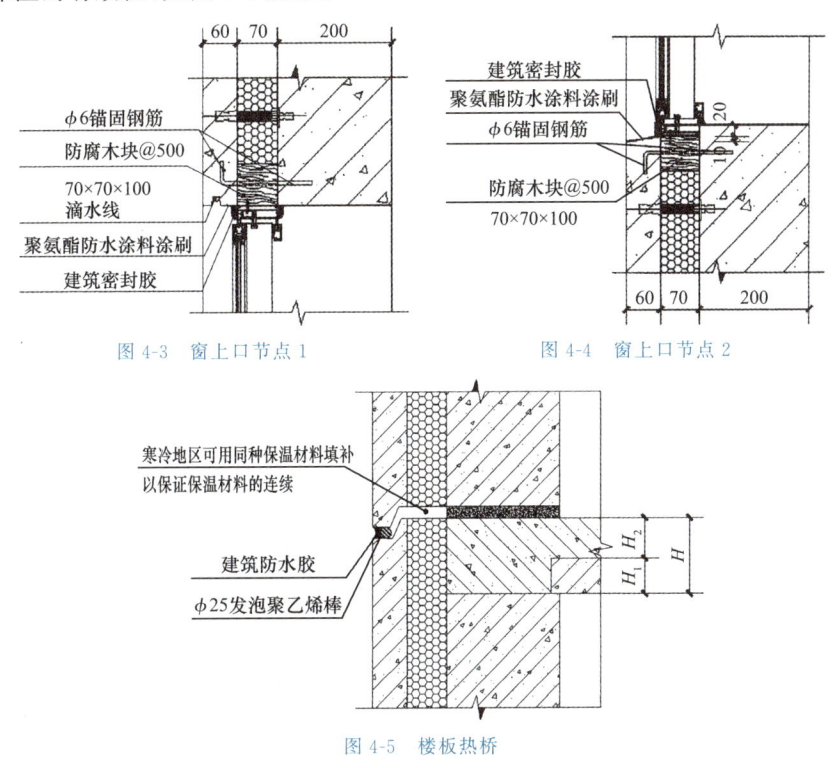

图 4-3 窗上口节点 1

图 4-4 窗上口节点 2

图 4-5 楼板热桥

3. 梁热桥

装配式预制夹心保温外墙建筑梁热桥的处理方式同楼板的热桥相似,预制外页板与保温层设置在梁外侧,主体外墙的保温层与梁部分的保温层形成有效一体化,有效地保证了热桥保温性能,如图 4-6 所示。

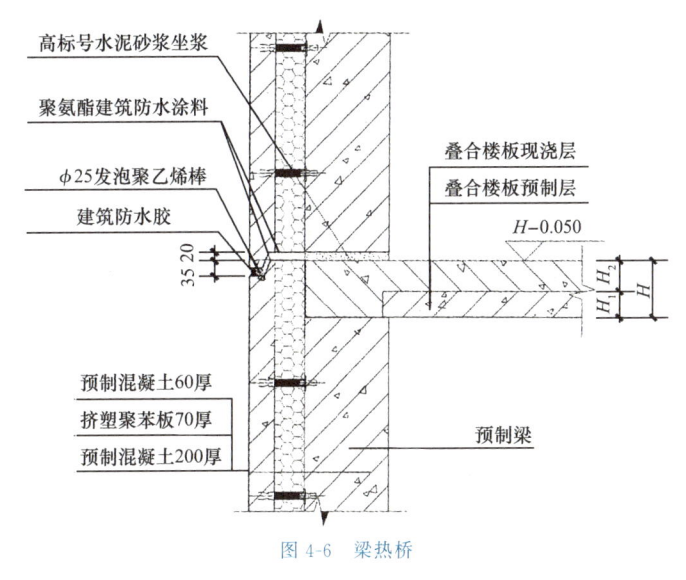

图 4-6 梁热桥

> **习 题**

1. 什么是围护结构?
2. 屋面如何分类?
3. 热桥的概念是什么?

4.7 装配式混凝土建筑装修一体化

室内装修设计根据建筑特点以及使用者需求,设计师运用物质技术手段和建筑设计原理,创造出满足人们物质和精神生活需求的室内环境。装配式建筑装修设计与传统建筑具有明显区别,装配式建筑的室内装修宜一次到位,做到建筑设计和装修设计一体化。

4.7.1 装配式混凝土装修一体化概述

1. 装配式建筑装修一体化的定义

《装配式混凝土建筑技术标准》(GB/T 51231—2016)中对装配式建筑的定义为:"由结构系统、外围护系统、设备与管线系统、内装系统的主要部分采用预制部品部件集成的建筑。"其对装配式装修的定义为:"采用干式工法,将工厂生产的内装部品在现场进行组合安装的装修方式。"

根据上述《装配式混凝土建筑技术标准》(GB/T 51231—2016)对装配式建筑及装配式装修的定义可知,装配式建筑的内装系统主要为预制成品的组装而非现场制作,装配式装修不宜在预制构件上穿孔、开凿,需要提前预留预埋孔洞。因此,装配式建筑装修一体化可概括为:在装配式建筑设计过程中,通过各个专业的协同设计对其预制构件进行预留预埋并预制成型,装修后期通过干式工法,将工厂生产的内装部品在现场进行组合安装,实现装配式建筑与装修一体化。

2. 装配式建筑装修一体化的特点

装配式建筑装修根据其内装部品、施工以及安装方式,其主要特点有:

(1)现场工作量少

由于装配式装修内装部品主要在工厂生产,施工现场将管线进行连接,不需要再次开孔或开槽,大大减少了施工现场的工作量,一方面避免了后期装修造成的结构破坏和浪费;另一方面提升了建筑的品质。

(2)适应性与灵活性较强

装配式建筑内装系统根据装配式建筑设计的标准化与模块化特征,在设计过程中对其尺寸及与结构主体的接口进行优化设计,使得内装部品能够相互调换并通用,具有较强的适用性与灵活性。

(3)施工工期短

装配式建筑室内装修主要由专业厂家整体加工,再由厂家专业人员进行安装,其施工质量与精度大大提升,同时也极大地缩短了施工周期。

4.7.2 装配式混凝土装修的设计要点

装配式建筑由于其本身特点,其预制构件上不适宜进行现场开凿、穿孔等工序,需要提前预留孔洞,因此装配式建筑内装系统不适用于传统装修设计的方法,而要运用装配式装修设计的方法进行内装系统设计,其设计要点主要有以下几方面:

1. 集成化设计

装配式建筑本身在设计过程中运用集成化的设计方法,其平面设计具有标准化、模块化及系统化特征,因此在内装设计时并非传统家庭装修的分散性碎片化设计,而是集成化设计。其内容一方面包含在内装系统本身,如背景墙、整体收纳柜、玄关等;另一方面装配式建筑内装设计还需要与其他系统协调进行集成设计,如整体卫生间、整体厨房的设计与选用。

2. 协同设计

装配式建筑内装设计需要与其他专业协同,密切互动(图 4-7)。

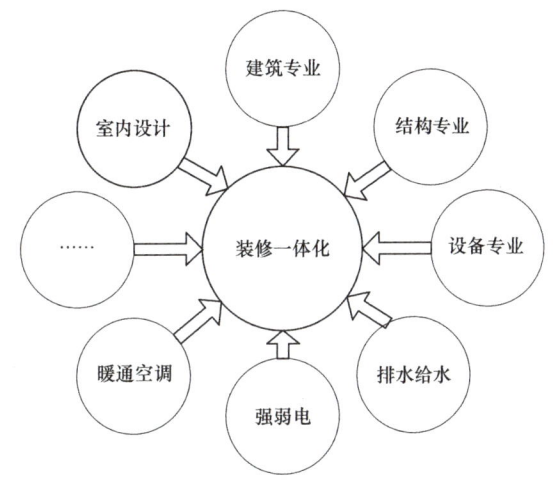

图 4-7 各专业协同设计

首先,与传统建筑不同,装配式建筑集成化部件汇集了各个专业内容,必须由各个专业协同设计,还要与部品工厂协同。

其次,装配式建筑追求集约化效应,通过协同设计可提升装修质量、节约空间、降低成本、缩短工期。

最后,装配式建筑不宜砸墙凿洞,其预埋件都需要事先埋设在预制构件里,这就需要装修设计与结构设计密切协同。

因此与各个专业进行协同是装配式建筑内装设计的重要前提与基础。协同设计能够确保装配式内装设计的有序进行。

3. 标准化、模块化设计

装配式建筑装修设计覆盖范围大,以住宅为例,住宅装修较为普遍,并且数量庞大,标准化、模块化的设计有助于提升装修质量、缩短工期以及降低成本。

4. 干法施工

装配式建筑装修设计需要尽可能减少砌筑抹灰等湿作业方式,而采用干法施工,如顶棚、墙面、地面等。

4.7.3　装配式混凝土装修的主要内容

内装系统是装配式建筑的重要组成部分,主要包括楼地面、墙面、轻质隔墙、吊顶、内门窗、厨房和卫生间部分,本节根据内装系统的主要组成部分进行阐述。

1. 轻质隔墙

装配式建筑对轻质隔墙的要求为:一是宜结合室内管线的敷设进行构造设计,避免管线安装和维护更换对墙体造成破坏;二是应满足不同功能房间的隔声要求;三是须在连接部位采取加强措施;四是应满足《建筑设计防火规范》防火要求。

装配式建筑轻质隔墙种类及运用见表4-4。

表4-4　　　　　　　　　　　　轻质隔墙类型与应用

墙体类型	应用
轻钢龙骨石膏板	户内隔墙
木龙骨石膏板	户内隔墙
轻质混凝土空心墙板	凹入式阳台板;走廊、楼梯间阁楼;户内隔墙;分户隔墙;卫生间隔墙
蒸气加压混凝土墙板（ALC）	凹入式阳台板;走廊、楼梯间隔墙;卫生间隔墙

2. 顶棚吊顶

装配式建筑由于建造特点,需要提前在预制楼板(梁)内预留吊顶、桥架、管线等安装所需预埋件,同时需要在吊顶内设备管线集中部位设置检修口。

装配式建筑吊顶设计主要包括:

(1)据吊顶内管线设置选取吊顶形式。当采用管线分离时,须全吊顶,以敷设管线。管线不分离时可以做局部吊顶。综合考虑受管线敷设规格影响、遮蔽结构梁或者设计形式等因素,可将吊顶做成高低状或平面形式。

(2)吊顶设计会对建筑净高造成影响,因此在设计过程中应尽可能避免吊顶高度过高,其高度宜控制在15 cm左右。

(3)装配式建筑吊顶应将预埋螺母埋设在预制楼板里,不能采取后锚固方式固定龙骨或吊杆。

(4)当吊顶内有管线阀门时,应预留检查口。

3. 架空地面

架空地面是一种模块化地面,在装配式装修中常采用的一种干式工法地面。装配式建筑架空地面多采用多点式支撑,板包括衬板与面板。衬板可采用经过阻燃处理的刨花板、细木工板等,面板有用于住宅的木质地板、用于机房办公的防静电瓷砖与网格地板、三聚氰胺(HPL)、PVC、防静电塑料地板等。

《装配式混凝土建筑技术标准》要求装配式建筑地面系统须符合以下规定:

①楼地面系统的承载力应满足房间使用要求。

②架空地板系统宜设置减震构造。

③架空地板系统的架空高度应根据管径尺寸、敷设路径、设置坡度等确定,并应设置检修口。

4. 整体收纳

整体收纳就是由工厂生产、现场装配、满足储藏需求的模块化部品，按不同布置分为五大收纳系统：玄关柜、衣柜、储藏柜、橱柜、洁柜镜箱。

5. 集成式厨房

集成式厨房是由工厂生产的楼地面、吊顶、墙面、橱柜和厨房设备及管线等集成并主要采用干式工法装配而成的厨房。《装配式混凝土建筑技术标准》中对集成式厨房设计有如下规定：

①应合理设置洗涤池、灶具、操作台、排油烟机等设施，并预留厨房电气设施的位置和接口。

②应预留燃气热水器及排烟管道的安装及留孔条件。

③给水排水、燃气管线等应集中设置、合理定位，并在连接处设置检修口。

(1) 集成式厨房设计和选用

集成式厨房根据家具布置形式可分为单排型、双排型、L型、U型和壁柜型五类，其厨房尺寸应符合规范及标准化的要求。

集成式厨房形式应根据如下因素进行选用：

①功能选择

集成式厨房的设计或选型主要立足于功能，而非形式。首先，集成式厨房应具有良好的储藏、洗涤、加工、烹饪功能，满足其基本功能的要求；其次，宜根据使用者的后期需求留有一定的预留空间。

②空间布置或选型

按照空间布置形式，针对不同空间大小的户型设置不同形式的集成式厨房，如适用于小户型的单排型、适用于中大户型的L型和双排型、适用于较大户型的U型。

此外，影响集成式厨房的设计与选型的因素还包括厨房与窗户的关系、材料的选用、收口的方式等。

6. 集成式卫生间

集成式卫生间是指由工厂生产的楼地面、墙面(板)吊顶和洁具设备及管线等集成并主要采用干式工法装配而成的卫生间。其设计应符合如下规定：

①宜采用干湿分离的布置方式。

②应综合考虑洗衣机、排气扇(管)、暖风机等的设置。

③应在给排水、电气管线等系统连接处设置检修口。

④应做等电位连接。

(1) 集成式卫生间的类型、设计和选用

集成式卫生间的类型根据其使用功能分类，具体类型及其适用场景见表4-5。

表 4-5　　　　　　　　　　集成式卫生间类型及选用

类型	设施种类及功能	适用
便溺类型	只设置便器；供大小便使用	一般适用于公共场所或流动式卫生间，设置单个厕所，如集体宿舍、公园等

(续表)

类型	设施种类及功能	适用
盥洗类型	只设置盥洗盆与镜子;提供盥洗,整理仪表	一般用于公共场所,如商场、集体宿舍等
淋浴类型	只设淋浴器;用于洗浴	一般用于澡堂、集体宿舍等干湿分区厕所等
盆浴类型	设置盆浴器;供泡澡用	一般用于澡堂、旅馆酒店、住宅等干湿分区厕所等
便溺、盥洗类型	设置便器、盥洗池及镜子;用于排便、盥洗、整理仪容等	适用于公共场所,各类商场、饮食店以及设置集中澡堂的集体宿舍等
便溺、淋浴类型	设置便器、淋浴器;用于排便及沐浴	一般适用于干湿分区的厕所,如住宅、宿舍等
便溺、盆浴类型	设置便器、盆浴器;用于排便及泡澡	一般适用于韩式分区的厕所,如住宅、旅馆酒店等,其所需面积较便溺、淋浴类型的大
盆浴、盥洗类型	设置盥洗池、镜子、盆浴器;用于盥洗、泡澡、整理仪容等	一般适用于设置单独排便室的卫生间
淋浴、盥洗类型	设置盥洗池、镜子及淋浴器;用于淋浴、盥洗及整理仪容等	一般适用于设置单独排便室的卫生间
便溺、盥洗、淋浴类型	设置便器、盥洗池、镜子、淋浴器;用于排便、盥洗、整理仪容及淋浴	满足卫生间的基本功能要求,在住宅、旅馆酒店等应用较广
便溺、盥洗、盆浴类型	设置便器、盥洗池、镜子、盆浴器;用于排便、盥洗、整理仪容及泡澡	满足卫生间的基本功能要求,在住宅、旅馆酒店等应用较广
便溺、盥洗、淋浴、盆浴类型	设置便器、盥洗池、镜子、淋浴器及盆浴器;用于排便、盥洗、整理仪容、淋浴及泡澡	满足卫生间的基本功能要求,在住宅、旅馆酒店等应用较广,其所需面积较大,规格较高

集成式卫生间设计与选型应根据使用者需求、审美、偏好等综合因素,从标准库中选择适宜的尺寸(可参考 4.1.2 装配式建筑平面设计中卫生间优选尺寸)。

(2)集成式卫生间设计注意要点

集成式卫生间设计需要注意以下几点:

①水电设备管线接口需提前预留,且便于连接。

②集成式卫生间采用同层排水,其底部设置防水底盘,安装完后其地面标高与室内地面装修完成面标高保持一致,故应在设计时考虑卫生间降板。

③集成式卫生间门口与周围墙体的收口要做到与室内装修风格浑然一体,精致、精细,需要装修设计师与工厂进行协同设计。

习 题

1. 装配式建筑装修一体化的定义是什么?
2. 装配式建筑装修一体化的特点有哪些?
3. 装配式装修的设计要点主要有哪几方面?
4. 装配式建筑对轻质隔墙的要求有哪些?
5. 装配式建筑地面系统需符合哪些规定?
6. 集成式卫生间设计注意要点有哪些?

第5章　装配式混凝土建筑结构技术与构造

学习目标

- 熟知装配式混凝土建筑的结构设计基础知识。
- 掌握装配式混凝土建筑的结构设计基本规定。
- 了解装配式混凝土建筑的结构设计流程及主要内容。
- 重点掌握装配式混凝土建筑的结构构件拆分设计、装配式混凝土建筑的连接设计及装配式混凝土建筑的非承重预制构件设计。

5.1 装配式混凝土建筑结构设计基础知识

5.1.1 树立工业化思维理念

1. 秉持装配化集成设计技术

装配式混凝土建筑应采用系统集成的方法统筹建设、设计、生产运输、施工安装之间的关系，加强建筑、结构、设备、装修等专业之间的协同，强调集成设计，突出设计过程中的结构系统、外围护系统、设备与管线系统及内装系统的综合考虑、一体化设计，实现全过程的配合。

由此可看出装配式混凝土结构与传统全现浇结构的设计和施工过程中的差异所在。对装配式混凝土结构，需要在方案阶段就进行建设、设计、施工、制作等各单位之间的协同工作，共同对建筑平面和立面根据标准化原则进行优化，对应用预制构件的技术可行性和经济性进行论证,共同进行整体策划,提出最佳方案。与此同时各专业也应密切配合,对预制构件的尺寸和形状、节点构造等提出具体技术要求,并对制作、运输安装和施工全过程的可行性及造价做出判断。

2. 坚持建筑模数协调

装配式混凝土建筑设计要坚持建筑模数协调,遵循少规格、多组合、标准化的重要原则,以满足建造装配化与部品部件标准化、通用化的要求,在满足建筑功能的前提下,实现基本单元的标准化定型,减少部品部件的规格种类,提高定型的标准化建筑构配件的重复使用率,有利于部品部件的生产制造与施工,提高生产速度和工人的劳动效率,降低造价。

坚持建筑模数协调,可促进建筑工程建设从粗放型生产转化为集约型的社会化协作生产,包括尺寸和安装位置各自的模数协调和尺寸与安装位置之间的模数协调。

3. 功能模块化,部品部件工业化、标准化

功能模块化也非常重要。模块化是工业体系的设计方法,是标准化形式的一种。装配式混凝土建筑的平面和空间设计宜采用模块化方法,可在模数协调的基础上以建筑单元或套型为单位进行设计,其标准模块包括楼梯、卫生间、楼板、墙板、管井、使用空间等。模块化设计将预制部品部件进行系列设计,形成鲜明的套系感和空间特征,使之具有系列化、标准化、模数化、多样化及工业化的特征。

4. 匹配装配化的结构布置原则

装配式混凝土建筑的结构整体性能目前在国内的研究尚不深入,依然借助于现浇结构理论,其结构布置应与现浇结构一样,首先要考虑抗震设计原则,包括选择有利场地,保证基础承载力刚度及足够的抗滑移、抗倾覆能力,合理设置结构沉降缝、伸缩缝、防震缝,合理选择结构体系,保证结构具有足够的承载力、节点的承载力大于构件的承载力,确保结构具有足够的变形能力和耗能能力,平面形状宜简单、规则、对称,质量刚度分布宜均匀等,部分布置原则要优于现浇结构。对特别不规则的建筑,考虑到会出现各种非标准的构件,且在地震作用下内力分布较为复杂,不适用于装配式结构。

由于装配式混凝土建筑的预制构件在工厂加工制造,现场拼装,为减少装配的数量及减小装配中的施工难度,需尽量减少设置次梁。为节约造价,应尽可能使用标准件。在综合考虑建筑结构的安全性、经济性、适用性等因素时,需遵循下述原则:

(1)建筑宜选用开大洞、大进深的布局。

(2)承重墙柱等竖向构件宜上下连续。

(3)门窗洞口宜上下对齐、成列布置,其平面位置和尺寸应满足结构受力及预制构件设计要求;剪力墙结构不宜出现转角窗。

(4)厨房和卫生间的平面布置应合理,其平面尺寸宜满足标准化整体橱柜及整体卫浴的要求;厨房和卫生间的水电设备宜采用管井集中布置,竖向管井宜布置在公共空间。

(5)住宅套型设计宜做到套型平面内基本间、连接构造、各类预制构件、配件及各类设备管线的标准化。

(6)空调板宜集中布置,并宜与阳台合并设置。

5.1.2 等同现浇原理

等同现浇原理是装配整体式混凝土建筑的结构设计中极重要的基本原理。通过采用可靠的连接技术与必要的构造措施,将装配式混凝土结构连接成一个整体,使装配式混凝土结构与现浇混凝土结构达到基本相同的力学性能,进而可以采用现浇结构的分析方法进行装配式混凝土结构的内力分析和设计计算。现行国家装配式混凝土技术规程、标准中,高层装配式混凝土建筑的结构设计主要概念,就是在选用可靠的预制构件受力钢筋连接技术的基础上,采用预制构件与后浇混凝土相结合的方法,通过连接节点合理的构造措施,来达到等同现浇的目标。

要实现等同现浇效果,结构构件可靠的连接是根本保障。当然还需配套相关的结构构造加强措施,在应用条件上也比现浇混凝土结构限得更严。从这点来说,等同现浇原理并不是一个严谨的科学原理,而是一个技术目标,受制于现有的研究成果的折中之举。在现有的结构体系中,装配整体式混凝土框架结构基本可以实现等同现浇目标。但装配整体式混凝土剪力墙结构因其研究成果少、接缝数量多、连接复杂,接缝的施工质量对结构整体抗震性能的影响较大,离实现等同现浇目标还有一定距离,将最大适用高度降低,要求边缘构件现浇等规定就是该点的体现。

为实现等同现浇目标,规范还特别要求:
(1)应采取有效措施加强结构的整体性。
(2)装配式混凝土结构宜采用高强混凝土、高强钢筋。
(3)装配式混凝土结构的节点和接缝应受力明确、构造可靠,并满足承载力延性和耐久性等要求;不仅要满足结构的力学性能,还需满足建筑物理性能要求。
(4)应根据连接节点和接缝的构造方式和性能,确定结构的整体计算模型。
(5)装配式混凝土结构中,预制构件的连接部位宜设置在结构受力较小的部位,划分预制构件时,宜将连接设置在应力水平较低处,如梁、柱的反弯点处等;其尺寸和形状应满足建筑使用功能、模数、标准化要求,并进行优化设计,应根据预制构件的功能和安装部位、加工制作及精度等要求,确定合理的公差;应满足制作、运输、堆放、安装及质量控制要求。

5.1.3 极限状态设计方法

装配式混凝土结构与现浇结构一样,采用极限状态设计方法。

极限状态设计方法以概率理论为基础,分为三类:承载能力极限状态、正常使用极限状态和耐久性极限状态。在进行强度和失稳等承载能力设计时,采用承载能力极限设计方法;在进行挠度、裂缝等设计时,采用正常使用极限状态设计方法。

承载能力极限状态对应于结构和构件的安全性、可靠性和耐久性。对装配式结构的构件,包括连接件、预埋件、拉结件等。

正常使用极限状态对应于结构的装饰性,当其挠度超过了规定的限值,或出现表面裂缝或局部裂缝等局部破坏情况时,即认为超过了正常使用极限状态。

耐久性极限状态对应于结构的构件材料性能,当出现影响承载能力和正常使用的材料性能劣化、影响耐久性能的裂缝、变形、缺口、外观、材料削弱等状态时,可认为超过了耐久性极限状态。

设计时要根据所设计功能要求属于哪个状态来进行荷载选取、计算和组合。

装配式混凝土结构构件及节点应进行承载能力极限状态、正常使用极限状态设计和耐久性极限状态设计。装配式混凝土结构的承载能力极限状态、正常使用极限状态、耐久性极限状态的作用效应分析可采用弹性方法。对持久设计状况,需要进行承载能力极限状态设计及正常使用极限状态设计,并宜进行耐久性极限状态设计;对短暂设计状况和地震设计状况应进行承载能力极限状态设计,并根据需要进行正常使用极限状态设计;对偶然设计状况应进行承载能力极限状态设计,可不进行正常使用极限状态设计和耐久性极限状态设计。

装配式混凝土结构进行抗震性能设计时,结构在设防烈度地震及罕遇地震作用下的内力和变形分析,可根据受力状态采用弹性分析方法或弹塑性分析方法。装配式混凝土结构进行弹塑性分析时,构件及节点均可能进入塑性状态。构件的模拟与现浇混凝土结构相同,而节点及接缝的全过程非线性行为的模拟是否准确,是决定分析结果是否准确的关键因素。试验结果表明,受力过程能实现等同现浇的湿式连接节点,可按照连续的混凝土结构模拟,忽略接缝的影响。

5.1.4 结构概念设计

结构概念设计是结构设计人员必须掌握的一项技能,是结构设计工程师必须树立的一个设计理念。什么是结构概念设计?简单地讲就是依据结构原理对结构安全进行分析判断和总体把握,特别是对结构计算解决不了的问题,进行定性分析,做出正确设计。

在装配式混凝土结构设计中,考虑到基本沿用既有的现浇混凝土结构设计原理,结构概念设计更显重要,比具体计算、画图重要得多,不仅需要现浇混凝土结构的概念设计意识,更需要装配式混凝土结构的概念设计意识。

1. 装配式混凝土结构整体性概念设计

装配式混凝土结构整体设计的基本原理就是等同现浇原理。通过采用可靠的连接技术和必要的结构构造措施,使装配整体式混凝土结构与现浇混凝土结构的效能基本等同。因此在装配式结构方案设计和拆分设计中,必贯彻结构整体性的概念设计,对于需要加强结构整体性的部位,有意识地加强。

通过概念设计确保结构整体性的关注点还包括不规则的特殊楼层及特殊部位的关键构件、平面凹凸及楼板不连续形成的弱连接部位、层间受剪承载力突变的薄弱层、侧向刚度不规则的软弱层、挑空空间形成的穿层柱等。结构设计师不能盲目追求预制率,不做区分地做预制方案。

2. 强柱弱梁设计

强柱弱梁,是指柱本身设计时,做到在大震作用下,使梁先于柱进入屈服状态,柱的设计强度要高于因大震作用而进入屈服强度的要求。简单地说就是框架柱不先于梁破坏。因为框架梁破坏是局部的破坏,而一旦框架柱破坏,那就可能是系统的、整体的破坏,其严重程度要比框架梁的破坏要大得多。这里的强"柱"是个相对概念,实际指的是强的竖向构件。特别是对于装配式结构,因为竖向构件接缝的存在,如何使竖向构件保持一个"强"的整体,避免出现柱铰的屈服机制,充分考验结构设计师的智慧。如装配式混凝土结构强调楼板采用叠合楼盖,楼板厚普遍比现浇混凝土结构要大,刚度、配筋也要大。这会引起的刚度的增大、梁端承载力的提高,进而会不会削弱柱的"强"? 这需要我们深入思考研究。

3. 强剪弱弯

强剪弱弯是指构件自身强度的强弱对比,要求构件实际抗剪承载力高于作用效应,抗弯承载力不宜富余过多,在大震下保证受弯破坏先于受剪破坏。钢筋混凝土构件剪切破坏属于毫无征兆的脆性破坏,危害性极大。所以混凝土结构设计时,任何构件都一定要避免剪切破坏。而构件受弯破坏属于延性破坏,有显性预兆特征,如开裂、挠变形等。装配式混凝土结构中,梁端接缝的加强构造处理就是这个概念的体现。

4. 强节点弱构件设计

所谓强节点弱构件,是指连接核心区不能先于构件破坏,以确保结构整体安全。所以强节点是设计的核心。梁柱截面适当加大,以便于梁柱节点钢筋的摆放布置,保证节点混凝土浇筑质量,就是为了加强节点的抗力性能。

5. 强接缝结合面弱斜截面受剪设计的概念

欲使装配式混凝土结构能基本达到现浇混凝土结构的性能,实现等同现浇的目标,预制构件间的节点处理和接缝构造是成败的关键。所以对接缝结合面,要实现强连接,保证接缝结合面不先于斜截面破坏。如对梁端、柱底、柱顶接缝进行附加钢筋处理,就是实现强接缝结合面的目的。

6. 刚度影响概念

非承重外围护墙、内隔墙的刚度对结构的整体刚度、地震作用分配、相邻构件的破坏模式都有影响,其中预制混凝土墙体影响更大。因此在不得不选用预制混凝土墙时,要采取合适的设计构造,如设置拉缝等来削弱对主体结构刚度的影响。

5.1.5 装配式混凝土建筑的结构材料要求

(1)混凝土

装配式混凝土结构所采用的混凝土、钢筋、钢材的力学性能指标和耐久性要求等应符合现行国家标准《混凝土结构设计规范》(2015年版)(GB 50010—2010)、《钢结构设计标准》(GB 50017—2017)的相应规定。预制构件的混凝土强度等级不宜低于C30;预应力混凝土预制构件的混凝土强度等级不宜低于C40,且不应低于C30;现浇混凝土的强度等级不应低于C25。承受重复荷载的钢筋混凝土构件,混凝土强度等级不应低于C30。

预制构件节点及接缝处后浇混凝土强度等级不应低于预制构件的混凝土强度等级;多层整体式墙板结构中墙板水平接缝坐浆材料的强度等级应大于被连接构件的混凝土强度等级。

(2)钢筋、钢材

普通钢筋采用套筒灌浆连接和浆锚搭接连接时,钢筋应采用热轧带肋钢筋,通过热轧钢筋的肋,可以使钢筋与灌浆料之间产生足够的摩擦力,有效地传递应力,从而形成可靠的接头。

预制构件的吊环应采用未经冷加工的 HPB300 级钢筋制作,吊装用内埋式螺母或吊杆的材料应符合国家现行相关标准的规定。

习 题

1. 等同现浇原理的概念。
2. 极限状态的分类。
3. 什么是强柱弱梁?
4. 什么是强剪弱弯?

5.2 装配式混凝土建筑结构设计基本规定

5.2.1 适用范围

现行装配式混凝土建筑的结构设计、施工和验收,仅限于民用建筑非抗震设计及抗震设防烈度为 6~8 度抗震设计的乙类及乙类以下的装配式混凝土结构,不包括甲类建筑及 9 度抗震设计的装配式结构,如需采用,应进行专门论证。

适用的建筑主要为住宅和公共建筑,以住宅、宿舍、教学楼、酒店、办公楼、公寓、商业、医院病房等为主,不包括重型厂房,原则上也不适用于排架结构类型的工业建筑。但使用条件和结构类型与民用建筑相似的工业建筑,如轻工业厂房可参照执行。

5.2.2 最大适用高度

装配式混凝土建筑的整体性程度直接决定了与现浇混凝土结构性能的接近程度。装配式混凝土建筑的最大适用高度也与其整体性直接相关,还与结构形式地震设防烈度、建筑是 A 级高度还是 B 级高度等因素有关。

《装配式混凝土结构技术规程》(JGJ 1—2014)(简称《装规》)、《装配式混凝土建筑技术标准》(GB/T 51231—2016)(简称《装标》)与《高层建筑混凝土结构技术规程》(JGJ 3—2010)(简称《高规》)分别规定了装配式混凝土结构和现浇混凝土结构的最大适用高度,两者比较如下:

(1)框架结构,装配式与现浇一样;
(2)框架-现浇剪力墙结构,装配式与现浇一样;
(3)结构中竖向构件全部现浇,仅楼盖采用叠合梁、叠合板时,装配式与现浇一样;
(4)剪力墙结构,装配式比现浇降低 10~30 m;
(5)框架-现浇核心筒结构与现浇一样。

《装规》《装标》《高规》对装配式混凝土结构与现浇混凝土结构的建筑适用最大高度的比较见表 5-1,并符合下述规定:

(1)结构部为现浇且楼盖采用叠合梁板式,房屋的最大适用高度可按现行《高规》的规定使用;

(2)震设时,层装配整体式混凝土剪力墙结构不应全部采用短肢剪力墙;抗震设防烈度为 8 度时,不宜采用具有较多短肢剪力墙的剪力墙结构,当采用较多短肢剪力墙的剪力墙结构时,应符合下列规定:①在规定的水平地震作用下,短肢剪力墙承担的底部倾覆力矩不宜大于结构底部总地震倾覆力矩的 50%;②房屋最大适用高度要适当降低,抗震设防烈度为 7 度和 8 度时,宜分别降低 20 m。

表 5-1　装配整体式混凝土结构与现浇混凝土结构最大试用高度对比　　　　　m

结构体系	非抗震设计		抗震设防烈度							
			6 度		7 度		8 度(0.2g)		8 度(0.3g)	
	《高规》	《装规》	《高规》	《装规》	《高规》	《装规》	《高规》	《装规》	《高规》	《装规》
框架结构	70	70	60	60	50	50	40	40	35	30
框架-剪力墙结构	150	150	130	130	120	120	100	100	80	80
剪力墙结构	150	140(130)	140	130(120)	120	110(100)	100	90(80)	80	70(60)
框支-剪力墙结构	130	120(110)	120	110(100)	100	90(80)	80	70(60)	50	40(30)
框架-核心筒结构	160		150	150	130	100	100	100	90	90
筒中筒结构	200		180		150		120		100	
板柱-剪力墙结构	110		80		70		55		40	

注:①装配整体式混凝土剪力墙结构与装配整体式混凝土框支-剪力墙结构,在规定的水平力作用下,当预制剪力墙结构底部承担的总剪力大于该层总剪力的 50%时,其最大适用高度适当降低;当预制剪力结构底部承担的总剪力大于该层总剪力的 80%时,其最大适用高度应取括号内数值。

②装配整体式混凝土剪力墙结构与装配整体式混凝土框支-剪力墙结构,当剪力墙边缘构件竖向钢筋采用浆锚搭接连接时,房屋最大适用高度应比表中数值降低 10 m。

5.2.3　最大适用高宽比

高层建筑的高宽比是对结构刚度、整体稳定性、承载能力及宏观性的宏观评价指标。对装配式剪力墙结构,当高宽比较大时,结构在设防烈度地震作用下,结构底部可能出现较大的拉应力区,对预制墙板竖向连接的承载力要求会显著增加,对结构抗震性能的影响较大。因此对装配式混凝土剪力墙结构建筑的高宽比应更严格控制,以提高结构的抗倾覆能力,避免墙板水平接缝在受剪的同时又受拉,保证装配式混凝土剪力墙结构的安全性和经济性。

《高规》和《装规》分别规定了现浇混凝土结构和装配式混凝土结构的最大高宽比,两者比较见表 5-2。

表 5-2　　　　　　　装配式混凝土结构与现浇混凝土结构最大高度比对比

结构体系	非抗震设计		抗震设防烈度					
			6 度		7 度		8 度	
	《高规》	《装规》	《高规》	《装规》	《高规》	《装规》	《高规》	《装规》
框架结构	5	5	4	4	4	4	3	3
框架现浇剪力墙结构	7	6	6	6	6	6	5	5
剪力墙结构	7	6	6	6	6	6	5	5
框架-核心筒结构	8	7	7	7	7	7	6	6

5.2.4　抗震设计规定

1. 抗震等级

乙类装配整体式混凝土结构应按本地区抗震设防烈度提高一度的要求加强其抗震措施;当本地区抗震设防烈度为 8 度且抗震等级为一级时,应采取比一级更高的抗震措施;当建筑场地为 I 类时,仍按本地区抗震设防烈度的要求采取抗震结构措施。丙类装配整体式混凝土结构的抗震等级见表 5-3。

表 5-3　　　　　　　丙类装配整体式混凝土结构的抗震等级

结构体系		抗震设防烈度					
		6 度		7 度		8 度	
框架结构	高度/m	≤24	>24	≤24	>24	≤24	>24
	框架	四	三	三	二	二	一
	大跨度框架	三		二		一	
框架-现浇剪力墙结构	高度/m	≤60	>60	≤24	>24 且 ≤60	>60	≤24	>24 且 ≤60	>60
	框架	四	三	四	三	二	三	二	一
	剪力墙	三	三	三	二	二	二	一	一
框架-核心筒结构	框架	三		二		一	
	核心筒	二		二		一	
剪力墙结构	高度/m	≤70	>70	≤24	>24 且 ≤70	>70	≤24	>24 且 ≤70	>70
	剪力墙	四	三	四	三	二	三	二	一
部分框支-剪力墙结构	高度/m	≤70	>70	≤24	>24 且 ≤70	>70	≤24	>24 且 ≤70
	现浇框支框架	二	二	二	二	一	一	一
	底部加强部位剪力墙	三	三	三	二	二	二	一
	其他区域剪力墙	四	三	四	三	二	三	二

注:1. 大跨度框架指跨度不小于 18 m 的框架。
　　2. 高度不超过 60 m 的装配整体式混凝土框架-核心筒结构按装配整体式混凝土框架-剪力墙结构的要求设计时,应按表中装配整体式混凝土框架-剪力墙结构的规定确定其抗震等级。

从表 5-3 可看出,对丙类装配整体式混凝土结构:
(1)框架结构、框架-剪力墙结构和框架-现浇核心筒结构、装配式混凝土结构与现浇混凝土结构的抗震等级一样;
(2)装配式混凝土剪力墙结构和部分框支-剪力墙结构,装配式比现浇更严,划分高度比现浇结构降低 10 m,从 80 m 降到 70 m。

2. 抗震性能设计

(1)抗震设计的高层装配式混凝土结构,当其房屋高度、规则性、结构类型等超过《高规》的规定或抗震设防标准有特殊要求时,可按现行行业标准《高规》的有关规定进行结构抗震性能设计。

(2)抗震设计时,抗震调整系数见表 5-4。当仅考虑竖向地震作用时,承载力调整系数应取 1.0,预埋件锚筋截面计算的承载力调整系数应取 1.0。

表 5-4　　抗震调整系数取值一览表

结构构件类别	正截面承载力计算					斜截面承载力计算	受冲切、接缝受剪承载力计算
	受弯构件	偏心受压柱		偏心受拉构件	剪力墙	各类构件及框架节点	
		轴压比小于 0.15	轴压比不小于 0.15				
抗震调整系数	0.75	0.75	0.8	0.85	0.85	0.85	0.85

(3)当同一层内既有预制又有现浇抗侧力构件时,地震状况下宜对现浇抗侧力构件在地震作用下的弯矩和剪力进行适当放大。

(4)对应同一层内既有现浇墙肢又有预制墙肢的装配整体式剪力墙结构,现浇墙肢水平地震作用弯矩和剪力乘以不小于 1.1 的增大系数。

(5)装配式混凝土结构应采取措施保证结构的整体性。安全等级为一级的高层装配式混凝土结构尚应按照现行行业标准《高规》的有关规定进行连续倒塌概念设计。

5.2.5　作用及作用组合

装配式混凝土建筑主体结构在使用阶段的作用和作用组合计算与现浇混凝土结构一致,没有特殊规定。

不同之处在于混凝土构件在工厂预制,预制构件在脱模、吊装等环节所承受的荷载是现浇混凝土结构所没有的。首先预制构件存在脱模强度的要求,一方面要求脱模时混凝土必须达到的强度,规范明确预制构件脱模时混凝土抗压强度应低于 15 N/mm^2;一方面还需验算脱模时构件承载力。脱模强度与构件质量和吊点布置有关,需根据计算确定。而夹心保温构件外叶板在脱模或翻转时所承受的荷载作用可能比使用期间更不利,拉结件锚固设计应按脱模强度计算。

预制构件在短暂设计状态下的要求同国家规范《混凝土结构工程施工规范》(GB 50666—2011)相同,即:预制构件在翻转、运输、吊运、安装等短暂设计状况下的施工验算,应将构件自重标准值乘以动力系数后作为等效静力荷载标准值。构件运输、吊运时动力系数宜取 1.5;构件翻转及安装过程中就位、临时固定时,动力系数可取 1.2。

预制构件进行脱模时,受到的荷载包括自重、脱模起吊瞬间的动力效应、脱模时模板与构件表面的吸附力。其中,动力效应采用构件自重标准值乘以动力系数计算,动力系数不宜小于 1.2;脱模吸附力是作用在构件表面的均布力,与构件表面和模具状态有关,应根据构件和模具的实际状况取用,且不宜小于 $1.5\ \mathrm{kN/m^2}$。等效静力荷载标准值取构件自重标准值乘以动力系数后与脱模吸附力之和,且不宜小于构件自重标准值的 1.5 倍。

对外挂墙板按围护结构进行设计计算时,不考虑分担主体结构所承受的荷载和作用,只考虑直接施加在外墙上的荷载和作用。竖直外墙板所承受的作用包括自重、风荷载、地震作用和温度作用;外墙板倾斜时,其荷载应参考屋面板考虑,还有雪荷载、施工维修时的集中荷载。

5.2.6 结构分析和变形验算

1. 结构分析方法

基于等同现浇原理,各种设计状况下的装配式混凝土结构,可采用与现浇混凝土结构相同的方法进行结构分析。但当同一层内既有预制又有现浇抗侧力构件时,地震状况下宜对现浇抗侧力构件在地震作用下的弯矩和剪力进行适当放大。

装配式混凝土结构的承载能力极限状态、正常使用极限状态及耐久性极限状态的作用效应分析可采用弹性方法。装配式混凝土结构进行抗震性能设计时,结构在设防烈度地震及罕遇地震作用下的内力和变形分析,可根据受力状态采用弹性分析方法或弹塑性分析方法。装配式混凝土结构进行弹塑性分析时,宜根据节点和接缝在受力全过程中的特性进行节点和接缝的模拟。

2. 节点和接缝模拟

装配式混凝土结构,节点和接缝的成功模拟是决定计算分析成功与否的关键环节。因此计算模型中,应准确模拟连接节点和接缝的实际状况,并计算出节点和接缝的内力,以进行节点和接缝连接及预埋件的承载力复核。连接和接缝的实际刚度可通过试验或有限元分析得到。

在装配式混凝土结构中,存在等同现浇的湿式连接节点,也存在非等同现浇的湿式或干式连接节点,在现行标准明确的节点及接缝构造做法,根据已有的试验结果和实践经验,均能实现等同现浇的要求。故只要能满足现行标准明确的节点和接缝构造要求,节点和接缝均可按现浇混凝土结构进行模拟。而对其他的节点和接缝构造,只要有充足的试验依据表明其能满足等同现浇性能要求,也可按连续的混凝土结构进行模拟,而无须考虑接缝对结构刚度的影响,否则,则应按实际情况模拟。

比如,对于干式连接节点,可按实际受力状态模拟为刚接、铰接或者半刚接节点。当梁、柱之间采用牛腿、企口搭接,其钢筋不连接时,则模拟为铰接节点;当梁柱之间采用后张预应力压紧连接或螺栓压紧连接,可模拟为半刚接节点。

3. 外挂墙板和预制楼梯

当预制外挂墙板采用点支承式连接时,计算分析可不计入其刚度影响。当预制外挂墙板采用线支承式连接时,若其刚度对整体结构受力有利,则可不计入其刚度影响;若其刚度对整体结构受力计算不利,则应计入其刚度影响,具体情况可详见后面的预制外挂墙板章节。

预制楼梯通常采用一端固定或简支,一端滑动支座连接,能有效消除斜撑效应,可不考虑楼梯参与整体结构的计算分析,但其滑动变形能力应满足罕遇地震作用下的变形要求。

4. 楼盖刚度

在结构内力与位移计算时,对现浇楼盖和叠合楼盖,均可假定楼盖在其自身平面内为无限刚性。楼面梁的刚度可以增大,梁刚度增大系数可根据翼缘情况近似取为 1.3~2.0。当近似考虑楼面对梁刚度的影响时,可根据翼缘尺寸与梁截面尺寸的比例关系确定增大系数的取值。但与现浇混凝土结构相比,叠合楼盖梁刚度增大系数可适当减小。

若叠合楼板中预制部分之间采用整体式接缝,则考虑预制楼板对梁刚度的贡献,否则仅考虑叠合楼盖现浇部分对梁刚度的贡献。对装配整体式混凝土结构的边梁,其一侧有楼板,另一侧有外挂墙板,应同时考虑楼板和预制外挂墙板对梁刚度的贡献。

无现浇层的装配式楼盖对梁刚度的增大作用有限,设计中可忽略。

(1)填充墙刚度影响

非承重外围护墙、内隔墙的刚度对结构的整体刚度、地震作用的分布、相邻构件的破坏模式等都有影响,影响大小与围护墙及隔墙的数量、刚度、与主体结构连接的刚度直接相关。

所以计算内力和变形时,应计入填充墙对结构刚度的影响。对于外围护墙,与主体结构一般采用柔性连接,对主体结构的影响和处理详见后文。对于内隔墙,当采用轻质复合墙板、条板内隔墙时,可按现浇混凝土结构的处理方式,采用周期折减的方法考虑其对结构刚度的影响;当轻质隔墙板刚度较小,结构刚度较大时,如剪力墙结构,其周期折减系数取 0.8~1.0;当轻质隔墙板刚度较大,结构刚度较小时,如框架结构,其周期折减系数取 0.7~0.9。砌块内隔墙周期折减系数可参考现浇混凝土结构的有关规定取值。当采用内嵌非承重预制混凝土墙时,对结构整体刚度影响最大,应当从设计构造上来削弱填充墙预制件对主体结构的影响,合理评估结构周期折减系数的取用。

(2)装配式混凝土框架结构调幅计算

《高层建筑混凝土结构技术规程》(JGJ 3—2010)明确,在竖向荷载作用下,可考虑框架梁端塑性变形内力重分布对梁端负弯矩乘以调幅系数进行调幅,装配整体式框架结构梁端负弯矩调幅系数可取 0.7~0.8。

而根据广东省地方标准《装配式混凝土建筑结构技术规程》(DBJ 15-107—2016),对装配式混凝土框架结构,在竖向荷载作用下,框架梁端负弯矩往往较大,配筋困难,不方便施工,施工质量不好保证,故允许考虑框架梁端塑性变形内力重分布,对梁端负弯矩乘以 0.75~0.85 的调幅系数进行调幅。同时梁跨中弯矩应按平衡条件相应增大。

(3)装配式混凝土剪力墙结构增大系数

抗震设计时,对同一层内既有现浇墙肢也有预制墙肢的装配整体式混凝土剪力墙结构,现浇墙肢水平地震作用弯矩、剪力宜乘以不小于 1.1 的增大系数。

(4) 变形验算

装配式混凝土结构按弹性方法计算的风荷载或多遇地震标准值作用下的楼层层间最大位移 Δu 与层高 h 之比(弹性层间位移角限值),对于装配整体式混凝土框架结构和剪力墙结构均与现浇混凝土结构相同,但对多层装配式剪力墙结构,当按现浇结构计算而未考虑墙板间的接缝影响时,计算得到的层间位移会偏小,因此需要严控层间位移角限值,详见表 5-5。

表 5-5　楼层层间最大位移与层高之比的限值(弹性层间位移限角)

结构类型	$\Delta u/h$
装配整体式框架结构	1/550
装配整体式框架-现浇剪力墙结构、装配整体式框架-现浇核心筒结构	1/800
装配整体式剪力墙结构、装配整体式部分框支-剪力墙结构	1/1 000
多层装配式剪力墙结构	1/1 200

罕遇地震作用下,结构薄弱层(部位)弹塑性层间位移角限值(弹塑性层间位移与层高之比)详见表 5-6。

表 5-6　弹塑性层间位移角

结构类型	$[\theta_p]$
装配整体式框架结构	1/50
装配整体式框架-现浇剪力墙结构、装配整体式框架-现浇核心筒结构	1/100
装配整体式剪力墙结构、装配整体式部分框支-剪力墙结构	1/120

5.2.7　预制构件设计一般规定

1. 通用规定

(1)预制构件设计应满足标准化的要求,尽量减少梁、板、柱、墙等预制构件的种类,保证模具能够多次重复使用,以降低造价;宜采用建筑信息模型(BIM)技术进行一体化设计,确保预制构件的钢筋与预留洞口、预埋件等相协调,简化预制构件连接节点施工。

(2)预制构件的形状、尺寸、质量等应满足制作、运输、安装等各环节的要求。

(3)预制构件的配筋设计,应便于工厂化生产和现场连接,如宜采用大直径、大间距的配筋方式等。

2. 计算规定

(1)对持久设计状况,应对预制构件进行承载力、变形、裂缝控制验算。

(2)对地震设计状况,应对预制构件进行承载力验算。

(3)对制作、运输、堆放、安装等短暂设计状况下的预制构件验算,应符合国家规范《混凝土结构工程施工规范》(GB 50666—2011)的有关规定,既要进行承载能力验算,也要进行相应的安全性分析。主要分为以下三项设计验算:

①脱模、翻转、吊装吊点设计与结构验算。

②堆放、运输支承点设计与结构验算。

③安装过程临时支撑设计与结构验算。

对短暂设计状况下的预制构件验算,要给予特别注意,因为这也是装配式混凝土建筑的结构设计相比于现浇混凝土结构十分特殊的地方。制作、施工安装阶段的荷载、受力状态和计算模式往往与使用阶段不同,而且在这阶段尚未达到混凝土设计强度,导致许多预制构件的截面及配筋设计在该阶段起控制作用,即在非使用阶段起控制作用。

3. 保护层

预制梁、柱构件由于节点区钢筋布置空间的需要,保护层往往比较大。在设计计算时保护层厚度的取值要特别注意。特别是采用套筒灌浆连接时,保护层厚度宜从套筒外表面开始计起,相应构件钢筋的保护层都随着加大。当预制构件的钢筋保护层大于 50 mm 时,宜采取增设钢筋网片等有效的构造措施,控制混凝土保护层的裂缝及在受力过程中的剥离脱落。

4. 预制板式楼梯

预制板式楼梯在吊装、运输及安装过程中,受力状况比较复杂,因此要求梯段板底应配置通长的纵向钢筋,板面宜配置通长的纵向钢筋,具体配置的钢筋量可根据加工、运输、吊装过程中的承载力及裂缝控制验算结果确定。

当楼梯两端都不能滑动时,在侧向力作用下楼梯会起到斜撑的作用,楼梯中会产生轴向拉力,因此要求板面和板底均应配置通长钢筋。

5. 其他预埋件

用于固定连接件的预埋件与预埋吊件、临时支撑用预埋件不宜兼用;当兼用时,应同时满足各种设计工况要求。

预制构件中外露预埋件凹入构件表面的深度不宜小于 10 mm,便于封闭处理。其验算应符合国家标准《混凝土结构设计规范》(2015 年版)(GB 50010—2010)、《钢结构设计标准》(GB 50017—2017)和《混凝土结构工程施工规范》(GB 50666—2011)等的有关规定。

5.2.8 预制构件其他规定

1. 结构中不宜做预制构件的部位或结构

(1)当设置地下室时,地下室结构宜采用现浇混凝土。
(2)剪力墙结构和部分框支剪力墙结构的底部加强部位宜采用现浇混凝土。
(3)框架结构的首层柱应采用现浇混凝土,顶层宜采用现浇混凝土。
(4)当底部加强部位的剪力墙、框架结构的首层柱采用预制混凝土时,应采取可靠技术措施。
(5)当采用部分框支剪力墙结构时,底部框支层不宜超过 2 层,且框支层及相邻上一层应采用现浇混凝土结构。
(6)部分框支剪力墙以外的结构中,转换梁、转换柱宜采用现浇混凝土。
(7)剪力墙结构屋顶层可采用预制剪力墙及叠合楼板,但考虑到结构整体性和构件种类、温度应力等因素,建议采用现浇混凝土。
(8)住宅标准层卫生间、电梯前室、公共交通走廊宜采用现浇混凝土。
(9)电梯井、楼梯间剪力墙宜采用现浇混凝土。
(10)折板楼梯宜采用现浇混凝土。

(11)装配整体式混凝土结构楼盖宜采用叠合楼盖,不宜做全预制楼盖。

(12)现阶段,装配整体式混凝土框架-剪力墙结构、装配整体式混凝土框架-核心筒结构中的剪力墙和核心筒应采用现浇混凝土。

(13)甲类建筑不应做装配式结构。

2. 结构中预制构件的特殊要求

(1)装配整体式混凝土框架结构中,预制柱水平接缝不宜出现拉力;预制柱的水平接缝处,受剪承载力受柱轴力影响较大。当柱受拉时,水平接缝的抗剪能力较差,易发生接缝的滑移错动,因此应通过合理的结构布置,避免柱水平接缝处出现拉力。

(2)在正常使用状态,预制构件结合面不应产生影响使用功能的有害残余变形。梁水平结合面滑移变形量与抗剪强度有关,参照国外经验,滑移变形控制量在 0.3 mm 以内,以保证结合面的滑移变形不影响使用功能要求。

(3)在罕遇地震下,不允许与预制构件的结合面发生剪切破坏先于塑性铰出现和构件坠落的情况,以保证装配整体式混凝土结构与现浇混凝土结构具有相同的破坏形态和基本等同的能力。

(4)恢复力特性、变形能力应与现浇混凝土结构没有明显差异。恢复力特性关系到结构消耗地震能量的能力。恢复力特性基本等同是指,结合面形控制在很小范围,使结合面附加变形引起的结构位移占比很小,以保证在同一振幅反复变形时,装配整体式混凝土结构的耗能能力基本相当于现浇混凝土结构,达到装配整体式混凝土结构的地震反应基本相当于现浇混凝土结构的地震反应。

习 题

1. 装配式混凝土结构和现浇混凝土结构的最大适用高度有何差异?
2. 结构中不宜做预制构件的部位或结构有哪些?

5.3 装配式混凝土建筑结构设计流程及主要内容

5.3.1 结构设计流程

首先比较装配式建筑项目和传统现浇项目的建设流程。

传统现浇项目的建设流程如下:

项目立项→建筑工程设计→施工图审查→整体施工→内装施工→验收使用。

其中装修设计可在建筑工程设计与装修施工之间开展并完成。而装配式建筑项目在建设过程中包含了一个主要的环节,那就是预制构件在预制构件厂内的加工制作生产,由此增加了预制构件加工图设计环节,即通常意义上的构件深化设计。根据装配式建筑工程特点,主体结构施工需与内装修设计同步进行,意味着内装修设计在装配式建筑项目中需要在整体施工前完成。

另外，装配式建筑技术含量较高，容错性很差，一旦设计阶段发生错误将造成很大损失，所以在建设前期还需要增加一个技术策划环节，并且这个技术策划阶段非常重要，需要分析产业政策，同时考虑客户的利益需求最大化，决定了项目采用装配式建造的可行性、合理性、经济性，对后续阶段的预制装配方向、平面布置、立面效果等技术方向起到关键性作用，对成本影响特别大。

装配式建筑项目设计和传统现浇项目设计之间的一个典型差异在于，装配式建筑项目设计存在贯穿始终的协同设计过程，从技术策划到主体施工、内装施工都要与业主、设计各专业、施工单位、制作单位等保持协同、协作。

装配式建筑项目的建设流程如图 5-1 所示。

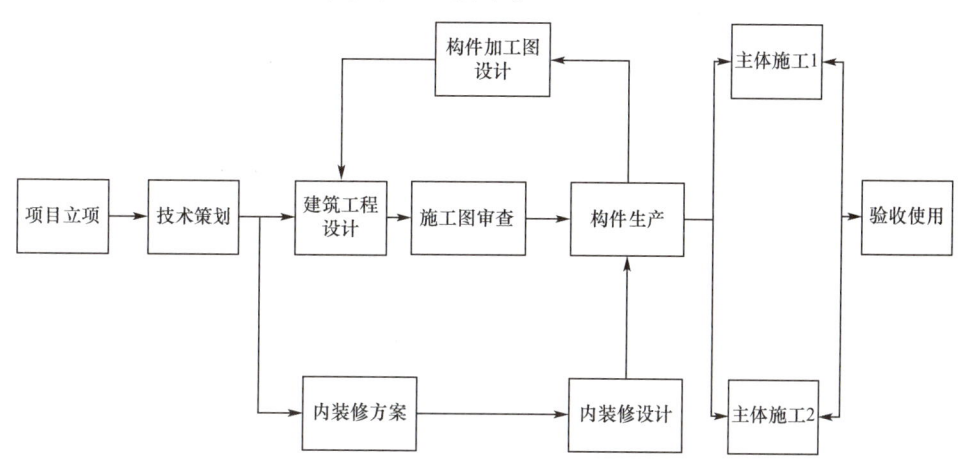

图 5-1　装配式建筑项目建设流程

装配式建筑项目的结构设计主要包括结构整体计算分析、结构构件设计、预制构件拆分设计、预制构件连接节点设计、预制构件深化设计，其主要设计流程图如图 5-2、图 5-3 所示。

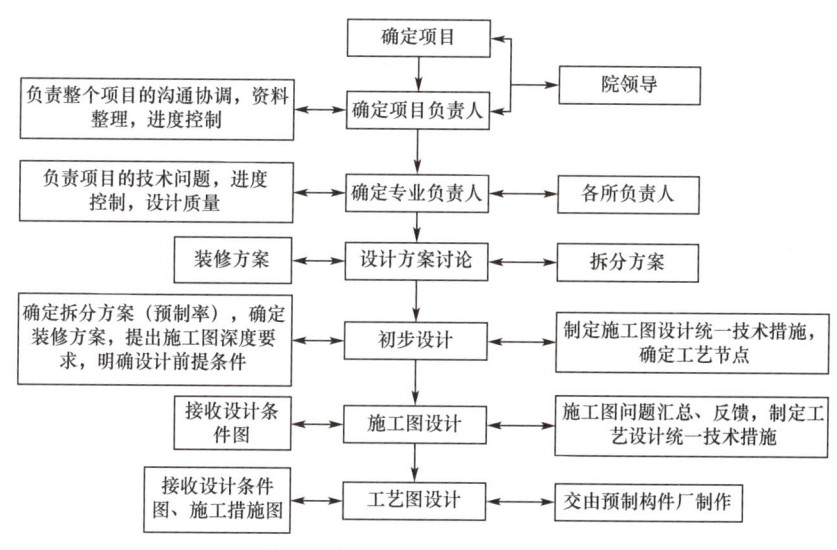

图 5-2　装配式混凝土建筑设计流程

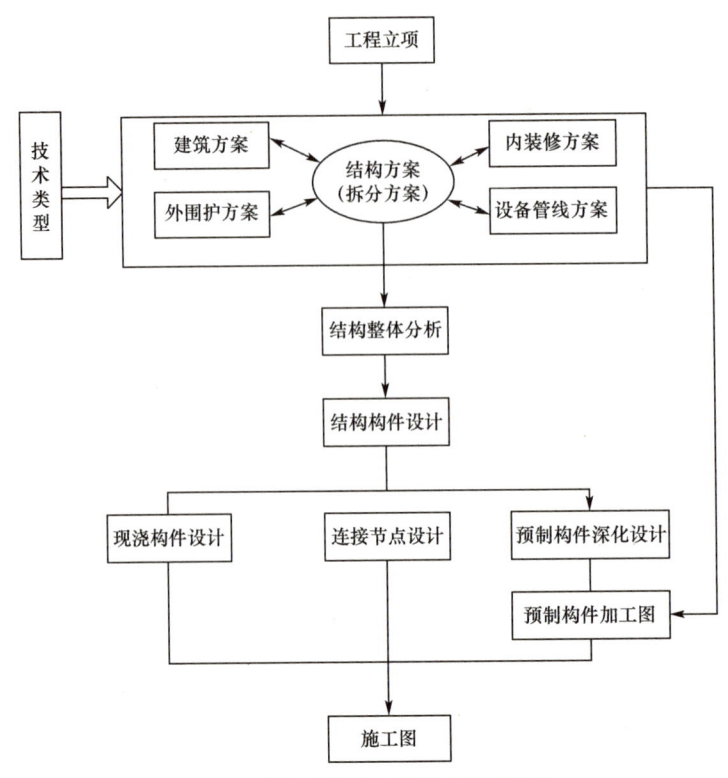

图 5-3　装配式混凝土建筑结构设计流程

技术协同需要贯穿设计全过程。传统现浇项目的设计基本停留在设计内部建筑、结构、设备等各专业的协同,专业配合少。但装配式建筑项目的设计,单以内装设计的配合为例就极其重要,与生产单位、建设单位、施工单位都需要协作,几乎贯穿项目建设全过程。技术协同贯穿设计具体流程如图 5-3 所示。

5.3.2　结构设计主要内容

1. 选择适宜的结构体系

在选择确定结构体系时,要进行多方案技术经济分析,在设计高层住宅项目时应打破非剪力墙不可的心理,进行功能、成本、装配式适宜性的全面分析。

2. 进行结构概念设计

依据结构原理和装配式结构特点,对涉及结构整体性、抗震设计等与结构安全有关的重点问题进行概念设计,确定连接节点设计和构造设计的基本原则,详见前述内容。

3. 进行拆分设计

确定接缝位置。

4. 选择结构连接方式

确定连接方式,进行连接节点设计,选定连接材料,给出连接方式试验验证的要求,进行后浇混凝土结构设计。

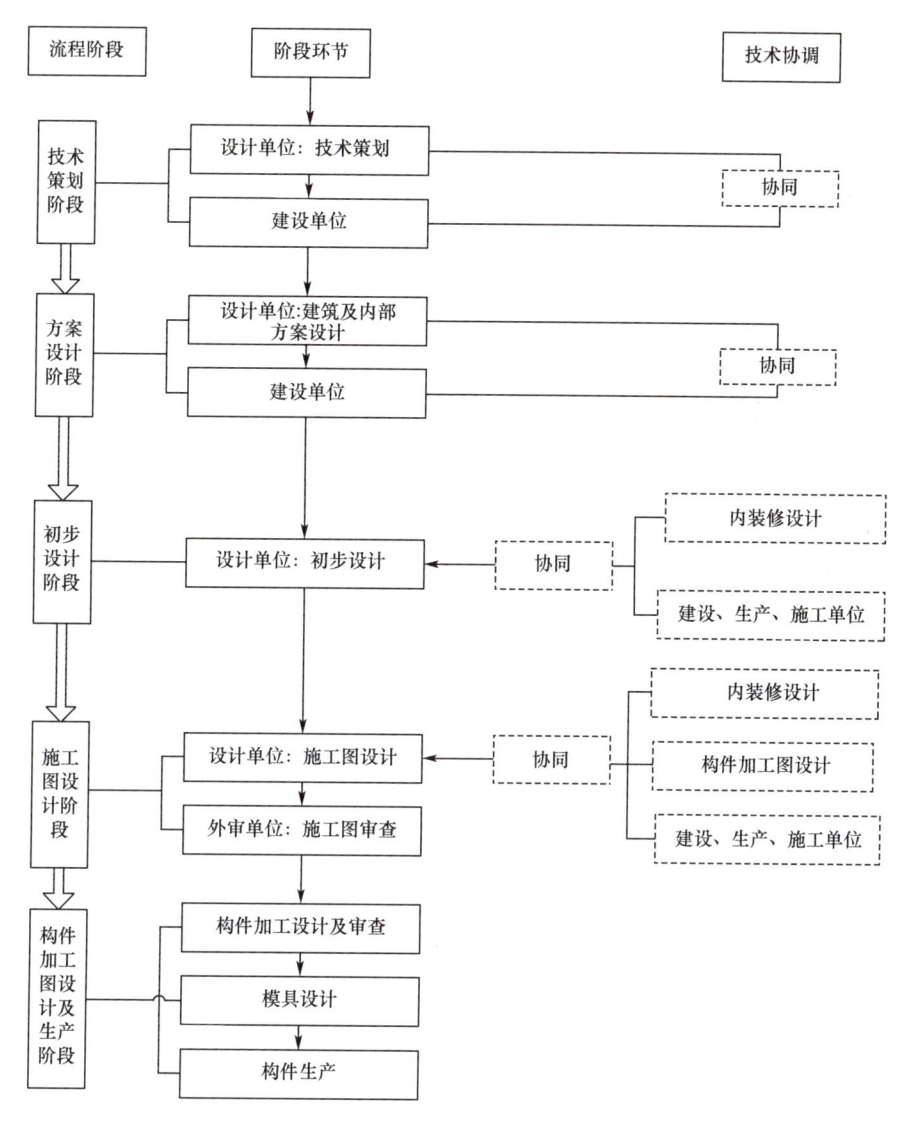

图 5-4　技术协同贯穿设计流程

5. 拉结件设计

选择夹芯保温构件拉结方式和拉结件,进行拉结节点布置、外叶板结构设计和拉结件结构计算,明确给出拉结件的物理力学性能要求和耐久性要求,明确给出试验验证的要求。

6. 预制构件设计

①对预制构件承载力和变形验算,包括在脱模、翻转、吊运、存放、运输、安装和安装后临时支撑时的承载力和变形验算,给出各种工况吊点、支撑点的设计。

②进行预制构件结构设计,将建筑、装饰、水、暖、电等专业需要在预制构件中埋设的管线、预埋件、预埋物、预留沟槽;连接需要的粗糙面和键槽要求;施工环节需要的预埋件等,无遗漏地汇集到构件制作图中。

③给出构件制作、存放、运输和安装后临时支撑的要求,包括临时支撑拆除条件设

定等。

7. 施工图设计文件深度

一份完整的施工图设计,结构专业设计文件应包含图纸目录、设计说明、设计图纸、计算书。除一般混凝土建筑结构施工图设计文件深度规定的内容外,装配式混凝土建筑结构图还应包含与项目相适应的内容。

(1)结构设计总说明

除结构设计总说明的一般内容外,装配式混凝土建筑应补充如下内容:

①工程概况应说明结构类型及采用的预制构件类型、预制构件的连接方式等;

②装配式加工连接材料的种类和要求。包括连接套筒、浆锚金属波纹管、冷挤压接头性能等级要求、预制夹心外墙内的拉结件、套筒灌浆料、水泥基灌浆料性能指标、螺栓材料及规格、接缝材料及其他连接方式所使用的材料。

(2)装配式结构设计专项说明

①设计依据及配套图集

a.装配式结构采用的主要法规和标准(包括标准的名称、编号、年号和版本号)。

b.配套的相关图集(包括图集的名称、编号、年号和版本号)。

c.采用的材料及性能要求。

d.预制构件详图及加工图。

②预制构件的生产和检验要求。

③预制构件的运输和堆放要求。

④预制构件现场安装要求。

⑤连接节点施工质量检测要求。

⑥装配式结构验收要求。

⑦在生产、运输、堆放、吊装等各阶段与工艺相关的荷载工况下预制构件承载力复核要求。

(3)装配式结构专业设计图纸

①装配式建筑墙、柱结构拆分图中,用不同的填充符号标明预制构件和现浇构件,采用预制构件时注明预制构件的编号,给出预制构件编号与型号对应关系以及详图索引号。此外,还要给出预制剪力墙顶部后浇圈梁或水平后浇带的平面定位及详图索引。

②装配式建筑墙、柱结构拆分图中,给出预制板的跨度方向、板号、数量及板底标高,标出预留洞大小及位置;给出预制梁、洞口过梁的位置和型号、梁底标高;给出板端、板侧、板缝的节点详图索引。

③建筑、机电设备、精装修等专业在预制构件上的预留洞口、预埋管线、预埋件和连接件等的设计综合图。

④预制构件应绘出:

a.构件模板图,应表示模板尺寸、预留洞及预埋件位置、尺寸,预埋件编号、必要的标高等;后张预应力构件尚需表示预留孔留的定位尺寸、张拉端、锚固端等;

b.构件配筋图:纵剖面表示钢筋形式、箍筋直径与间距,配筋复杂时宜将非预应力筋分别绘出;横剖面注明断面尺寸、钢筋规格、位置、数量等;

c.需作补充说明的内容。

注:对形状简单、规则的现浇或预制构件,在满足上述规定的前提下,可用列表法绘制。

⑤预制构件的连接节点

装配式结构的节点,梁、柱与墙体锚拉等详图应绘出平、剖面,注明相互定位关系,构件代号、连接材料、附加钢筋(或埋件)的规格、型号、性能、数量,并注明连接方法以及对施工安装、后浇混凝土的有关要求等。

装配式混凝土建筑结构施工图除满足结构计算和构造要求外,尚应满足预制构件制作及安装施工的要求。预制构件详图应包括模板图、配筋图、连接节点图,由设计院完成并应送施工图审查。预制构件加工制作图示、预制构件详图的深化,可由构件加工厂完成,由设计院负责审核确认。

3. 结构设计的一点体会

结合从事结构设计近25年的经验,特别是近几年来从事装配式建筑结构设计的体会,总结出在装配式混凝土建筑的结构设计中需要注意遵循以下事项:

(1)将规范读"厚",但最终要读"薄"

结构设计人念念不忘铭记在心的主要遵循依据就是结构专业领域的各项规范、规程、标准,有国家的,也有地方的;有行业的推荐性标准,也有国家的强制性规范。结构设计师们首先要做的就是熟读、理解、掌握各规范、规程、标准的内容,充实自身的专业技术知识和素养,提升自己的专业知识水平。但要牢牢记住,掌握这些规范、规程、标准最终是为了应用到实际工程中去。所以是否正确运用这些规范、规程、标准成了设计师水平高低的分水岭。这就需要设计师们将这些规范、规程、标准读"薄",融会贯通于各个条款,熟知各条款,切忌机械、死板地照搬套用。

(2)概念设计

装配式结构设计不是简单的"规范+计算+照搬标准图画图",更不是让计算机软件代替设计。结构设计要牢牢抓住概念设计这个法宝。概念设计往往比精确计算更重要。在计算机软件计算的基础上,辅助以概念设计手段,这才是真正意义上的结构设计工程师!

(3)灵活拆分

各个项目情况千变万化。所以要针对项目的具体情况,因地制宜地进行拆分设计,尽最大可能实现装配式建筑的效益和效率,是结构设计人员的重要任务。预制构件要拆分多大质量合适,需要分析对比当地的基础设施情况,塔式起重机的吊能情况,构件厂制作能力情况等,这些情况就是灵活拆分的基础。

(4)聚焦结构安全

比如钢筋浆锚连接节点的安全性能、夹芯保温墙拉结件及其锚固的可靠性、预制构件吊点、外挂墙板安装节点的可靠性等,都需要结构设计师们去面对,去思索。

(5)协同清单

装配式结构设计必须与各个环节、各个专业密切协同,避免预制构件遗漏预埋件、预埋物等,为此需要列出详细的协同清单,逐条核对确认是否设计到位。

习 题

1. 完整的施工图设计,结构专业设计文件包括哪些内容?
2. 写出传统现浇项目的建设流程。
3. 装配式建筑项目的结构设计主要包括哪些内容?

5.4 装配式混凝土建筑结构构件拆分设计

5.4.1 拆分设计的基本原则

装配式混凝土建筑的结构预制构件拆分设计是结构设计的重要环节,也是整个设计过程的核心,对主体结构受力状况、预制构件承载能力、建筑功能、建筑平立面、建造成本、装配率等控制指标影响非常大,最耗人力,也最容易出现问题。拆分原则涉及诸多方面,包括结构合理性,预制构件在制作、运输、安装等环节的可行性、便利性,以及是否影响到建筑的使用功能及艺术效果。所以预制构件拆分是一项综合性很强的工作,既要考虑技术的合理性,外部环境的可行性,还要考虑经济的合理性和建筑方案的稳定性。作为结构设计师,需要与建设方一起充分调研当地的生产能力、道路运输能力、施工单位的吊装能力等外部情况,协调好建筑师、设备工程师,最后做出适合所设计项目的构件拆分方案。

构件的拆分设计除考虑结构受力的合理性,以及预制构件的制作、运输、施工安装的便利可行且成本可控,对建筑外立面构件拆分还需要考虑建筑艺术和建筑功能。

1. 拆分设计通用原则

(1)符合标准和政策要求原则

这是拆分设计需要遵循的根本原则。预制构件拆分设计符合国家、行业、地方等相关规程、标准,意味着拆分设计的成果使装配式混凝土结构的安全性有了基本保障;而预制构件拆分设计满足项目所在地方政策的需求,又可以基本确保拆分成果包括预制楼梯、叠合楼盖、预制墙板的比例、预制装配率等在内的可实施性。

(2)协同原则

协同原则在装配式混凝土结构设计中是一个相比现浇混凝土结构设计来说更显重要的原则。可以这么说,闭门造车造出来的预制构件拆分设计只能是个半成品。因为这个协同,不仅包括了风、水、电、装修甚至预算等方向的协同,还包括了建设方、施工方,预制构件制作方甚至还有质监部门等在内的整个建设各个环节的协同。

(3)模数协调原则

根据模数协调原则优化各预制构件的尺寸和拆分位置,尽量减少预制构件的种类,使建筑部品实现通用性和互换性,保证房屋在建设过程中,在功能、质量、技术和经济等方面获得最优的方案。

(4)约束条件原则

对装配式混凝土结构而言,预制构件的拆分无法做到随心所欲,不能为了安装效率和施工便利而想做多大就做多大,因为存在制作、运输、安装的可行性等诸多问题,受制约的因素很多。既要考虑制作厂家起重机效能、模台或生产线尺寸,又要考虑交通法限制的运输限高、限宽、限重及道路路况的约束,还要结合施工现场塔吊吊能的因素。以下是一些通用数据和注意事项:

①工厂起重机的起重能力,一般工厂桁架式起重机起重量为 12~24 t。

②施工塔式吊机的起重量一般为 10 t 以内。

③汽车起重机起重量范围较大,一般在 8~1 600 t。

④运输车辆限重一般为 20~30 t,还要考虑运输途中道路、桥梁的限重。

⑤运输超宽尺寸限制为 2.2~2.5 m。

⑥运输超高尺寸限制为 4 m,车体高度的尺寸限制为 1.2 m,构件高度的尺寸限制为 2.8 m。有专业运输预制板的低车体车辆,构件高度可达到 3.5 m。

⑦运输长度依据车辆不同,最长为 15 m。

⑧要注意调查道路转弯半径、途中隧道或过道电线通信线路的限高等。

⑨一般特殊运输车上路需要提前向当地交管部门报备。

(5)形状限制原则

预制构件的形状也会受到制作、运输、安装等影响。往往是一维线性构件或二维平面构件较容易制作和运输、安装,而三维立体构件的制作和运输、安装会带来意想不到的麻烦。

(6)指标报批原则

装配式混凝土结构的构件拆分设计等装配式方案,需要依据项目相关审批文件规定的预制率等指标要求进行,以确定预制构件的范围。

(7)经济性原则

拆分设计对装配式混凝土结构的成本影响很大。结构设计师需要牢牢扣住经济性这根弦,与预算人员一起多做些拆分方案进行经济比选,尤其是要控制预制构件种类,以控制成本。

(8)结构合理性原则

这也是构件拆分设计很重要的一个原则。构件拆分设计往往由结构专业完成,预制构件拆分直接决定了预制构件设计与连接设计,以确保装配式混凝土结构的整体性能和抗震性能。

①作为结构设计师,首先必须了解规定部位的现浇区域,了解不适应做预制构件的部位,比如剪力墙底部加强部位的剪力墙、框架结构的首层柱、平面复杂或开洞较大的楼层楼盖转换层的转换构件等,可详见前述关于预制构件负面清单的相关内容。

②预制构件拆分应尽量遵循少规格、多组合、标准化原则,统一和减少构件规格和种类。

③拆分应考虑结构的合理性,应尽量选择应力较小或变形不集中的部位进行预制构件拆分,当无法避免时,必须采取有效加强措施。

④相邻构件拆分应考虑构件连接处构造的合理性；合理确定预制构件的截面形式、连接位置和连接方式。

⑤相邻构件的拆分应考虑彼此间的相互协调，如叠合楼板与支承楼板的预制剪力墙板应考虑施工的可行性与协调性等。

(9)建筑外立面构件拆分原则

建筑外立面混凝土构件的拆分不仅需要考虑结构的合理性和实现的便利性，更需要考虑建筑功能和艺术效果，因此建筑和结构两专业要密切配合共同完成预制构件拆分，建筑外立面构件拆分应考虑的因素有：

①建筑功能的需要，如围护功能、保温功能、采光功能。

②建筑艺术的需要。

③建筑、结构、保温、装饰一体化。

④对外墙或外围柱、梁后浇区域的表皮处理。

⑤构件规格尽可能少。

⑥整间墙板尺寸或质量超过了制作、运输、安装条件许可的应对办法。

⑦符合结构设计标准的规定和结构的合理性及可安装性。

2. 叠合楼盖拆分具体原则

叠合楼盖作为传递竖向和水平荷载的重要构件，一般通过叠合现浇层保证结构水平荷载的传递，而竖向荷载的传递则与其拆分方案关联密切。叠合楼盖的拆分方案相对简单，但也要考虑板宽的规格化及拼缝方向，以免板块型号过多影响经济性或拼缝交错带来施工不便。从这几点出发，叠合楼盖的拆分主要遵循如下原则：

(1)在板的次要方向拆分，即板缝应当垂直于板的长边。

(2)在板的受力较小部位分缝。

(3)板的宽度不超过运输超宽的限制和工厂线模台宽度的限制，一般为3.5 m。

(4)尽可能统一或减少板的规格。

(5)有管线穿过的楼板，拆分时应当避开管线位置。

(6)顶棚无吊顶时，板缝应避开灯具、接线盒或吊扇位置。

(7)叠合楼盖宜结合墙、柱、梁等竖向构件结构平面位置拆分。

(8)注意与剪力墙、框架柱、框架主次梁等其他构件拆分的协调性。

3. 装配式混凝土框架结构拆分具体原则

装配式混凝土框架结构是应用广泛、技术成熟的结构体系，也是目前国内比较容易实现等同现浇性能的结构体系，相关的抗震标准几乎与现浇混凝土结构无异。对该体系而言，其构件拆分，主要集中在预制柱、梁的拆分，拆分设计时应遵循的原则包括：

(1)牢记必须现浇的部位。如叠合梁与叠合楼板的连接必须现浇，叠合楼板面层必须现浇，当梁、柱构件独立，拆分点在梁、柱节点区域内时，梁、柱连接节点区域必须现浇。

(2)遵守宜现浇构件的理念。比如首层柱，考虑到首层的剪切变形远大于其他各层，首层出现塑性铰的框架结构，其倒塌可能性大。在目前设计和施工经验尚不充足的情况下采用现浇柱，可最大限度保证结构的抗地震倒塌能力。否则，对首层柱采用预制，就需要经过专项研究和论证，采用可靠的技术措施，特别加强措施，严格控制制作加工和现场施工质量，同时重点提高连接接头性能，确保实现强柱弱梁的目标。

(3)拆分部位宜设置在构件受力最小部位。

(4)梁与柱的拆分节点应避开塑性铰位置。

(5)预制柱一般按楼层高度拆分，拆分位置一般在楼层标高处，其长度可为1层、2层或3层，也可在水平荷载效应较小的柱高、中部进行拆分。

(6)预制梁既可按其跨度拆分，即在梁端拆分，也可在水平荷载效应较小的梁跨中拆分；拆分位置在梁端部时，梁纵向钢筋套管连接位置距离柱边不宜小于$1.0h$（h为梁高），不应小于$0.5h$。

(7)预制柱、梁与预制楼板的拆分要协调。

4. 装配式混凝土剪力墙结构拆分具体原则

对装配整体式混凝土剪力墙结构的构件拆分，主要集中在预制墙板的拆分。其应遵循的原则有：

(1)牢记宜现浇部位。设置的地下室、底部加强部位、抗震设防烈度为8度时的电梯井筒等。

(2)结构方案比较原则，即根据结构方案进行综合因素比较和多因素分析，选择灵活合理的拆分方案。

(3)预制剪力墙宜按建筑开间和进深尺寸划分，高度不宜大于层高，竖向拆分宜在各层层高进行，接缝位于楼板标高处；同时考虑制作、运输、吊运、安装等尺寸限制：比如制作，常用模具宽度为3～4 m，可生产的预制墙板宽度比模具一般小30 mm左右，而剪力墙一般竖向堆放运输，住宅层高3 m左右，基本可满足整片墙预制的要求；再比如吊装，一般高层建筑常用塔吊的悬臂半径为45 m，若最大吊重为5 t，预制墙板3.2 m宽的约为4.6 t，满足吊能需求。

(4)应符合模数协调原则，优化预制构件的尺寸和形状，减少种类。

(5)水平拆分应根据剪力墙位置（拐角处、相交处等）进行确定，保证门窗洞口的完整性，并考虑非结构构件的设计要求，便于部品标准化生产。

(6)当结构构件受力较复杂、较大时，如剪力墙结构最外部转角，应采取加强措施，当不满足设计构造要求时可采用现浇构件；或剪力墙配筋较多的部位，为避免套筒灌浆连接或浆锚搭接连接的对位困难，施工难度较大情况，也可考虑采用现浇。

(7)预制剪力墙板为规整的字形截面的平板类构件，有利于简化模具，降低制作成本。单个剪力墙控制在5 t以内，预制长度不超过4 m。

(8)预制墙板、预制楼板的拆分要协调。

5. 预制外挂墙板拆分具体原则

(1)尽量增大墙板尺寸，减少节点数量，前提是符合运输安装要求。

(2)应考虑窗口位置及其对窗洞口的处理。

(3)拼缝宜处于梁或柱轴线位置。

(4)注意与作为支座的剪力墙、框架柱、框架梁等主体构件拆分的协调性。

5.4.2 装配式混凝土建筑的框架结构拆分形式

前一节主要介绍了装配式混凝土建筑的主要拆分原则。从本节开始具体介绍各结构类型的拆分形式。

装配式混凝土框架结构的拆分主要是结构构件的拆分,包括框架柱、框架梁、叠合楼盖、外墙板、楼梯等,如图5-5、图5-6所示。

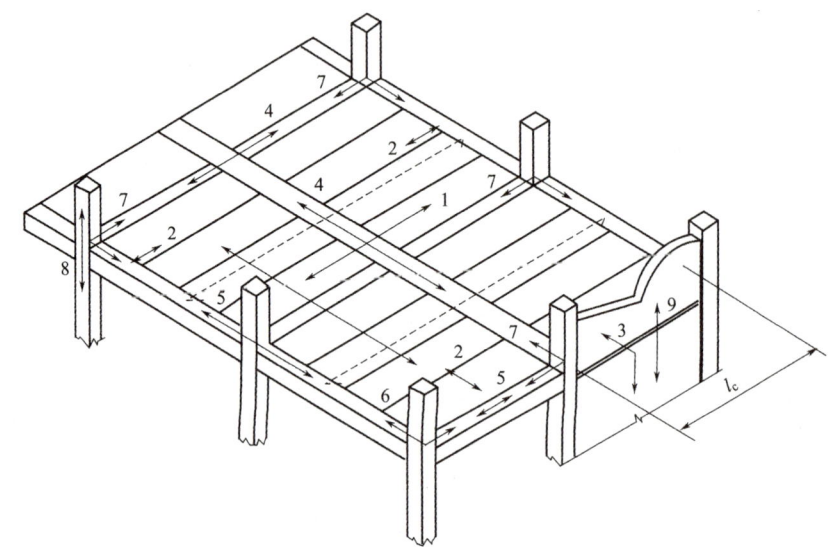

图5-5 框架结构主要构件

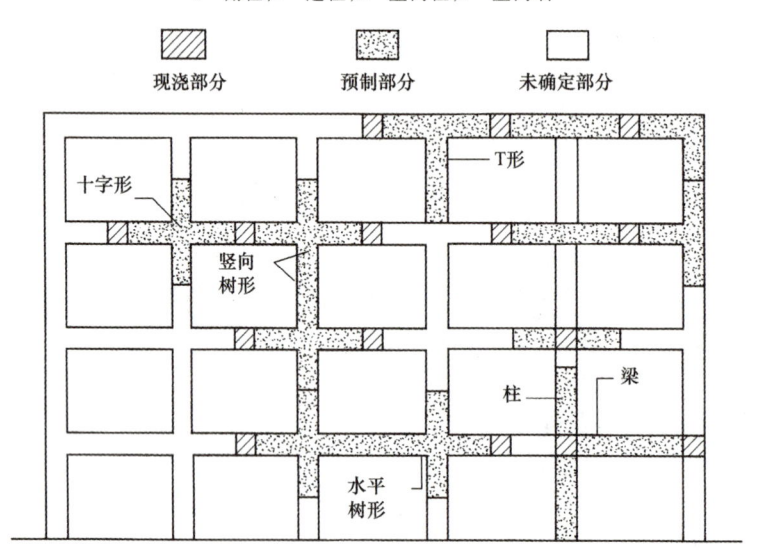

1—内部楼板;2—周边楼板;3—楼板与墙;4—内部梁;5—周边梁;
6—角柱;7—边柱;8—竖向柱;9—竖向墙

图5-6 装配式混凝土框架结构的拆分

1. 现浇柱、整跨叠合梁

这是装配式混凝土建筑的低级形式,辅以叠合楼盖、预制楼梯、预制雨篷、预制外挂墙板等。结构性能几乎与现浇混凝土框架结构无异。

2. 单/多层预制柱、整跨叠合梁与梁柱节点现浇

框架柱需要整层预制,也可以连续2～3层预制做成串烧柱形式,而框架梁整跨预制叠合,接缝在梁柱接口附近,梁柱节点现浇。楼板采用叠合楼盖,再加预制楼梯、预制雨篷、预制外挂墙板等。该结构形式的整体性在装配式混凝土建筑中最好。但梁柱节点内钢筋较多,较拥挤,叠合梁伸出的底筋又较长,容易发生碰撞,施工复杂,施工难度大,甚至会影响到施工进度。

3. 单层预制柱、叠合梁跨中及梁柱节点现浇

单层或多层预制柱、叠合梁在跨中现浇,梁柱节点现浇,并采用叠合楼盖等。这种拆分形式,每根预制柱的长度为一层,连接套筒埋在柱底,梁以柱距的1个跨度为单位预制,梁主筋通常是在柱跨中心部位连接,然后浇筑混凝土,钢筋连接可采用套筒连接,也可采用机械连接。

4. 单层预制柱、莲藕梁与梁柱节点预制

框架结构中,梁柱节点的纵向钢筋汇集,受力需要配置的箍筋往往较多,导致节点处钢筋密集,施工难度大。尤其是装配式混凝土框架结构中,梁柱节点往往会影响施工进度和效率,且施工质量难以保证,体现不出装配式建筑应有的优势。

采用梁柱节点预制可较好地解决上述问题。将梁在跨中进行拆分,形成"莲藕梁"形式,柱一般按单层楼拆分,为单层楼高减去节点区高度。

该拆分方式保证了节点区的制造质量,实现了强连接,结构性能好,但莲藕梁的节点需要预留孔道,便于预制柱纵向钢筋穿过,对制造和施工要求较高,同时莲藕梁形状相对不规则,制作和运输难度较高。

5. 十字形或T字预制柱梁

该拆分形式框架梁、柱均在中间弯矩较小处进行拆分,形成类似十字形或T字形的整体预制梁柱体,现场连接时在梁、柱的中部进行连接,连接区域往往留有缺口,通过现场浇筑混凝土形成整体,如图5-7所示。这种拆分很好地规避了前述拆分方式在梁柱节点附近连接存在天然拼缝,影响结构性能的缺陷,进一步提高了梁、柱节点区的质量和性能。但在构件设计时应充分考虑运输与安装对构件尺寸和质量的限制。

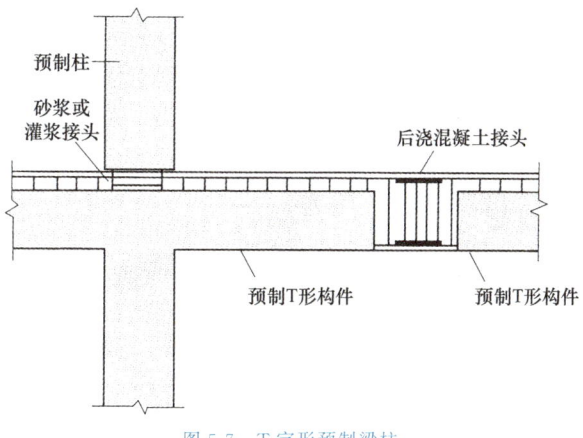

图5-7 T字形预制梁柱

6. 梁、柱单构件拆分形式

按上述所述，柱一般按层高进行拆分为单节柱，但也有时拆分成多节柱。由于多节柱的脱模、运输、吊装、支撑都比较困难，且吊装过程中钢筋连接部位易变形，使构件垂直度难以控制。因此设计时柱还是多按层高拆分为单节柱，以保证垂直度，简化预制柱的制造、运输及吊装，保证质量。

而对梁，在装配式混凝土框架结构中，主要包括框架梁、次梁。框架梁一般按柱网拆分成单跨梁，跨距较小时可拆分为双跨梁；次梁以框梁间距为单元拆分成单跨梁。

5.4.3 装配式混凝土建筑的剪力墙结构拆分形式

装配式混凝土建筑中，剪力墙结构的拆分与框架结构存在很多相类似之处。对剪力墙的关键部位，如边缘构件仍要求采用现浇结构，而非边缘构件则采用预制结构。这样最基本的拆分方式，保证了边缘构件钢筋连接的可靠性，因而剪力墙结构的整体性能也得到了保障。

1. 剪力墙结构拆分对建筑平面、结构布置的要求

（1）建筑平面

建筑平面的凹凸形式能满足建筑立面的丰富感和层次感，这是建筑师比较钟爱的建筑平面布局方式。但对装配式混凝土建筑特别是其中的剪力墙结构却很不适宜。装配式混凝土剪力墙结构的构件拆分，需要建筑平面简单、规则、对称，结构上质量、刚度分布均匀，长宽比、高宽比、局部突出或凹凸尺度均不宜过大，规范有明确的要求，见表5-7。

表 5-7　　　　　　　剪力墙结构拆分对建筑平面的要求

装配整体式混凝土剪力墙结构	非抗震地区	抗震设防烈度		
		6 度	7 度	8 度
长宽比	≤6.0	≤6.0	≤6.0	≤5.0
高宽比	≤6.0	≤6.0	≤6.0	≤5.0

（2）建筑平面尺寸限值

对平面不规则、凹凸感较强的建筑，剪力墙容易出现较难拆分的转角短墙，而短小墙体在拆分时需要避免。短小墙体预制构件将降低装配式建筑的施工效率。平面南、北侧墙体及东、西山墙尽可能采用T字形墙体，楼梯间及电梯间、局部凹凸处可现浇墙体。户型设计宜凸出墙面设计，不宜将阳台、厨房、卫生间等凹入主体结构范围内。

（3）结构布置

装配式混凝土结构尤其是剪力墙结构的布置应连续、均匀、规则，避免抗侧力结构的侧向刚度和承载力沿竖向突变。厨房、卫生间等开关插座、管线集中的地方应尽量布置填充墙，以利于管线施工。若管线不能避开混凝土墙体，宜将管线布置在混凝土墙体现浇部位，避开边缘构件位置。

装配式混凝土剪力墙结构洞口宜居中布置，上下对齐、成列布置，形成明确的墙肢和连梁。预制剪力墙拆分时要注意带洞口单体构件的整体性，避免出现悬臂窗上梁或窗下墙。洞口两侧的墙肢宽度不应小于 200 mm，洞口上方连梁高度不宜小于 250 mm。

2. 结合现浇量的拆分形式

(1) 外墙全部预制或部分预制、内墙全现浇

这种拆分形式的外墙全部采用预制构件或部分预制,但内部墙体全部现浇。即所谓的内浇外挂体系。从实现绿色施工的需求上讲,该体系提供了很好的解决方案,没有外脚手架,施工现场的外表清爽美观,作业安全也大大提升。从结构性能上讲,该体系内部承重墙体全部现浇,承受全部的水平方向的风荷载、地震作用,几乎与现浇混凝土结构无异。

但该体系最大的问题是与国家发展装配式建筑的理念相差很大,因为依然有大量的现浇湿作业,而且预制率很低,只能算是装配式建筑的初级阶段。为此,后续发展了内部墙体部分预制部分现浇的拆分形式,预制率有所提高,但根本问题并无明显改善。

(2) 剪力墙边缘构件全现浇

这种拆分形式除了剪力墙边缘构件全部现浇外,其余内、外剪力墙全部采用预制,大大减少了现浇量。考虑到剪力墙边缘构件是剪力墙受力的关键构件,对剪力墙的延性和耗能能力等抗震性能影响显著,为此要求剪力墙边缘构件全部现浇,以实现等同现浇的性能目标。这也是国家现行规程、标准推荐的结构形式。

但剪力墙边缘构件尺寸较大,有时为满足水平钢筋锚固长度要求,边缘构件的现浇区域还要进一步加大,现浇混凝土量还是较大。

(3) 剪力墙边缘构件部分现浇部分预制

这种拆分形式是为了解决边缘构件全部现浇仍存在较多现浇混凝土量的问题而提出的。现浇带主要集中在墙端,通过合理的钢筋配置和合适的现浇长度与位置设置,以保证结构体的整体性和抗震性能。该拆分形式有效提高了预制效率,大大减少了现浇量。但因研究和试验深度还不够,其实际的受力整体性能还没有得到权威认证。

在上述三种拆分形式中,连梁由于跨度较小,且常与门窗洞口连在一起,一般与剪力墙整体预制。在没有条件时,也有单独预制,现场再与剪力墙连接。

剪力墙结构中的填充墙一般均采用预制构件。与剪力墙同平面的填充墙,一般与剪力墙整体预制;与剪力墙垂直的填充墙,现场与剪力墙实现连接。

3. 剪力墙外墙拆分形式

对装配式混凝土剪力墙结构,其预制剪力墙宜采用一字形,也可采用 L 形、T 形或 U 形。根据与门窗等构件是否一体来划分,剪力墙外墙的拆分形式有三种,即整间板方式,窗间墙条板方式、L 形或 T 形立体墙板方式。

(1) 整间板方式

剪力墙与门窗、保温和装饰一体化形成整间板,在边缘构件处进行现浇混凝土连接,是目前最常用的拆分方式,也是标准图给出的拆分方式。其优点是构件为板式构件,适用于流水作业,可实现门窗一体化。最大的问题是外墙后浇混凝土部位多,现浇混凝土量大,预制墙体混凝土量仅占整层墙体混凝土量的 30%,施工麻烦,成本高;窗下墙与剪力墙一体预制增加了刚度,对结构有不利影响;而且这种流水作业仅限于流动的模台,因为其墙板一边预留套筒或浆锚孔,其余三边要出筋甚至出环形筋,无法实现自动化。

(2) 窗间墙条板方式

剪力墙外墙的门窗间墙采取预制方式,与门窗洞口上部预制叠合连梁同剪力墙后浇连接,窗下采用轻质预制墙板,窗间墙、连梁与窗下墙板用拼接的方式形成门窗洞口。窗间墙与横墙采用后浇混凝土连接,设置在横墙端部。

该方式最大的好处是现场现浇混凝土量减少,预制墙体混凝土量约占整层墙体混凝土量的 40%,仅连梁与墙板连接部位有少量后浇混凝土,现场作业便利,减少人工工作量。但构件不能用流水线工艺制作,只能在固定模台上生产,制作难度不是很大。

(3)L 形或 T 形立体墙板方式

剪力墙外墙的窗间墙连同边缘构件一起预制,形成 L 形或 T 形预制构件,窗洞口上部预制叠合连梁同剪力墙后浇连接,窗下采用预制墙板,用拼接的方式形成窗洞口,预制墙体混凝土量约占整层墙体混凝土量的 50%。这种预制构件可以在固定模台生产,制作难度不是很大,现场节点连接后浇混凝土量小,可节约工期,装配率有所提高,成本上提高不多。

4. 剪力墙内墙拆分形式

对内部的剪力墙,一般采用整间板的拆分方式。剪力墙内墙板连同顶部连梁一起预制,水平方向在后浇节点区进行连接。

5.4.4 混凝土建筑的叠合楼板及其他构件拆分形式

1. 叠合楼板拆分形式

(1)单向叠合板拆分

当叠合楼板设计为单向叠合板时,楼板应沿非受力方向拆分,预制底板采用分离式接缝,可在任意位置拼接。

(2)双向叠合板拆分

当拆分为双向叠合板时,预制底板式板之间采用整体式接缝,接缝位置宜设在叠合板的次要受力方向上且在该处受力较小。预制底板之间宜设置 300 mm 宽后浇带,用于预制板底钢筋连接。

(3)拆分其他要求

为方便运输,预制板一般宽度不超过 3 m,跨度一般不超过 5 m。

在一个房间内拆分时,预制板应尽可能选择等宽拆分,以减少预制板类型。当楼板宽度不大时,板缝应设在有内隔墙的部位,可以免除板缝再处理。

2. 预制外挂墙板的拆分形式

预制外挂墙板需安装在主体结构上,即结构柱、梁、楼板或结构墙体上。因此其墙板拆分必须考虑与主体结构连接的可行性。当主体结构无法满足支点要求时,应设置次梁或构造柱等受力构件,以服从建筑功能和艺术效果的要求。预制外挂墙板一般用 4 个节点与主体结构连接,宽度小于 1.2 m 的板也可以用 3 个节点连接。

预制外挂墙板的几何尺寸要符合施工、运输条件等,当构件尺寸较长或过高时,如跨越两个层高,主体结构层间位移对外挂墙板的内力影响较大。所以预制外挂墙板的拆分仅限于一个层高和一个开间。较多采用的方式是一块墙板覆盖一个开间和层高范围,称作整间板。其中要注意开口墙板的边缘宽度不宜低于 300 mm。

预制外挂墙板的拆分,在建筑平面的转角处可分为平面阳角直角拆分、平面斜角拆分、平面阴角拆分三种。其中平面阳角直角拆分,可以直角平接、直角折接或直角对接。

预制外挂墙板的拆分还需根据建筑立面的特点,使墙板的接缝位置与建筑立面相对应,将接缝构造与立面要求结合起来。外挂墙板不应跨越主体结构的变形缝。主体结构的变形缝两侧的外挂墙板的构造缝应能适应主体结构的变形要求。从立面效果可分以下几种拆分方式:

(1)独窗式(墙挂板式)

该方式最为普遍,窗框直接预制在混凝土中,单元整齐划一。

(2)连窗式(梁挂板)

此种形式的墙板固定到结构梁上,每层的窗横向连通,因其不受层间位移的影响,外挂板的安装相对比较简单。

3. 叠合构件设计的一般规定

(1)叠合构件受力性能

叠合构件分两阶段形成最终结构,其特点是两阶段成形,两阶段受力。第一阶段即预制构件,第二阶段则为后续配筋、浇筑而形成整体的叠合混凝土构件,兼有预制装配和整体现浇的优点。

叠合构件按受力性能可分为一次受力叠合结构和二次受力叠合结构。按现行国家规范《混凝土结构设计规范》(GB 50010—2010)(2015 年版),当施工过程中有可靠支撑时,其预制部分在施工阶段充当模板所产生的变形很小,可认为其对结构成形后的内力和变形影响可以忽略,可以按整体构件设计计算,即一次受力叠合结构。而当叠合构件在施工过程中无可靠支撑时,其预制部分在施工阶段将产生较大变形,影响到结构成形后截面应力分布和变形,此时应按两阶段进行设计计算,即为二次受力叠合结构。

对叠合板的变形控制要求较为严格,且对作为永久模板的预制底板在施工阶段的变形有严格要求,挠度不得大于 1/250,所以一般将叠合板视为一次受力叠合结构。

5.4.5 叠合楼板设计

叠合楼板是叠合构件的重要形式,也是装配式混凝土建筑所有预制构件中应用最普遍的构件,对保证装配整体式混凝土建筑的等同现浇性能起到关键性作用。叠合楼板由预制底板和叠合现浇层构成一个整体,共同工作。

其中预制底板内铺设了叠合楼板的底部受力钢筋,在施工阶段可充当现浇钢筋混凝土叠合层的永久性施工底模,承担其自重及其上施工荷载,在使用阶段又作为构件的一部分,与同样铺设叠合楼板顶部受力钢筋的现浇叠合层一起作为一个整体构件发挥其结构承载力。叠合楼板整体性好,刚度大,可节省施工模板,现浇叠合层内可照样埋设水平机电管线,板底表面平整,易于装修饰面。

1. 叠合楼板分类

叠合楼板主要包括普通叠合楼板、带肋预应力叠合楼板、空心预应力叠合楼板、双 T 形预应力叠合楼板等形式。

2. 叠合楼板适用性及基本规定和构造

(1)叠合楼板适用性

装配整体式混凝土结构的楼盖宜采用叠合楼盖。

结构转换层、平面复杂或开洞较大的楼层、作为上部结构嵌固部位的地下室楼层不宜采用叠合楼盖,而宜采用现浇楼盖。

住宅建筑电梯间的公共区域因铺设较多机电管线,不宜采用叠合楼盖,宜采用现浇楼盖。

屋面层和平面受力复杂的楼层也不宜采用叠合楼盖,宜采用现浇。当屋面层采用叠合楼板时,为增强顶层楼板的整体性,需提高后浇混凝土叠合层的厚度和配筋要求,并设置钢筋桁架。此时,楼板的后浇叠合层厚度不小于 100 mm,且在后浇层内应采用双向通长配筋,钢筋直径不宜小于 8 mm,间距不宜大于 200 mm。

空调板、阳台板宜采用叠合构件或预制构件。预制构件应与主体结构可靠连接,叠合构件的负弯矩钢筋应在相邻叠合板的后浇混凝土中可靠锚固。

(2)叠合楼板基本规定

叠合楼板的预制板厚不宜小于 60 mm,主要考虑了脱模、吊装、运输、施工等因素。当采取可靠的构造措施,如设置钢筋桁架或板肋等时,可以考虑将其厚度适当减小。

叠合楼板后浇层厚度不应小于 60 mm,以保证楼板整体性,满足管线预埋、面筋铺设、施工误差等方面的需求。

当叠合板的预制板采用空心板时,板端空腔需要封堵。

当叠合板跨度大于 3 m 时,宜采用钢筋桁架叠合楼板以增强预制板的整体刚度和水平界面的抗剪性能。叠合板中后浇层与预制板之间的结合面在外力、温度等作用下,界面上会产生水平剪力。对大跨度板、有相邻悬挑板的上部钢筋锚入等情况,叠合界面上的水平剪力尤其大。需要配置截面抗剪构造钢筋来保证水平截面的抗剪能力。设置钢筋桁架就是其中最常见的抗剪构造措施,如图 5-8 所示。当没有设置钢筋桁架时,可考虑设置马凳形状钢筋,钢筋直径、间距及锚固长度应满足叠合界面的抗剪要求。

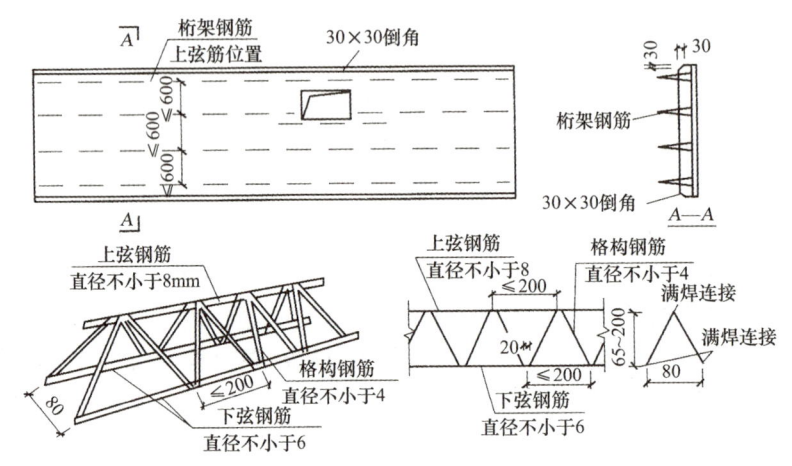

图 5-8 叠合楼板钢筋桁架构造

当叠合板跨度大于 6 m 时,宜采用预应力叠合楼板。此时采用预应力混凝土预制板经济性较好。如板厚大于 180 mm,推荐采用空心楼板,可在预制板上设置各种轻质模具如轻质泡沫等,浇筑混凝土后就形成空心,可有效减轻楼板自重,节约材料。

(3)叠合楼板其他构造

叠合板的预制板宽度不宜过小,过小则经济性差;也不宜过大,过大则运输吊装困难。所以叠合楼板的预制板宽度不宜大于 3 m,且不宜小于 600 mm。拼缝位置宜避开叠合板受力较大位置。

叠合板的预制板拼缝处边缘宜设 30 mm×30 mm 的倒角(图 5-8),可保证结合面钢筋保护层厚度,与梁墙柱相交处可不设。

对钢筋桁架叠合楼板,钢筋杆架应沿主要受力方向布置。钢筋桁架距板边不应大于 30 mm,间距不宜大于 60 mm;钢筋桁架弦杆钢筋直径不宜小于 8 mm,保护层不应小于 15 mm,胶杆钢筋直径不应小于 4 mm,如图 5-9 所示。

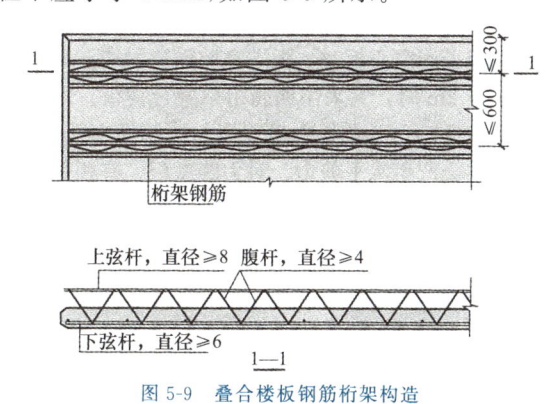

图 5-9 叠合楼板钢筋桁架构造

当叠合楼板的预制部分未设置钢筋桁架,遇下述情况时:
①单向叠合板跨度大于 4 m,且位于距离支座 1/4 跨范围内。
②双向叠合楼板短向跨度大于 4 m,且位于距离四边支座 1/4 短跨范围内。
③悬挑叠合板。
④悬挑板的上部纵向受力钢筋在相邻叠合板的后浇混凝土锚固范围内。

叠合楼板的预制板与后浇混凝土叠合层之间应设置抗剪构造钢筋,该抗剪构造钢筋宜采用马凳形状,间距不宜大于 400 mm,钢筋直径不应小于 6 mm,马凳钢筋宜伸到叠合板上、下部纵向钢筋处,预埋在预制板内的总长度不应小于 $15d$,水平段长度不应小于 50 mm。

3. 叠合楼板的布置形式

叠合楼板可设计为单向板,也可设计为双向板。研究表明,叠合楼板实际的开裂荷载、破坏荷载均要小于现浇楼板,但要高于按单向现浇板计算的结果,开裂特征类似单向板,承载力高于单向板,挠度小于单向板且大于双向板。叠合楼板受力性能介于按板缝划分的单向板和整体双向板之间,与跨度、板厚、接缝钢筋数量有关,总体表现为单向板特性,但现浇层对各板块之间受力具有协同作用;而且当现浇层较厚时,可接近双向板的性能,其中预制板间拼缝只传递剪力和位移,不传递弯矩。因此需要妥当进行叠合楼盖布置,布置时需要考虑三个因素:构件的生产、构件的运输和吊装、构件的连接。这三个因素都是装配式结构区别于现浇混凝土结构的要点,且具体的布置形式还会影响到主体结构的设计,如图 5-10 所示。

图 5-10　叠合楼板布置形式

(a)单向叠合板　　(b)带接缝双向叠合板　　(c)无接缝双向叠合板

1—预制板；2—梁或墙；3—板侧分离式接缝；4—板侧整体式接缝

当叠合楼板的预制板之间按分离式接缝时，宜按单向板进行设计。

对长宽比不大于 3 的四边支承叠合板，当其预制板之间采用整体式接缝或无接缝时，可按双向板进行设计计算。

对长宽比小于 2，明显为双向板区隔的楼板。当现浇层较厚时，楼板破坏之前基本表现为双向板特性，宜按双向板设计。如按单向板设计，则支座负筋宜按单向板模型和双向板模型包络设计。

4. 叠合楼板支座接缝处钢筋构造

(1)通用规定

板端支座处，预制板内的纵向受力钢筋宜从板端伸出并锚入支承梁或墙的后浇混凝土中，锚固长度不应小于 $5d$（d 为纵向受力钢筋直径），且宜伸过支座中心线，如图 5-11 所示。

对钢筋桁架叠合楼板，其后浇叠合层厚度不小于 100 mm，且不小于预制板厚度的 1.5 倍时，支承端预制板内纵向受力筋可采用间接搭接方式，即分离式搭接锚固，预制板板底钢筋伸到预制板板端，后浇层内设置附加钢筋锚入支承梁或墙的后浇混凝土中。这样的构造，因无胡子筋伸出，故方便预制板加工和施工，但加大了板厚，增大了自重，仅适用于大跨度楼板和多层建筑，不适用于小跨度楼板及高层建筑，如图 5-12 所示。

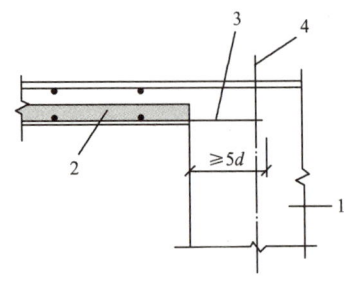

图 5-11　叠合楼板板端支座构造

1—板端支座；2—预制板；3—胡子筋；4—支座中心线

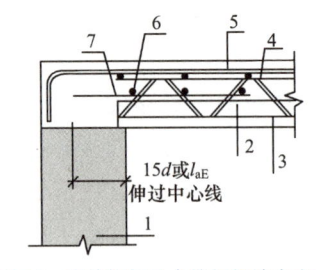

图 5-12　钢筋桁架叠合楼板板端支座构造

1—板端支座；2—预制板；3—板底筋；4—钢筋桁；5—板面筋；6—板端加强筋；7—附加筋

此时，附加钢筋的面积需计算确定，且不少于受力方向跨中板底钢筋面积的 1/3，直径不宜小于 8 mm，间距不宜大于 250 mm；当附加钢筋为构造钢筋时，伸入楼板长度不应小于与板底钢筋的受压搭接长度，伸入支座不应小于 15 倍的附加钢筋直径且宜伸过支座中心线;当附加钢筋承受拉力时,伸入楼板的长度不应小于与板底钢筋的受拉搭接长度,伸入支座的长度不应小于受拉钢筋锚固长度;同时垂直于附加钢筋的方向应布置横向分布钢筋,在搭接范围内不宜少于3根,钢筋直径不宜小于6 mm,间距不宜大于250 mm。

(2)单向叠合板分离式接缝

单向叠合板的板侧支座处,当板底分布筋不伸入支座时,宜在后浇层内设置截面面积不小于预制板内同向分布筋面积的附加钢筋,间距不宜大于600 mm,伸入支座和后浇层内均应不小于15倍的附加钢筋直径且宜伸过支座中心线,如图5-13所示。

单向叠合板板侧的分离式接缝宜配置垂直于板缝的附加钢筋,伸入两侧后浇层锚固长度不应小于$15d$,面积不宜小于预制板中该方向钢筋面积,钢筋直径不宜小于6 mm,间距不宜大于250 mm,如图5-14所示。板缝接缝边界主要传递剪力,弯矩传递能力较差,接缝附加钢筋按构造要求确定主要目的是保证接缝处不发生剪切破坏,控制接缝处裂缝的发展。

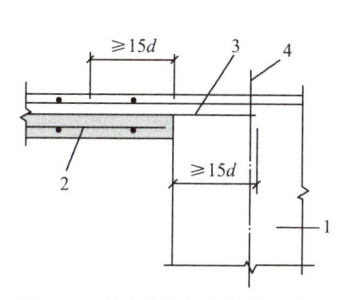

图5-13 单向叠合板板侧支座构造
1—板端支座;2—预制板;3—附加钢筋;4—支座中心线

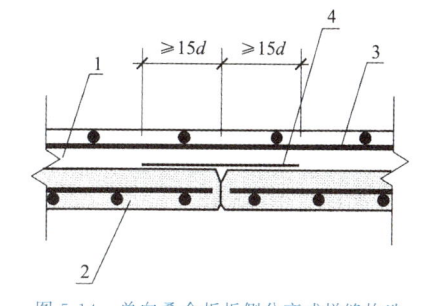

图5-14 单向叠合板板侧分离式拼缝构造
1—现浇层;2—预制板;3—板面筋;4—附加钢筋

(3)双向叠合板整体式接缝

与整体板相比,预制板接缝处应力集中,缝宽较大,导致挠度略大,接缝处受弯承载力有降低,故接缝应避开双向板的主要受力方向和跨中方向,否则设计时按弹性板计算配筋并适当加大。双向叠合板板侧的整体式接缝宜设置在叠合板的次要受力方向上且避开最大弯矩截面,可设置在次要受力方向净跨的1/5~1/3处。当在受力较大部位设置双向叠合板拼缝时,必须采用设置加强暗梁等构造加强措施。

接缝可采用后浇带形式:后浇带宽度不宜小于200 mm,以保证钢筋连接或锚固空间,并保证后浇与预制之间的整体性。后浇带两侧板底纵向受力钢筋可在后浇带中焊接、搭接连接、弯折锚固、机械连接。

①后浇带钢筋搭接连接时

预制板底外伸钢筋的锚固长度应符合现行国家标准《混凝土结构设计规范》(GB 50010—2010)(2015年版)有关规定,当预制板底外伸钢筋为直线时,其构造如图5-15所示。

预制板底外伸钢筋端部为135°时,弯钩弯后直段长度$5d$,构造如图5-16所示。

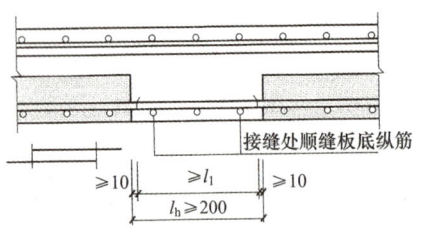

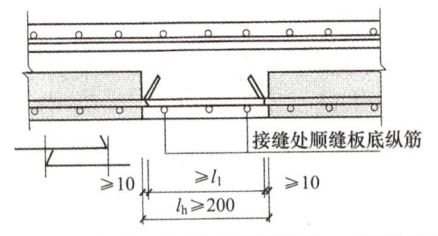

图 5-15 双向叠合板后浇带钢筋直线搭接构造　　图 5-16 双向叠合板后浇带钢筋端部 135°搭接构造

预制板底外伸钢筋端部为 90°时,弯钩弯后直段长度 $12d$,构造见图 5-17 所示。

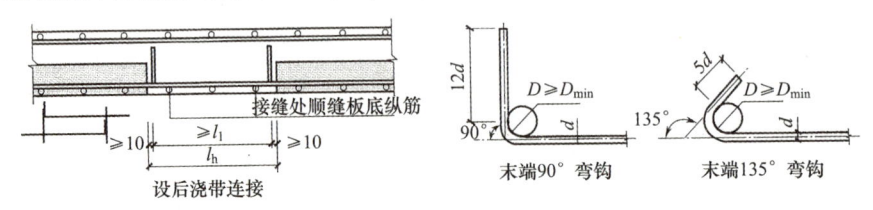

图 5-17 双向叠合板后浇带钢筋端部 90°搭接构造

②后浇带钢筋弯折锚固时

叠合板厚度不应小于 $10d$,且不应小于 120 mm(d 为弯折钢筋直径的较大值),接缝处预制板侧伸出的纵向受力钢筋应在后浇层内锚固,且锚固长度不应小于 l_a,两侧钢筋在接缝处重叠长度不应小于 $10d$,以实现应力传递;弯折角度不应大于 30°,以实现顺畅传力;弯折处沿接缝方向应配置不少于 2 根直径不小于该方向预制板内钢筋直径的通长构造钢筋,以防止挤压破坏。其构造见图 5-18。

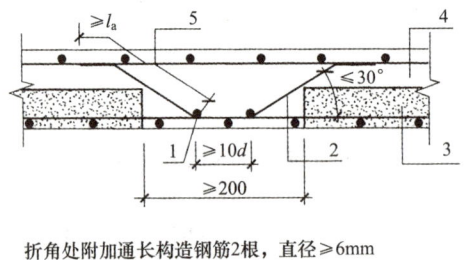

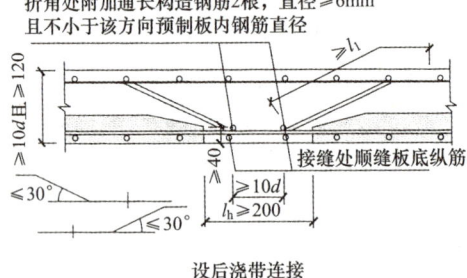

图 5-18 双向叠合板后浇带钢筋弯折锚固构造

③不设后浇带时

此时双向叠合板采用密拼式接缝,后浇层厚度应大于 75 mm,且设置有钢筋桁架并配有足够数量的接缝钢筋。接缝可承受足够大的弯矩和剪力,这样的接缝可视为整体式接缝,几块预制板通过接缝和后浇层组成的叠合板可按照叠合双向板设计,并应按照接缝处的弯矩设计值及后浇层的厚度计算接缝处需要的钢筋数量,如图 5-19 所示。

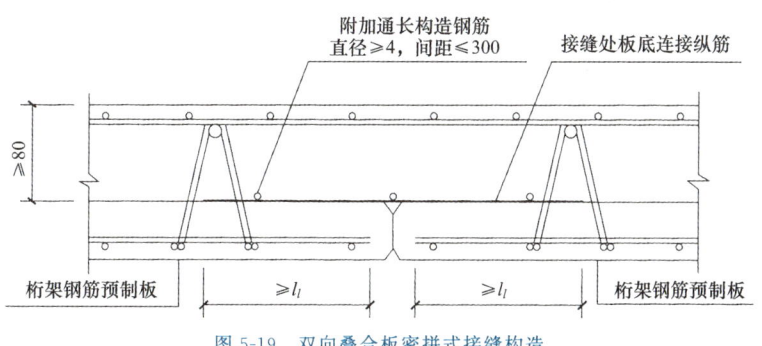

图 5-19 双向叠合板密拼式接缝构造

5.4.6 合梁设计

1. 叠合梁分类

叠合梁按受力性能可划分为一阶段受力叠合梁和二阶段受力叠合梁；按预制部分的截面形式又可分为矩形截面叠合梁和凹口截面叠合梁。

(1) 按受力性能分

一阶段受力叠合梁：施工阶段在预制梁下设有可靠支撑，能保证施工阶段作用的荷载不使预制梁受力而全部传给支撑，待叠合层后浇混凝土达到一定强度后，再拆除支撑，由整个截面来承受荷载。

二阶段受力叠合梁：施工阶段在简支的预制梁下不设支撑，施工阶段作用的全部荷载完全由预制梁承担，此时，其内力计算分两个阶段，一是叠合层混凝土强度未达到设计值之前的阶段；二是叠合层混凝土强度达到设计值之后的阶段。叠合梁按整体梁计算。

(2) 按截面形式分

矩形截面叠合梁：当板的总厚度不小于梁的后浇层厚度要求时，可采用矩形截面叠合梁，见图 5-20。

凹口截面叠合梁：当板的总厚度小于梁的后浇层厚度要求时，可采用凹口截面叠合梁，主要是为增加梁的后浇层厚度，如图 5-21 所示。

某些情况下，叠合梁也采用倒 T 形截面或花篮梁形截面。

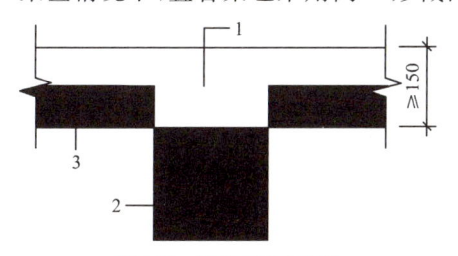

图 5-20 矩形截面叠合梁
1—现浇层；2—预制梁；3—预制板

图 5-21 凹口截面叠合梁
1—现浇层；2—预制梁；3—预制板

3. 叠合梁构造设计

(1) 叠合层厚度要求

在装配整体式混凝土框架结构中，叠合框架梁的后浇混凝土叠合层厚度不宜小于 150 mm，次梁的后浇混凝土叠合层厚度不宜小于 120 mm；当采用凹口截面预制梁时，凹口深度不宜小于 50 mm，凹口边厚度不宜小于 60 mm，如图 5-22、图 5-23 所示。

(2) 加强腰筋设置要求

预制梁的预制面以下 100 mm 范围内,应设置 2 根直径不小于 12 mm 的加强腰筋,以考虑构件在制作、吊装、运输安装等不利荷载组合下的受力情况,如图 5-23 所示。其他位置腰筋仍按现行国家规范设置。

(3) 安全维护筋设置要求

叠合梁预制部分顶面各设置一根安全维护插筋,插筋直径不宜小于 28 mm,出预制梁顶面的高度不宜小于 150 mm,如图 5-22 所示。利用安全维护插筋来固定钢管,通过钢管间的安全绳固定施工人员佩戴的安全帽,要注意安全筋直径和钢管内径匹配。

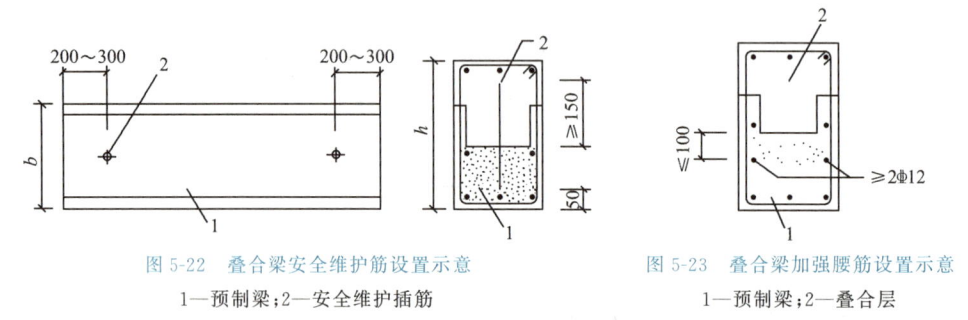

图 5-22 叠合梁安全维护筋设置示意
1—预制梁;2—安全维护插筋

图 5-23 叠合梁加强腰筋设置示意
1—预制梁;2—叠合层

(4) 箍筋设置要求

① 整体封闭箍筋

抗震等级为一、二级的叠合框架梁端箍筋加密区宜采用整体封闭箍筋。当叠合梁受扭时宜采用整体封闭箍筋,且整体封闭箍筋的搭接部分宜设置在预制部分,如图 5-24 所示。框架梁箍筋加密区长度内的箍筋肢距,一级抗震等级不宜大于 200 mm 和 20 倍箍筋直径的较大值,且不应大于 300 mm;二、三级抗震等级,不宜大于 250 mm 和 20 倍箍筋直径的较大值,且不应大于 350 mm;四级抗震等级,不宜大于 300 mm,且不应大于 400 mm。

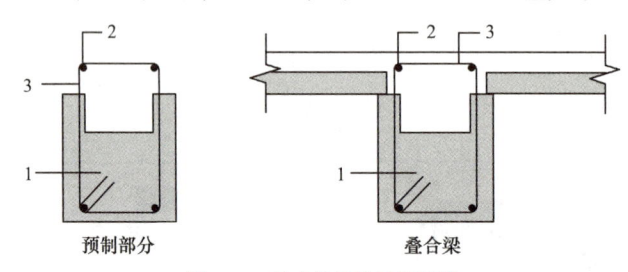

图 5-24 叠合梁整体封闭箍筋
1—预制梁;2—上部纵向钢筋;3—封闭箍筋

② 组合封闭箍筋

采用组合封闭箍筋时,开口箍筋上方两端应做成 135° 弯钩,对框架梁弯钩平直段长度不应小于 10 倍箍筋直径,次梁则不应小于 5 倍箍筋直径。现场应采用箍筋帽封闭开口箍,箍筋帽末端应做成 135° 弯钩,也可做成一端 135°,另一端 90° 弯钩,但两者弯钩应沿纵向受力钢筋方向交错设置,框架梁弯钩平直段长度不应小于 10 倍箍筋直径,次梁 135° 弯钩平直段长度不应小于 5 倍箍筋直径,90° 弯钩平直段长度不应小于 10 倍箍筋直径,如图 5-25 所示。非抗震设计时,弯钩平直段长度不应小于 5 倍箍筋直径。

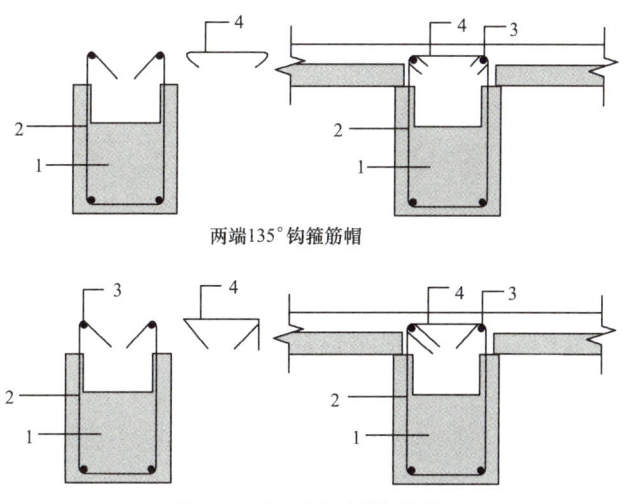

图 5-25 叠合梁组合封闭箍筋

1—预制梁；2—开口箍筋；3—上部纵向钢筋；4—箍筋帽

(5)叠合梁对接连接

叠合梁可采用对接连接。连接处应设置后浇段，后浇段长度应满足梁下部钢筋连接（宜机械连接、套筒灌浆连接或焊接）作业的空间需求；后浇段内的箍筋应加密，箍筋间距不应大于 5 倍纵筋直径且不宜大于 100 mm。梁下部纵向钢筋如采用机械连接时，一般只能采用加长丝扣形直螺纹接头或套筒灌浆接头，无法用滚轧直螺纹加丝头，具体如图 5-26。所示

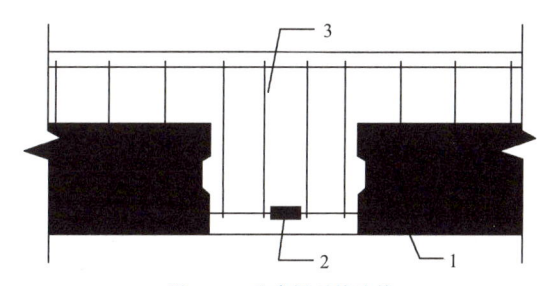

图 5-26 叠合梁对接连接

1—预制梁；2—钢筋连接接头；3—后浇段

(6)叠合梁主次梁连接

叠合梁次梁与主梁之间的连接宜采用铰接连接，也可采用刚接连接。

①铰接连接

当采用铰接连接时，可采用企口连接或钢企口连接。考虑到次梁与主梁连接节点的实际构造特点，在实际工程中很难完全实现理想的铰接连接节点，在次梁铰接端的端部实际受到部分约束，存在一定的负弯矩作用，为避免次梁端部产生负弯矩裂缝，需在次梁端部配置足够的上部纵向钢筋。

当次梁不直接承受动力荷载且跨度不大于 9 m 时，可采用钢企口连接。此时钢企口两侧应对称布置抗剪栓钉，钢板厚度不应小于栓钉直径的 0.6 倍；预制主梁与钢企口连接

处应埋设预埋件,主梁与钢企口连接处应设置横向钢筋,次梁端部 1.5 倍的梁高范围内箍筋间距不应大于 100 mm,如图 5-27 所示。

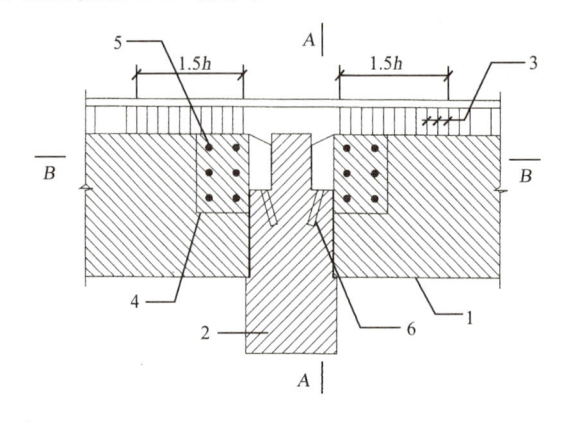

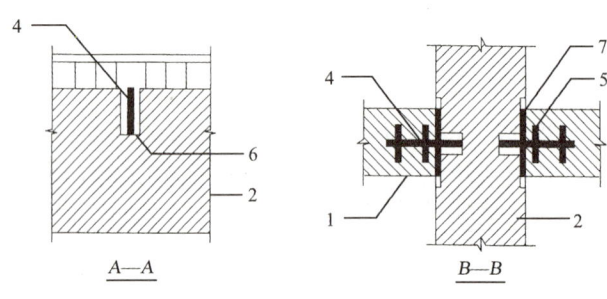

图 5-27 叠合梁主次梁连接

1—预制次梁;2—预制主梁;3—次梁端部加密箍筋;4—钢板;5—栓钉;6—预埋件;7—灌浆料

钢企口接头应能够承受施工及使用阶段的荷载,钢材选用 Q235B 钢;应计算钢企口截面 A 处在施工及使用阶段的抗弯、抗剪强度,截面 B 处在施工及使用阶段的抗弯强度;凹槽内灌浆料未达到设计强度之前,应计算钢企口外挑部分的稳定性;并计算栓钉的抗剪强度及钢企口搁置处的局部受压承载力。

抗剪栓钉,其直径不宜大于 19 mm,单侧抗剪栓钉排数及列数均不应小于 2;栓钉间距不应小于杆径的 6 倍且不宜大于 300 mm;栓钉至钢板边缘的距离不宜小于 50 mm,至混凝土构件边缘距离不应小于 200 mm,钉头内表面至连接钢板的净距不宜小于 30 mm;栓钉顶面的保护层不应小于 25 mm。

②刚接连接

叠合次梁与主梁采用刚接连接,通常采用后浇段连接方式。

端部节点处,次梁下部纵向钢筋伸入主梁后浇段的长度不应小于 $12d$,上部纵筋应在主梁后浇段内锚固,弯折锚固或锚固板时,锚固直段长度不应小于 $0.6\,l_{ab}$,若钢筋应力不大于钢筋强度设计值的 50%,锚固直段长度不应小于 $0.35\,l_{ab}$,弯折锚固的弯折后直段长度不应小于 $12d$(d 为纵向钢筋直径)。

中间节点处,两侧次梁下部纵向钢筋伸入主梁后浇段长度不应小于 $12d$,次梁上部纵向钢筋应在现浇内贯通。

习 题

1. 拆分设计通用原则有哪些?
2. 建筑外立面构件拆分应考虑的因素有哪些?
3. 叠合楼盖的拆分主要遵循哪些原则?
4. 装配式混凝土框架结构拆分设计时应遵循哪些原则?
5. 预制外挂墙板拆分的具体原则有哪些?

5.5 装配式混凝土建筑连接设计

5.5.1 连接方式及适用性

装配式混凝土建筑根据不同的属性特点可以分为不同的连接方式。比如,根据构件之间的连接,可以分成梁与梁、梁与柱、梁与板、板与板、板与墙、板与柱、墙与墙、墙与柱、结构构件与非结构构件等;根据干湿不同可以分为干连接与湿连接;根据性能不同可以分为强连接和延性连接,或弹性连接和柔性连接;根据支座不同可以分为固定连接和滑动连接,固定铰支座和滑动铰支座;根据连接空间位置可分为外挂连接和内嵌连接;根据材料的不同可以分为钢筋连接、后浇混凝土与现浇混凝土的连接,而钢筋连接又可分为钢筋套筒灌浆连接、浆锚搭接连接、挤压套筒连接、焊接、搭接、机械连接等,后浇混凝土与现浇混凝土的连接又可分为粗糙面、键槽等。

1. 强连接与延性连接

(1)概念

根据连接部位在结构最大侧位移时是否进入塑性状态,划分为强连接与延性连接。在广东省地方标准《装配式混凝土建筑结构技术规程》(DBJ 15-107—2016)中提到了这两种连接方式。

强连接对应的是结构在地震作用下达到最大侧向位移时,结构构件进入塑性状态,而连接部位仍保持弹性状态的连接;而延性连接则指结构在地震作用下,连接部位可以进入塑性状态并具有满足要求的塑性变形能力的连接。

(2)适用性

强连接与延性连接主要适用于装配整体式混凝土框架结构体系,通过合理安排强连接和延性连接位置,能够保证结构抗侧力体系在地震作用下的塑性变形能力,从而形成有效的耗能机制。研究表明,预制梁、柱节点强连接结合部,因构件间无足够的塑性变形长度,结合部的钢筋会产生应力集中而发生脆性破坏,故需要确保连接处的钢筋保持弹性,保证梁中钢筋的屈服发生在连接区域以外的地方,如图 5-28 所示。

(a)梁-梁连接

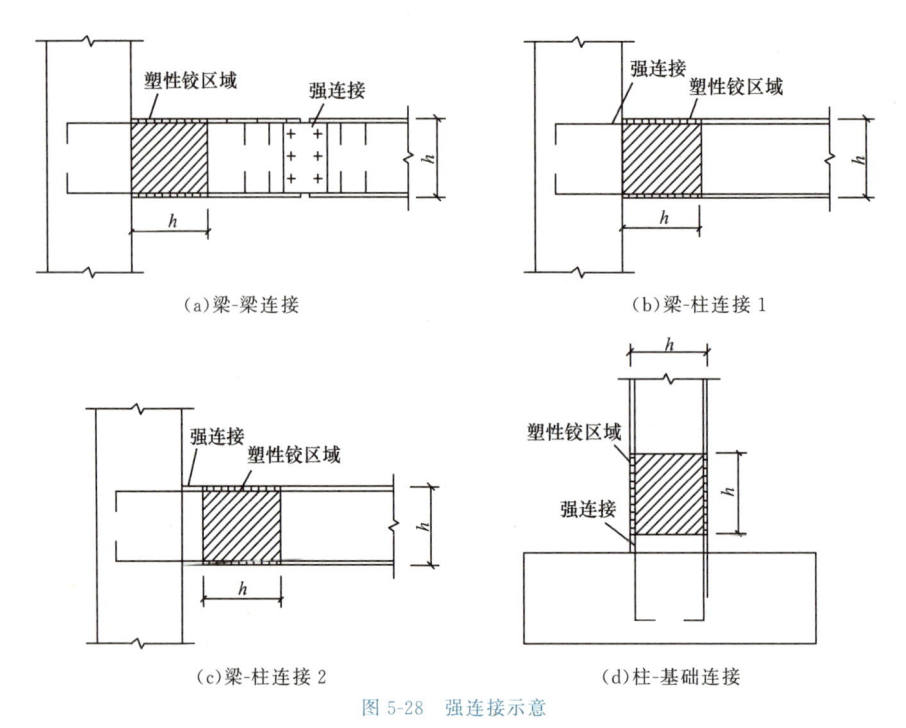

(b)梁-柱连接1

(c)梁-柱连接2

(d)柱-基础连接

图 5-28 强连接示意

所以在广东省地方标准《装配式混凝土建筑结构技术规程》(DBJ 15—107—2016)中提出,装配式混凝土框架结构中,当干连接用于抗侧力体系梁跨中二分之一区域内应设计成强连接,而其他区域构件间的连接应采用湿连接,在可能出现塑性铰的部位应采用延性连接。

在国家标准《装配式混凝土建筑技术标准》(GB/T 51231—2016)、行业标准《装配式混凝土结构技术规程》(JGJ 1—2014)中关于接缝在梁、柱端部箍筋加密区和剪力墙底部加强部位的抗剪承载力验算中,明确提出要对被连接构件端部按实际钢筋面积计算的斜截面受剪承载力设计值乘以增大系数,实际上也是这个理念的体现,即在梁、柱端部箍筋加密区和剪力墙底部加强部位的接缝要实现强连接,确保不破坏,而其他部位可采用延性连接。

2. 干连接与湿连接

(1)概念

干连接和湿连接是装配式混凝土建筑最为普遍的两种连接方式,也是区别装配式建筑与现浇建筑的最为典型的两种连接方式。顾名思义,以连接部位"干"或"湿"为划分原则,即以现场是否需要使用现浇混凝土或灌浆料区分,当预制构件间主要纵向受力钢筋的拼接部位用现浇混凝土或灌浆填充结合成整体的连接方法即为湿连接,是一种采用浆锚搭接、焊接、套筒灌浆连接、机械连接等方式连接预制构件间主要纵向受力钢筋,用现浇混凝土或灌浆来填充拼接缝隙的连接方法。而预制构件间连接不属于湿连接的连接方法就是干连接,属于预制构件之间通过预埋不同的连接件,在现场以螺栓、焊接等方式按照设计要求完成组装的连接方法。干连接也需要少量的混凝土或灌浆料。

湿连接的强度、刚度和变形性能类似于现浇混凝土性能,其传力途径主要包括:后浇混凝土、灌浆料或坐浆料直接传递压力,拉力靠连接钢筋传递,结合面混凝土的黏结强度、键槽或者粗糙面、钢筋的摩擦抗剪作用、销栓抗剪作用承担剪力,而对弯矩则是拉压力的组合,即钢筋连接承担拉力,后浇混凝土、灌浆料或坐浆料承担压力。

干连接的节点构造在设计时应符合计算简图要求,按实际内力验算螺栓、焊缝、钢板截面、牛腿或挑耳企口弯剪、销栓受剪、局部承压等承载力,总体而言干连接刚度小,构件变形主要集中在连接部位,当构件变形较大时,连接部位一般出现一条集中裂缝,与混凝土差异大。但干连接与湿连接相比,干连接不需要在施工现场使用大量现浇混凝土或灌浆,安装较为方便快捷。湿连接可参见图5-29。

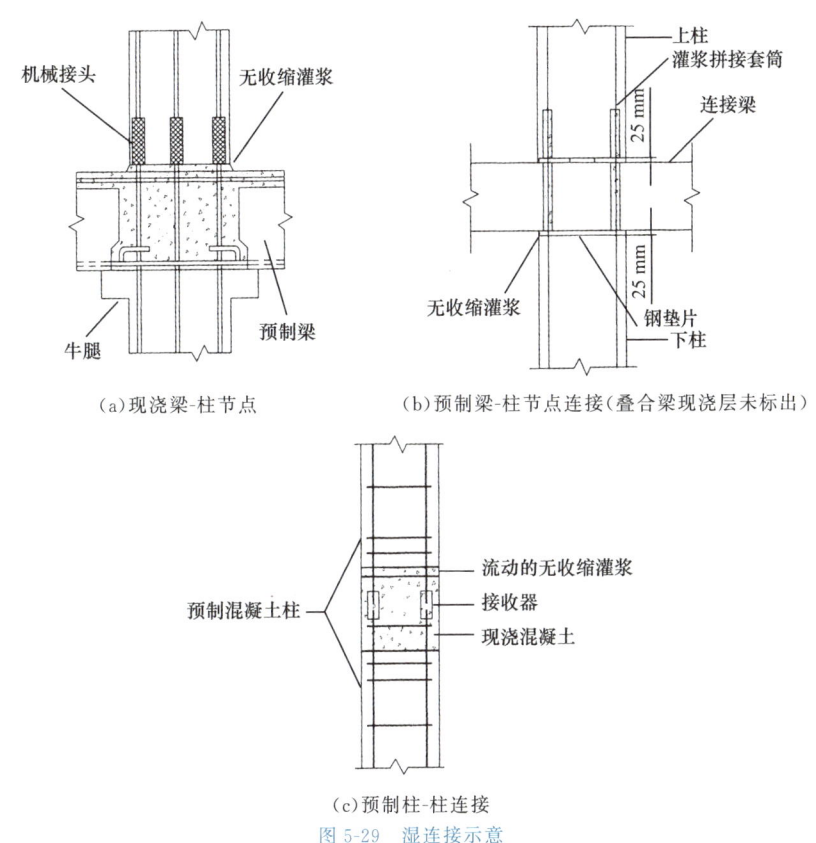

(a)现浇梁-柱节点

(b)预制梁-柱节点连接(叠合梁现浇层未标出)

(c)预制柱-柱连接

图5-29 湿连接示意

湿连接方式包括钢筋套筒灌浆、浆锚搭接、后浇混凝土连接、叠合层连接、粗糙面和键槽等;干连接如钢结构那样,包括螺栓连接、焊接连接、搭接连接等。

(2)适用性

装配整体式框架结构中,当用于抗侧力体系梁的跨中二分之一区域内,干连接应设计成强连接,此时连接变形对结构抗侧力体系影响小;当用于抗重力体系中,干连接应采用铰接,此时干连接刚度要小,确保对侧向刚度贡献小。除此之外,其他抗侧力体系区域,构件间的连接应采用湿连接,在可能出现塑性铰的部位采用延性连接。

在装配整体式混凝土建筑中,干连接多用于外挂墙板、ALC板、楼梯板等。

3. 钢筋连接

为实现等同现浇性能,装配整体式混凝土结构必须采取可靠措施保证钢筋及混凝土的受力连续性。因此,预制构件不连续钢筋的连接是装配式混凝土施工的重要环节,也是保证结构整体性的关键。

传统现浇混凝土结构中常用的钢筋连接技术包括绑扎连接、焊接连接与机械连接三种主要方式。但这三种连接技术在装配式混凝土建筑中较难得到应用,因为绑扎连接需要足够宽度的后浇混凝土来提供足够的钢筋搭接长度,从而直接增加现场湿作业量,焊接连接与机械连接需要足够的操作空间,而且钢筋逐根连接的工作量较大,质量难以保证。

(1)适用性基本规定

装配整体式结构中,节点及接缝处的纵向钢筋连接宜根据接头受力、施工工艺等要求选用机械连接、套筒灌浆连接、浆锚搭接连接、焊接连接、绑扎搭接连接等连接方式,并应符合国家现行有关标准的规定。

装配整体式框架结构中,预制柱的纵向钢筋连接,当房屋高度不大于12 m或层数不超过3层时,可采用套筒灌浆、浆锚搭接、焊接等连接方式;当房屋高度大于12 m或层数超过3层时,宜采用套筒灌浆连接。梁的水平钢筋连接可根据实际情况选用机械连接、焊接连接或者套筒灌浆连接。

装配整体式剪力墙结构中,预制剪力墙竖向钢筋的连接可根据不同部位,分别采用套筒灌浆连接、浆锚搭接连接,水平分布筋的连接可采用焊接、搭接等。

预制构件不宜在有抗震设防要求的梁端、柱端箍筋加密区连接,但常因拆分需要无法满足。当预制构件在有抗震设防要求的框架梁的梁端、柱端箍筋加密区进行连接时,连接形式宜采用灌浆套筒连接,也可采用机械连接,当接头百分率不大于50%时,接头性能等级可为Ⅱ级,当接头百分率大于50%时,接头性能等级可为Ⅰ级。提高接头质量等级,适当放松接头使用部位和接头百分率的限制是近年来国际上的常用做法。

下面详细介绍装配式混凝土建筑预制构件的钢筋连接常用技术,包括套筒灌浆连接、浆锚搭接连接、挤压套筒连接、水平锚环灌浆连接。

(2)套筒灌浆连接

①概念及原理

钢筋套筒灌浆连接是在预制混凝土构件内预埋的金属套筒中插入单根钢筋并灌注水泥基灌浆料,硬化后形成整体而实现传力的钢筋对接连接方式。透过中空型套筒,钢筋从两端开口穿入套筒内部,不需要搭接或焊接,钢筋与套筒间填充高强度微膨胀灌浆料,即完成钢筋的连接。其详细的原理就是:利用内部带有凹凸部分的铸铁或钢质圆形套筒,将被连接的钢筋由两端分别插入套筒,然后用灌浆机向套筒内注入有微膨胀的高强灌浆料,待灌浆料硬化后,此时套筒和被连接钢筋牢固地结合成整体。具有高强度、微膨胀特性的灌浆料,保证了套筒中被填充部分具有充分的密实度,使其与被连接的钢筋有很强的黏结力。

当钢筋受外力时,拉力先通过钢筋灌浆料接触面的黏结作用传递给灌浆料,灌浆料再通过灌浆料套筒接触面的黏结作用传递给套筒。钢筋和套筒灌浆料接触面的黏结力由材料化学黏附力、摩擦力和机械咬合力共同组成。与此同时,灌浆料受到套筒的约束作用后,有效增强了材料结合面的黏结锚固能力,在钢筋表面和套筒内侧间产生正向作用力,钢筋借助该正向力在其粗糙的、带肋的表面产生摩擦力,从而传递钢筋应力。

该技术在美国和日本有几十年的使用历史,成熟可靠,如图5-30所示。

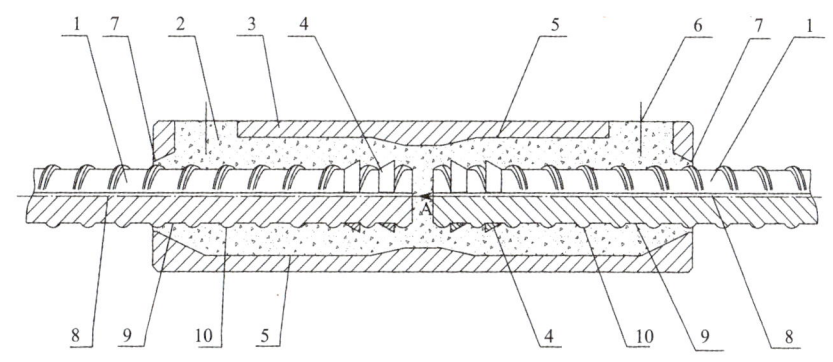

图 5-30 钢筋套筒连接示意

1—带肋连接钢筋;2—水泥基灌浆料;3—连接套筒;4—承压环;5—灌浆连接腔;6—灌浆孔;
7—灌浆连接腔端口;8—纵肋;9—基圆;10—端头横肋

②分类

可分为全灌浆套筒接头和半灌浆套筒接头两大类。全灌浆套筒接头指的是两端都采用灌浆的方式连接。半灌浆套筒接头是在一端采用直螺纹,另一端采用灌浆方式连接钢筋。如图5-31所示,图中L_0为灌浆端用于钢筋锚固的深度;D_1为锚固端环形突出部分的内径。

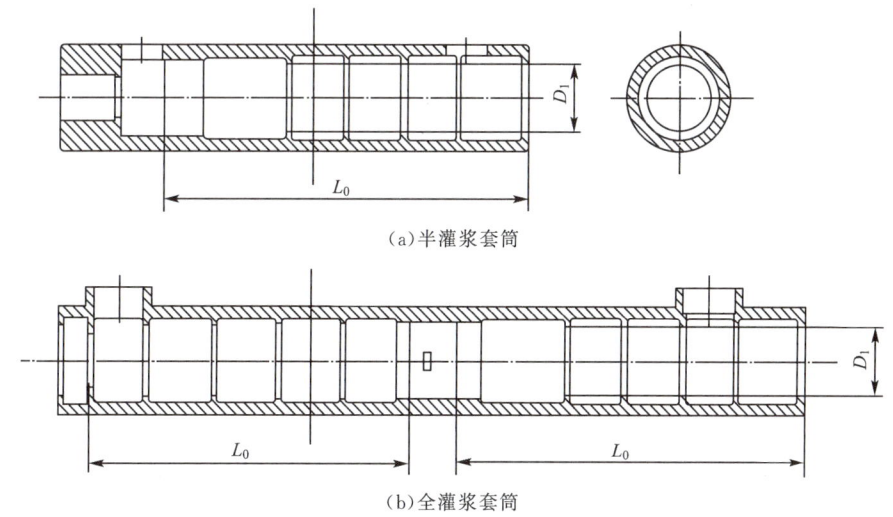

(a)半灌浆套筒

(b)全灌浆套筒

图 5-31 全灌浆套筒、半灌浆套筒接头

③适用性

纵向钢筋采用套筒灌浆连接时,其接头应满足行业标准《钢筋机械连接技术规程》(JGJ 107—2015)中Ⅰ级接头的性能要求,预制剪力墙中钢筋接头处套筒外侧钢筋的混凝土保护层厚度不应小于15 mm,预制柱中钢筋接头处套筒外侧箍筋的混凝土保护层厚度不应小于20 mm;套筒之间的净距不应小于25 mm,以保证套筒间混凝土可以振捣密实。

(3) 浆锚搭接连接

① 概念及原理

钢筋浆锚搭接是指在预制混凝土构件中预留孔道,在孔道中插入需搭接的钢筋,并灌注水泥基灌浆料而实现的钢筋搭接连接方式,又称为间接锚固或间接搭接技术。构件安装时,将需搭接的钢筋插入孔洞内至设定的搭接长度,通过灌浆孔和排气孔向孔洞内灌入灌浆料,经灌浆料凝结硬化后,完成两根钢筋的搭接。该技术的原理是,将搭接钢筋拉开一定距离后进行搭接,连接钢筋的拉力通过剪力传递给灌浆料,再通过剪力传递到灌浆料和周围混凝土之间的界面上去。搭接钢筋之所以能够传力,是由于钢筋与混凝土之间的黏结锚固作用,两根相向受力的钢筋分别锚固在搭接区段的混凝土中而将力传递给混凝土,从而实现钢筋之间的应力传递,如图 5-32 所示。

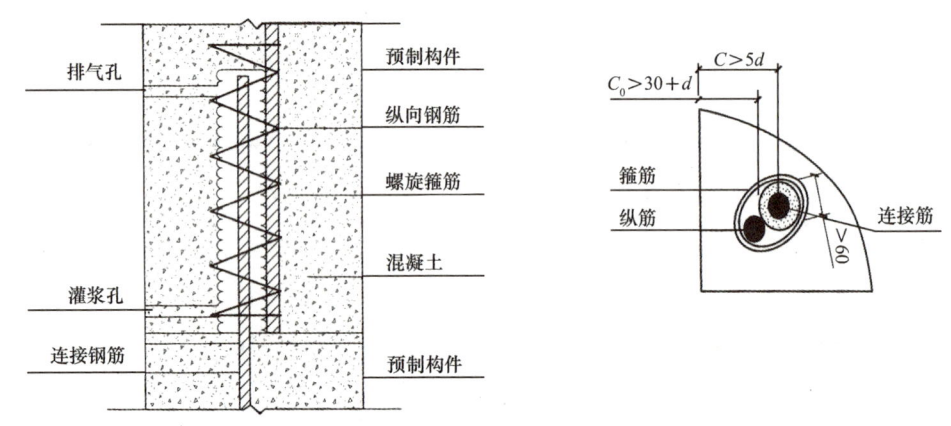

图 5-32　浆锚搭接连接示意(插入式)

浆锚搭接连接的抗拉能力主要由钢筋的拉拔破坏、灌浆料的拉拔破坏、周围混凝土的劈裂破坏决定,故需要保证钢筋具有足够的锚固长度和搭接区段有效的横向约束来提高连接性能。

② 分类

浆锚搭接连接包括:螺旋箍筋约束浆锚搭接连接、金属波纹管浆锚搭接连接以及其他采用预留孔道插筋后灌浆的间接搭接连接方式。

螺旋箍筋约束浆锚搭接连接:在竖向结构构件下段范围内预留出孔洞,孔洞内壁表面有螺纹状粗糙面,周围配置横向约束螺旋箍筋。下部装配式构件穿入孔洞内,通过灌浆孔注入灌浆料,直至气孔溢出浆液,停止灌浆,当灌浆料凝结后,完成受力钢筋的搭接,如图 5-33 所示。

金属波纹管浆锚搭接连接:在混凝土中预埋波纹管,待混凝土强度达到设计要求后,将下部构件受力钢筋穿入波纹管,再将高强度具有微膨胀的灌浆料灌入波纹管内养护,以起到锚固钢筋的作用。这种钢筋浆锚体系属于多重界面体系,即钢筋与锚固材料(灌浆料)的界面体系、锚固材料与波纹管界面体系以及波纹管与原构件混凝土的界面体系,由此决定了锚固材料对钢筋的锚固力不仅与锚固材料和钢筋的握裹力有关,还与波纹管和锚固材料、波纹管和混凝土之间的黏结力有关,如图 5-34 所示。

图5-33 螺旋箍筋约束浆锚搭接连接

图5-34 金属波纹管浆锚搭接连接

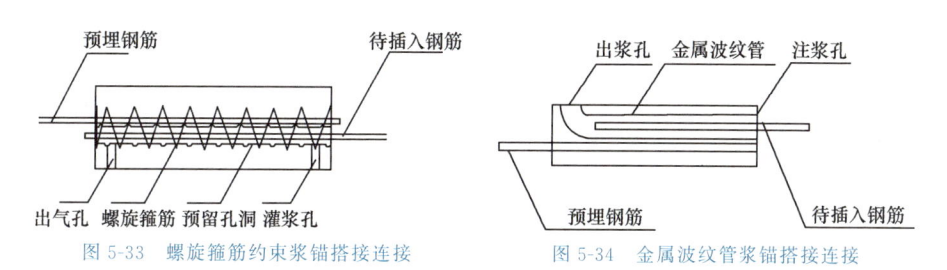

螺旋箍筋约束浆锚搭接连接与金属波纹管浆锚搭接连接两者之间明显的区别包括：约束浆锚采用抽芯成孔，而金属波纹管浆锚连接采用预埋金属波纹管成孔；约束浆锚在接头范围内设置螺旋箍筋作为加强筋，而金属波纹管浆锚连接未采取加强措施；约束浆锚连接灌浆料仅能采用压力灌浆工艺，而金属波纹管浆锚连接可根据实际情况及设计要求，采用压力灌浆或重力式灌浆工艺。

③适用性

纵向钢筋采用浆锚搭接连接时，对预留孔成孔工艺、孔道形状和长度、构造要求、灌浆料和被连接钢筋，应进行力学性能以及适用性的试验验证。直径大于20 mm的钢筋不宜采用浆锚搭接连接，直接承受动力荷载构件的纵向钢筋不应采用浆锚搭接连接。

(4)挤压套筒连接

①概念

钢筋冷挤压套筒连接是将两根待连接的带肋钢筋插入钢套管内，用挤压连接设备沿径向挤压套筒，使之产生塑性变形，依靠变形后的钢套筒与被连接钢筋纵、横肋产生的机械咬合成为整体的钢筋连接方式。挤压套筒连接在现浇混凝土中应用广泛，如图5-35所示。

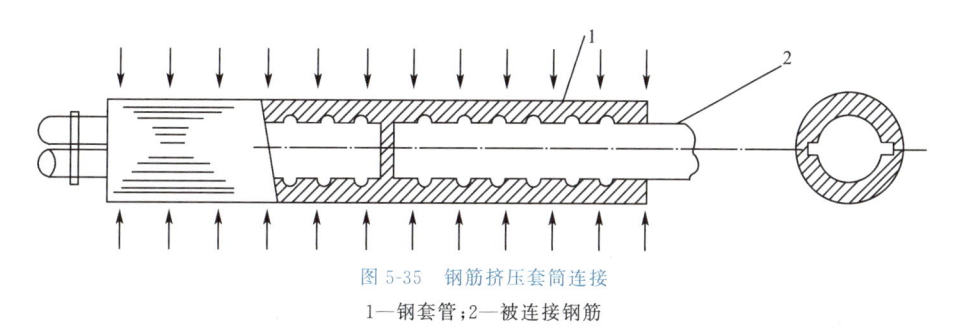

图5-35 钢筋挤压套筒连接
1—钢套管；2—被连接钢筋

②适用性

挤压套筒连接可连接16～40 mm直径的HRB400级带肋钢筋，可实现相同直径、不同直径的钢筋连接，可用于建筑结构中的水平、竖向、斜向等部位的钢筋连接。钢筋挤压套筒连接需要留出足够长度或高度的混凝土后浇段。

纵向钢筋采用挤压套筒连接时，连接框架柱、框架梁、剪力墙边缘构件纵向钢筋的挤压套筒接头应满足Ⅰ级接头的要求，连接剪力墙竖向分布钢筋、楼板分布钢筋的挤压套筒接头应满足Ⅰ级接头抗拉强度的要求；被连接的预制构件之间应预留后浇段，后浇段的高度或长度应根据挤压套筒接头安装工艺确定，应采取措施保证后浇段的混凝土浇筑密实;预制柱底、预制剪力墙底宜设置支腿,支腿应能承受不小于 2 倍被支承预制构件的自重。

(5)水平锚环灌浆连接

同一楼层预制墙板拼接处设置后浇段,预制墙板侧边甩出钢筋锚环并在后行段内相互交叠,钢筋插入锚环中后浇筑混凝土而实现预制墙板竖缝连接。该连接方法主要用于多层装配式墙板结构,如图 5-36 所示。

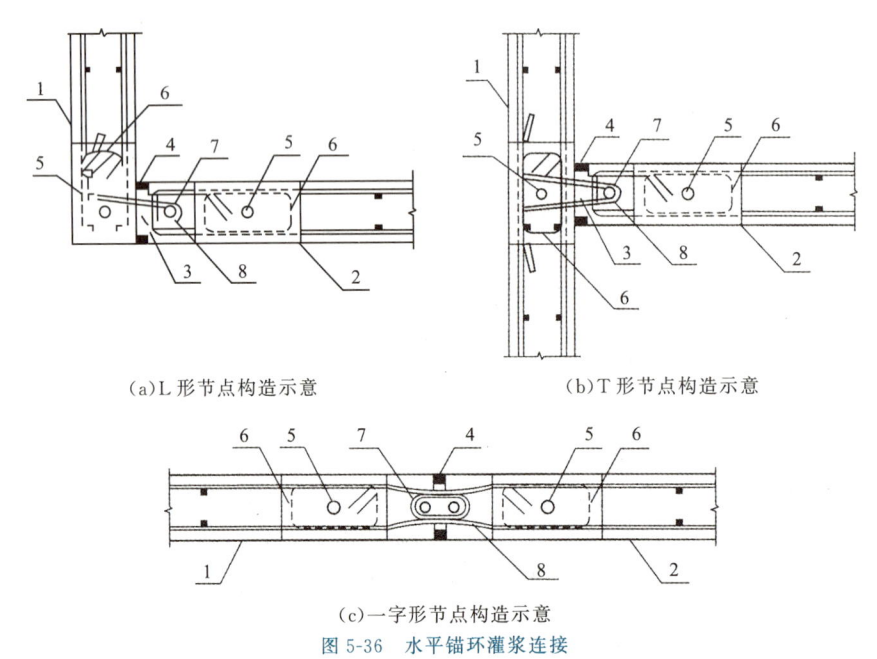

(a)L 形节点构造示意　　　　(b)T 形节点构造示意

(c)一字形节点构造示意

图 5-36　水平锚环灌浆连接

1—纵向预制墙体;2—横向预制墙体;3—后浇段;4—密封条;5—边缘构件纵向受力钢筋;
6—边缘构件箍筋;7—预留水平钢筋锚环;8—节点后插纵筋

4. 粗糙面与键槽

(1)作用

预制混凝土构件与后浇混凝土之间的接触面须做成粗糙面和键槽,主要目的就是提高结合面的抗剪能力,承担剪力。实验表明,不计钢筋作用的平面、粗糙面和键槽,三者的抗剪能力的比例关系为 1∶1.6∶3,即粗糙面的抗剪能力是平面的 1.6 倍,而仅约键槽的 1/2。所以,通常预制混凝土构件与后浇混凝土之间的结合面主要做成粗糙面或键槽或两者皆有。

(2)实现方法

粗糙面:对于压光面(如叠合构件),在混凝土初凝前"拉毛"形成粗糙面;而对于模具面,如梁端、柱端表面,可在模具上涂刷缓凝剂,拆模后用水冲洗未凝固的水泥浆,露出骨料,形成粗糙面。

键槽:主要靠模具凸凹成形。

5. 各种连接方式汇总表

表 5-5　　　　　　　　　　各种连接方式适用的构件与结构体系汇总

类别		序号	连接方式	可连接构件	适用范围
湿连接	灌浆	1	套筒灌浆	柱、墙	适用各种结构体系高层建筑
		2	浆锚搭接	柱、墙	房屋高度小于3层或12 m的框架结构，二、三层抗震的剪力墙结构（非加强区）
		3	金属波纹管浆锚搭接	柱、墙	
	后浇混凝土钢筋连接	4	螺纹套筒钢筋连接	梁、楼板	适用各种结构体系高层建筑
		5	挤压套筒钢筋连接	梁、楼板	适用各种结构体系高层建筑
		6	注胶套筒连接	梁、楼板	适用各种结构体系高层建筑
		7	环形钢筋绑扎连接	墙板水平连接	适用各种结构体系高层建筑
		8	直钢筋绑扎连接	梁、楼板、阳台板、挑檐板、楼梯板固定端	适用各种结构体系高层建筑
		9	钢筋焊接		
		10	直钢筋无绑扎连接	双面叠合墙	适用剪力墙结构体系高层建筑
	叠合构件后浇混凝土连接	11	钢筋折弯锚固	叠合梁、板、阳台	适用各种结构体系高层建筑
		12	钢筋锚板锚固	叠合梁	适用各种结构体系高层建筑
	预制与后浇混凝土连接截面	13	粗糙面	各种接触面	适用各种结构体系高层建筑
		14	键槽	柱、梁等	适用各种结构体系高层建筑
干连接		15	螺栓连接	楼梯、墙板、梁、柱	楼梯适用于各种结构体系高层建筑，主体结构构件适用框架结构或墙板结构低层建筑
		16	构件焊接		

5.5.2 框架梁、柱节点连接设计

装配式混凝土建筑结构梁、柱节点连接主要体现在框架结构中。框架结构主要由梁和柱以刚接或铰接的形式相连而成，连接形式更显多样性。构件之间的节点主要分为柱柱连接和梁柱连接。

1. 预制柱一般规定

(1) 截面尺寸

矩形柱截面边长不宜小于400 mm，圆形截面柱直径不宜小于450 mm，且不宜小于同方向梁宽的1.5倍。

采用较大直径钢筋及较大的柱截面，可减少钢筋根数，增大间距，便于柱钢筋连接及节点区钢筋布置。要求柱截面宽度大于同方向梁宽的1.5倍，有利于避免节点区梁钢筋和柱纵向钢筋的位置冲突，便于安装施工。

(2) 钢筋配置

柱纵向受力钢筋直径不宜小于20 mm，纵向受力钢筋的间距不宜大于200 mm且不应大于400 mm。柱的纵向受力钢筋可集中于四角配置且宜对称布置。柱中可设置纵向

辅助钢筋且直径不宜小于 12 mm；当正截面承载力计算不计入纵向辅助钢筋时，纵向辅助钢筋可不伸入框架节点，如图 5-37 所示。

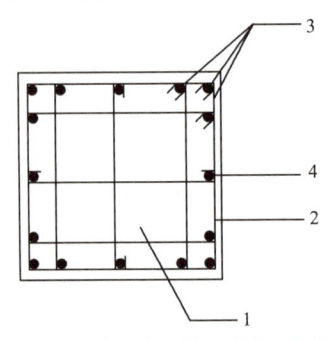

图 5-37　柱集中配筋构造平面示意
1—预制柱；2—箍筋；3—纵向受力钢筋；4—纵向辅助钢筋

预制柱箍筋可采用连续复合箍筋，以保证柱的延性。

试验结果表明，当柱纵向钢筋面积相同时，纵向钢筋间距略大或略小（如 480 mm 和 160 mm），其承载力和延性基本一致。因此，为了提高装配式框架梁、柱节点的安装效率和施工质量，当梁的纵筋和柱的纵筋在节点区位置有冲突时，柱可采用较大的纵筋间距，并将钢筋集中在角部布置。当纵筋间距较大导致箍筋肢距不满足现行规范要求时，可在受力纵筋之间设置辅助纵筋，并设置箍筋箍住辅助纵筋，可采用拉筋、菱形箍筋等形式。为了保证对混凝土的约束作用，纵向辅助钢筋直径不宜过小。辅助纵筋可不伸入节点。

预制柱和叠合梁体系，柱底接缝宜设在楼面标高处，后浇节点区后浇混凝土应设置粗糙面，柱纵向受力钢筋应贯穿节点区，柱底接缝厚度宜为 20 mm，并应采用灌浆料填实。预制柱底部应设键槽，键槽形式要考虑灌浆填缝时气体排出的问题，确保密实。

2. 柱-柱节点连接设计

对装配式混凝土框架结构来说，预制柱之间的连接往往关系到整体结构的抗震性能和结构抗倒塌能力，是框架结构在地震作用下的最后一道防线，极其重要。预制柱之间的连接常采用灌浆套筒连接、浆锚搭接连接或挤压套筒连接。

（1）灌浆套筒连接或浆锚搭接连接

预制柱之间采用灌浆套筒连接时，灌浆套筒预埋于上部预制柱底部，下部柱钢筋伸出钢筋通过定位钢板确保与上部预制柱的套筒位置一一对应，预留长度保证钢筋的锚固长度加预制柱下拼缝的宽度。

由于灌浆套筒直径大于相应规格的钢筋直径，为保证混凝土保护层的厚度，预制柱的纵向钢筋相对于现浇混凝土来说往往略向柱截面中间靠近，使得有效截面高度略小于同规格的现浇混凝土。

柱纵向受力钢筋在柱底连接时，柱箍筋加密区长度不应小于纵向受力钢筋连接区域长度与 500 mm 之和；当采用套筒灌浆连接或浆锚搭接连接等方式时，套筒或搭接段上端第一道箍筋距离套筒或搭接段顶部不应大于 50 mm（图 5-38）。这主要考虑柱脚的灌浆套筒预埋区域形成了"刚域"，该处实际截面承载力强于上部非刚域部位，在地震作用下，容易导致刚域上部混凝土压碎破坏,故在灌浆套筒上部不高于 50 mm 的范围内必须设置中道钢筋,以此提高此处混凝土的横向约束能力,加强此处的结构性能。

(2)挤压套筒连接

上、下层相邻预制柱纵向受力钢筋采用挤压套筒连接时(图 5-39),柱底后浇段的箍筋除应满足柱端箍筋加密区的构造要求及配箍特征值的要求外,还应满足套筒上端第一道箍筋距离套筒顶部不大于 20 mm,柱底部第一道箍筋距柱底面不应大于 50 mm,箍筋间距不宜大于 75 mm;抗震等级为一、二级时,箍筋直径不应小于 10 mm,抗震等级为三、四级时,箍筋直径不应小于 8 mm。

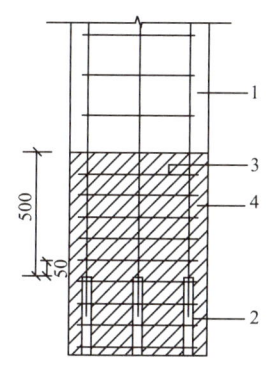

图 5-38 柱底箍筋加密区域构造示意
1—预制柱;2—连接接头(或钢筋连接区域);
3—加密区箍筋;4—箍筋加密区(阴影区域)

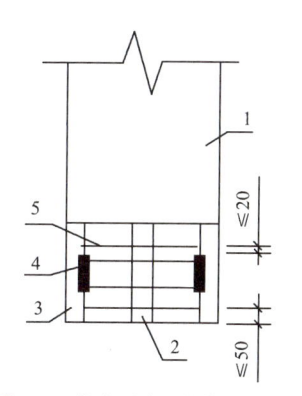

图 5-39 柱底后浇段箍筋配置示意
1—预制柱;2—支腿;3—柱底后浇段
4—挤压套筒;5—箍筋

3. 柱-梁节点连接设计

在装配式混凝土建筑框架结构体系中,柱梁节点对结构性能如承载力、结构刚度、抗震性能等往往起到决定性作用,同时很大程度影响到预制混凝土框架结构的施工可行性和建造方式。

柱-梁连接形式多种多样,目前普遍采用湿连接。根据预制梁底部钢筋连接方式的不同,分为预制梁底筋锚固连接(预制梁底外伸的纵向钢筋直接深入节点区锚固)和附加钢筋搭接(不伸入节点区,通过附加钢筋与梁端伸出的钢筋进行搭接)。

(1)预制柱叠合梁连接

①中间层节点

梁纵向受力钢筋应伸入后浇节点区内锚固或连接,框架梁预制部分的腰筋不承受扭矩时,可不伸入梁柱节点核心区,同时应符合下列规定:

框架中间层中节点:节点两侧的梁下部纵向受力钢筋宜锚固在后浇节点区内[图 5-40(a)],也可采用机械连接或焊接的连接方式[图 5-40(b)];梁的上部纵向受力钢筋应贯穿后浇节点区。

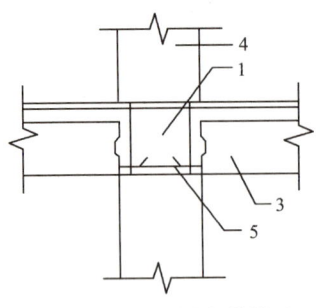

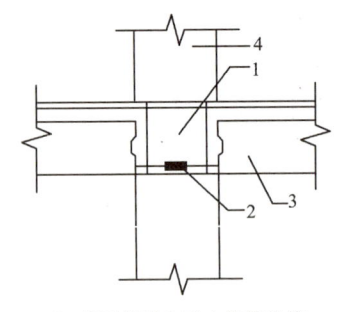

(a) 梁下部纵向受力钢筋锚固 (b) 梁下部纵向受力钢筋连接

图 5-40 预制柱及叠合梁框架中间层中节点构造示意

1—后浇区；2—梁下部纵向受力钢筋连接；3—预制梁；4—预制柱；5—梁下部纵向受力钢筋锚固

对框架中间层端节点：当柱截面尺寸不满足梁纵向受力钢筋的直线锚固要求时，宜采用锚固板锚固，如图 5-41 所示，也可采用 90°弯折锚固。

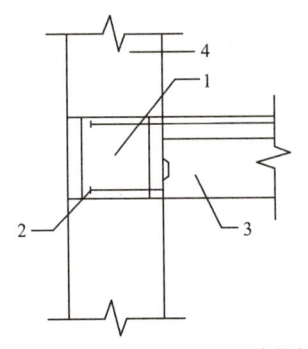

图 5-41 预制柱及叠合梁框架中间层端节点构造示意

1—后浇区；2—梁纵向受力钢筋锚固；3—预制梁；4—预制柱

② 顶层节点

框架顶层中节点：梁纵向受力钢筋的构造同中间层节点。柱纵向受力钢筋宜采用直线锚固；当梁截面尺寸不满足直线锚固要求时，宜采用锚固板锚固，如图 5-42 所示。

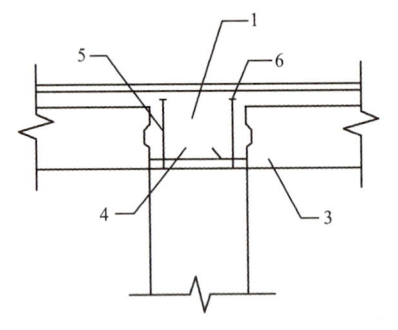

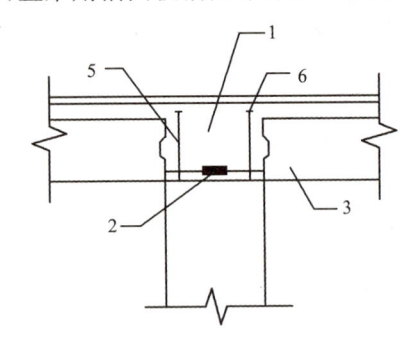

(a) 梁下部纵向受力钢筋锚固 (b) 梁下部纵向受力钢筋机械连接

图 5-42 预制柱及叠合梁框架顶层中节点构造示意

1—后浇区；2—梁下部纵向受力钢筋连接；3—预制梁；4—梁下部纵向受力钢筋锚固；
5—柱纵向受力钢筋；6—锚固板

框架顶层端节点：柱宜伸出屋面并将柱纵向受力钢筋锚固在伸出段内（图 5-43），保证梁柱能相互可靠传力以及机械直锚处混凝土的约束作用；柱纵向受力钢筋宜采用锚固板的锚固方式,此时锚固长度不应小于 $0.6L_{abE}$。伸出段内箍筋直径不应小于 $d/4$(d 为柱纵向受力钢筋的最大直径),伸出段内箍筋间距不应大于 $5d$(d 为柱纵向受力钢筋的最小直径)且不应大于 100 mm;梁纵向受力钢筋应锚固在后浇节点区内,且宜采用锚固板的锚固方式,此时锚固长度不应小于 $0.6L_{abE}$。

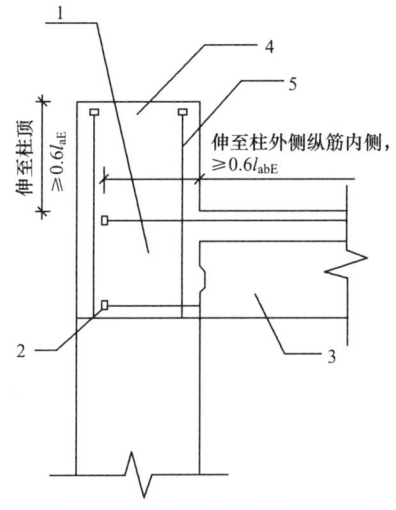

图 5-43 预制柱及叠合梁框架顶层端节点构造示意

1—后浇区;2—梁下部纵向受力钢筋锚固;3—预制梁;4—柱延伸段;5—柱纵向受力钢筋

③梁下部纵筋挤压套筒连接

采用预制柱及叠合梁的装配整体式框架结构节点,两侧叠合梁底部水平钢筋挤压套筒连接时,可在核心区外一侧梁端后浇段内连接(图 5-44),也可在核心区外两侧梁端后浇段内连接(图 5-45),连接接头距柱边不小于 $0.5h_b$(h_b 为叠合梁截面高度)且不小于 300 mm,叠合梁后浇叠合层顶部的水平钢筋应贯穿后浇核心区。梁端后浇段的箍筋应满足:箍筋间距不宜大于 75 mm;抗震等级为一、二级时,箍筋直径不应小于 10 mm,抗震等级为三、四级时,箍筋直径不应小于 8 mm。

(a)中间层 (b)顶层

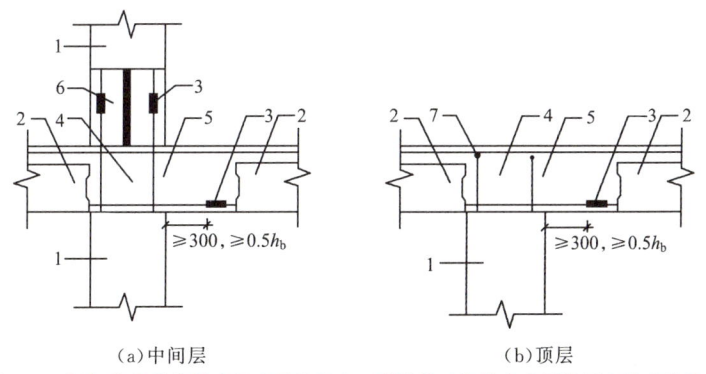

图 5-44 框架节点叠合梁底部水平钢筋在一侧梁端后浇段内采用挤压套筒连接示意

1—预制柱;2—叠合梁预制部分;3—挤压套筒;4—后浇区;5—梁端后浇段;
6—柱底后浇段;7—锚固板

(a)中间层　　　　　　　　　　　　(b)顶层

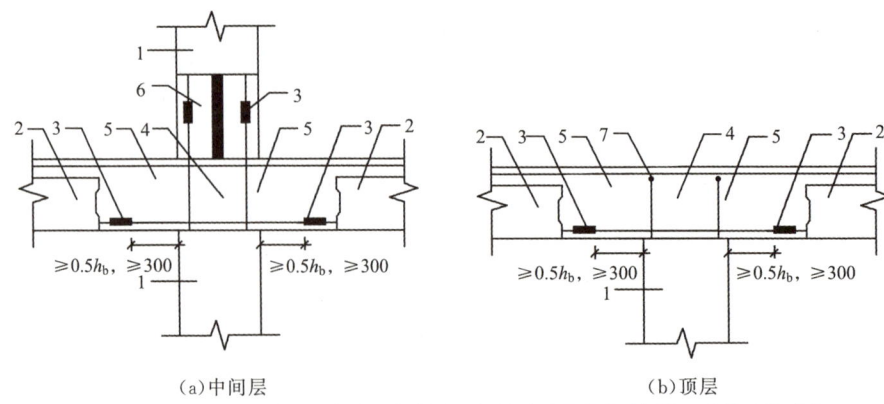

图 5-45　框架节点叠合梁底部水平钢筋在两侧梁端后浇段内采用挤压套筒连接示意

1—预制柱；2—叠合梁预制部分；3—挤压套筒；4—后浇区；5—梁端后浇段；
6—柱底后浇段；7—锚固板

④梁下部纵筋在节点区外连接

采用预制柱及叠合梁的装配整体式框架节点，梁下部纵向受力钢筋也可伸至节点区外的后浇段内连接（图 5-46），连接接头与节点区的距离不应小于 $1.5h_0$（h_0 为梁截面有效高度）。这时往往柱截面较小，梁下部纵向钢筋在节点区内连接较困难。为保证梁端塑性铰区的性能，钢筋连接部位距离梁端需要大于 1.5 倍梁高。

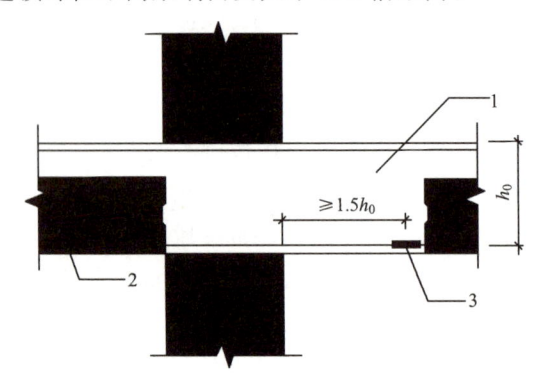

图 5-46　梁纵向钢筋在节点区外的后浇段内连接示意

1—后浇段；2—预制梁；3—纵向受力钢筋连接

(2) 现浇柱叠合梁连接

现浇柱与叠合梁组成的框架节点中，梁纵向受力钢筋的连接与锚固同上述预制柱-梁节点构造。

5.5.3　剪力墙连接设计

本节所讨论的装配式混凝土建筑结构剪力墙连接设计均为结构性节点设计。对装配式混凝土剪力墙结构，其结构性节点一般包括预制剪力墙竖向连接节点、预制剪力墙水平连接节点、预制剪力墙连梁连接节点、预制剪力墙楼板连接节点及预制剪力墙填充墙连接节点。

1. 预制剪力墙一般规定

(1)连梁设置

预制剪力墙宜采用一字形,也可采用 L 形、T 形或 U 形;开洞预制剪力墙洞口宜居中布置,洞口两侧的墙肢宽度不应小于 20 mm,洞口上方连梁高度不宜小于 250 mm。

预制剪力墙的连梁不宜开洞,当需开洞时,洞口宜预埋套管,洞口上、下截面的有效高度不宜小于梁高的 1/3,且不宜小于 200 mm;被洞口削弱的连梁截面应进行承载力验算,洞口处应配置补强纵向钢筋和箍筋;补强纵向钢筋的直径不应小于 12 mm。

(2)开洞构造

预制剪力墙开有边长小于 800 mm 的洞口且在结构整体计算中不考虑其影响时,应沿洞口周边配置补强钢筋;补强钢筋的直径不应小于 12 mm,截面面积不应小于同方向被洞口截断的钢筋面积;该钢筋自孔洞边角算起伸入墙内的长度,非抗震设计时不应小于 L_a,抗震设计时不应小于 L_{aE}。

(3)端部无边缘构件构造

端部无边缘构件的预制剪力墙,宜在端部配置 2 根直径不小于 12 mm 的竖向构造钢筋;沿该钢筋竖向应配置拉筋,拉筋直径不宜小于 6 mm、间距不宜大于 250 mm。对预制墙板边缘配筋应适当加强,形成边框,保证墙板在形成整体结构之前的刚度、延性及承载力。

(4)楼面梁与剪力墙构造

楼面梁不宜与预制剪力墙在剪力墙平面外单侧连接;当楼面梁与剪力墙在平面外单侧连接时,宜采用铰接,可采用在剪力墙上设置挑耳的方式。

(5)夹心墙板预制剪力墙

外叶墙板厚度不应小于 50 mm,且外叶墙板应与内叶墙板可靠连接;夹心外墙板的夹层厚度不宜大于 120 mm;当作为承重墙时,内叶墙板应按剪力墙进行设计。

2. 预制剪力墙竖向钢筋连接设计

对装配式混凝土剪力墙结构,其竖向钢筋常采用灌浆套筒连接、浆锚搭接连接、挤压套筒连接等。

(1)灌浆套筒连接

剪力墙底部竖向钢筋连接区域,裂缝较多且较为集中,因此,对该区域的水平分布筋应加强,以提高墙板的抗剪能力和变形能力,并使该区域的塑性铰可以充分发展,提高墙板的抗震性能。

预制剪力墙竖向钢筋采用套筒灌浆连接时,自套筒底部至套筒顶部并向上延伸 300 mm 范围内,预制剪力墙的水平分布钢筋应加密,加密区水平分布钢筋的最大间距及最小直径在抗震等级一、二级时应分别满足 100 mm、8 mm 要求,抗震等级三、四级分别满足 150 mm、8 mm 要求;套筒上端第一道水平分布钢筋距离套筒顶部不应大于 50 mm。

(2)浆锚搭接连接

钢筋浆锚搭接连接方法主要适用于钢筋直径 18 mm 及以下的装配整体式剪力墙结构竖向钢筋连接。

墙体底部预留灌浆孔道直线段长度应大于下层预制剪力墙连接钢筋伸入孔道内的长度 30 mm，孔道上部应根据灌浆要求设置合理弧度。孔道直径不宜小于 40 mm 和 2.5d（d 为伸入孔道的连接钢筋直径）的较大值，孔道之间的水平净间距不宜小于 50 mm；孔道外壁至剪力墙外表面的净间距不宜小于 30 mm。当采用预埋金属波纹管成孔时，金属波纹管的钢带厚度及波纹高度应符合相关标准规定；当采用其他成孔方式时，应对不同预留成孔工艺、孔道形状、孔道内壁的粗糙度或花纹深度及间距等形成的连接接头进行力学性能以及适用性的试验验证。为了改善连接区域的受力性能，竖向钢筋连接长度范围内的水平分布钢筋应加密，加密范围自剪力墙底部至预留灌浆孔道顶部，且不应小于 300 mm。加密区水平分布钢筋的最大间距及最小直径同套筒灌浆连接相关规定，最下层水平分布钢筋距离墙身底部不应大于 50 mm。剪力墙竖向分布钢筋连接长度范围内未采取有效横向约束措施时，水平分布钢筋加密范围内的拉筋应加密；拉筋沿竖向的间距不宜大于 300 mm 且不少于 2 排；拉筋沿水平方向的间距不宜大于竖向分布钢筋间距，直径不应小于 6 mm；拉筋应紧靠被连接钢筋，并勾住最外层分布钢筋。

试验研究结果表明，加强预制剪力墙边缘构件部位底部浆锚搭接连接区的混凝土约束，是提高剪力墙及整体结构抗震性能的关键。通过加密钢筋浆锚搭接连接区域的封闭箍筋，可有效增强对边缘构件混凝土的约束，进而提高浆锚搭接连接钢筋的传力效果，保证预制剪力墙具有与现浇剪力墙相近的抗震性能。

边缘构件竖向钢筋连接长度范围内应采取加密水平封闭箍筋的横向约束或其他可靠措施。当采用加密水平封闭箍筋约束时，应沿预留孔道直线段全高加密。箍筋沿竖向的间距，抗震等级一级不应大于 75 mm，二、三级不应大于 100 mm，四级不应大于 150 mm；箍筋沿水平方向的肢距不大于竖向钢筋间距，且不宜大于 200 mm；箍筋直径一、二级不应小于 10 mm，三、四级不应小于 8 mm，宜采用焊接封闭箍筋（图 5-47）。

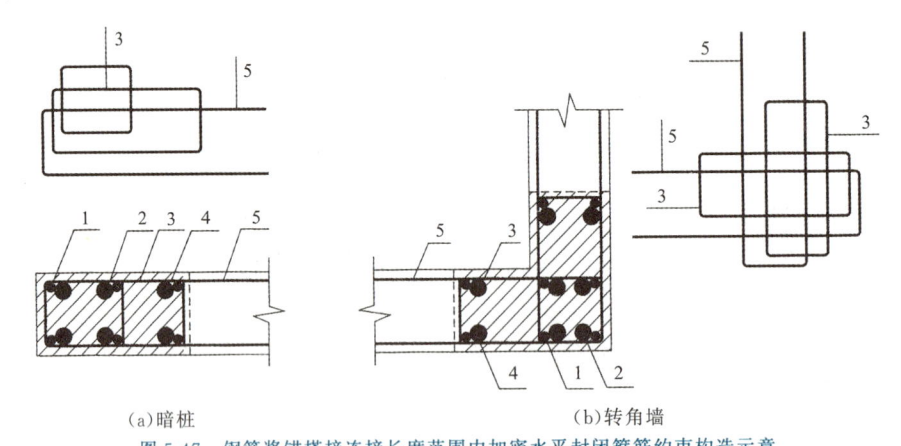

(a) 暗柱　(b) 转角墙
图 5-47　钢筋浆锚搭接连接长度范围内加密水平封闭箍筋约束构造示意
1—上层预制剪力墙边缘构件竖向钢筋；2—下层剪力墙边缘构件竖向钢筋；3—封闭钢筋
4—预留灌浆孔道；5—水平分布钢筋

预制剪力墙竖向分布钢筋采用浆锚搭接连接时，可采用在墙身水平分布钢筋加密区域增设拉筋的方式进行加强。拉筋应紧靠被连接钢筋，并勾住最外层分布钢筋。

3. 上下预制剪力墙竖向连接节点设计

预制剪力墙是装配式混凝土剪力墙结构体系中承受竖向和水平荷载的关键构件,上、下层预制剪力墙间的竖向连接节点将承受压力(拉力)、剪力、弯矩综合作用,其节点连接的可靠性直接决定了构件及结构的整体性及抗震性能。

(1)通用规定

边缘构件是保证剪力墙抗震性能的重要构件,且钢筋较粗,故上下层预制剪力墙的竖向钢筋连接中,边缘构件竖向钢筋应逐根连接。

预制剪力墙的竖向分布钢筋宜采用双排连接,当采用梅花形部分连接时,详见下面各种连接方式对应的规定和要求。剪力墙的分布钢筋直径小且数量多,全部连接会导致施工烦琐且造价较高,连接接头数量太多对剪力墙的抗震性能也有不利影响。根据已有研究成果,可在预制剪力墙中设置部分较粗的分布钢筋并在接缝处仅连接这部分钢筋,被连接钢筋的数量应满足剪力墙的配筋率和受力要求,为了满足分布钢筋最大间距的要求,在预制剪力墙中再设置一部分较小直径的竖向分布钢筋,但其最小直径也应满足有关规范的要求。

预制剪力墙必须采用双排连接的情形包括:抗震等级为一级的剪力墙;轴压比大于0.3的抗震等级为二、三、四级的剪力墙;一侧无楼板的剪力墙;一字形剪力墙、一端有翼墙连接但剪力墙非边缘构件区长度大于3 m的剪力墙以及两端有翼墙连接但剪力墙非边缘构件区长度大于6 m的剪力墙。对剪力墙塑性发展集中和延性要求较高的部位,墙身分布钢筋不宜采用单排连接。在墙身竖向分布钢筋采用单排连接时,需要提高墙肢的稳定性,就必须对墙肢侧向楼板支撑和约束情况提出要求。对无翼墙或翼墙间距太大的墙肢,限制墙身分布钢筋采用单排连接。

平墙体厚度不大于200 mm的丙类建筑预制剪力墙的竖向分布钢筋可采用单排连接。采用单排连接时,应符合下面各种连接方式对应的规定和要求,且在计算分析时不应考虑剪力墙平面外刚度及承载力。墙身分布钢筋采用单排连接时,属于间接连接,此时的传力效果取决于连接钢筋与被连接钢筋的间距以及横向约束情况。

抗震等级为一级的剪力墙以及二、三级底部加强部位的剪力墙,剪力墙的边缘构件竖向钢筋宜采用套筒灌浆连接。

当采用套筒灌浆连接或浆锚搭接连接时,预制剪力墙底部接缝宜设置在楼面标高处。接缝高度不宜小于20 mm,宜采用灌浆料填实,接缝处后浇混凝土上表面应设置粗糙面。

(2)套筒灌浆连接

当竖向分布钢筋采用"梅花形"部分连接时(图5-48),连接钢筋的配筋率不应小于现行国家标准《建筑抗震设计规范》(GB 50011—2010)(2016年版)规定的剪力墙竖向分布钢筋最小配筋率要求,连接钢筋的直径不应小于12 mm,同侧间距不应大于600 mm,且在剪力墙构件承载力设计和分布钢筋配筋率计算中不得计入未连接的分布钢筋;未连接的竖向分布钢筋直径不应小于6 mm。

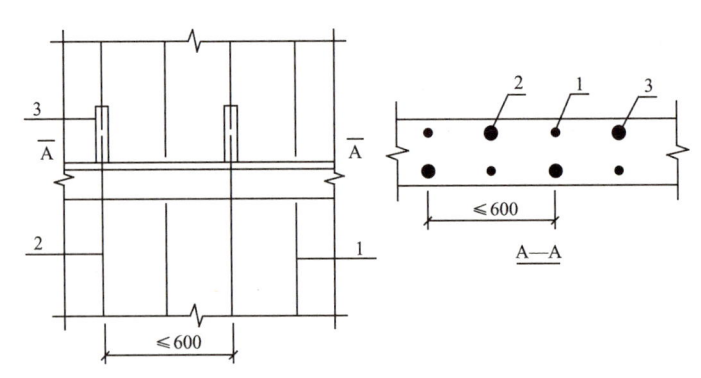

图 5-48　竖向分布钢筋"梅花形"套筒灌浆连接构造示意

1—未连接的竖向分布钢筋；2—连接的竖向分布钢筋；3—灌浆套筒

当竖向分布钢筋采用单排连接时(图5-49)应满足承载力计算要求；剪力墙两侧竖向分布钢筋与配置于墙体厚度中部的连接钢筋搭接连接，连接钢筋位于内、外侧被连接钢筋的中间；连接钢筋受拉承载力不应小于上下层被连接钢筋受拉承载力较大值的1.1倍，间距不宜大于300 mm。下层剪力墙连接钢筋自下层预制墙顶算起的埋置长度不应小于$1.2L_{aE}+b_w/2$(b_w为墙体厚度)，上层剪力墙连接钢筋自套筒顶面算起的埋置长度不应小于L_{aE}，上层连接钢筋顶部至套筒底部的长度尚不应小于$1.2L_{aE}+b_w/2$，L_{aE}按连接钢筋直径计算。钢筋连接长度范围内应配置拉筋，同一连接接头内的拉筋配筋面积不应小于连接钢筋的面积；拉筋沿竖向的间距不应大于水平分布钢筋间距，且不宜大于150 mm；拉筋沿水平方向的间距不应大于竖向分布钢筋间距，直径不应小于6 mm；拉筋应紧靠连接钢筋，并勾住最外层分布钢筋。

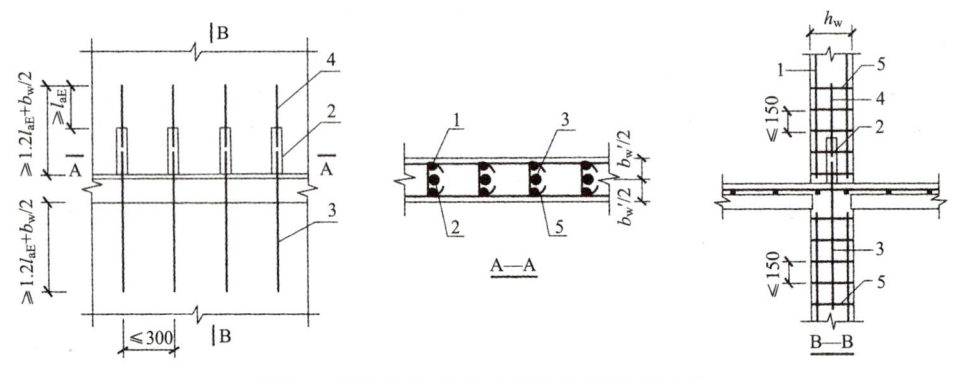

图 5-49　竖向分布钢筋单排套筒灌浆连接构造示意

1—上层预制剪力墙竖向分布钢筋；2—灌浆套筒；3—下层剪力墙连接钢筋
4—上层剪力墙；5—拉筋

(3)浆锚搭接连接

①竖向钢筋非单排连接

当竖向钢筋非单排连接时，下层预制剪力墙连接钢筋伸入预留灌浆孔道内的长度不应小于$1.2L_{aE}$，如图5-50所示。

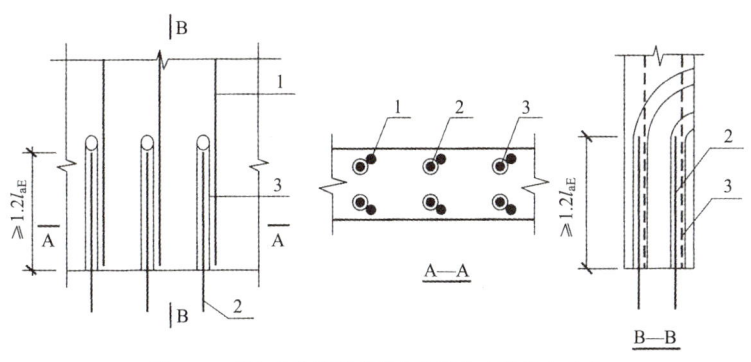

图 5-50　竖向分布钢筋单排套筒灌浆连接构造示意

1—上层预制剪力墙竖向分布钢筋；2—灌浆套筒；3—下层剪力墙连接钢筋

当竖向分布钢筋采用"梅花形"部分连接时，如图 5-51 所示，应符合套筒灌浆连接相关标准要求。

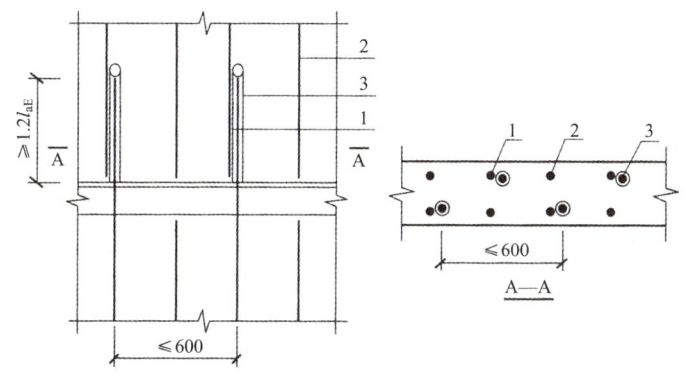

图 5-51　竖向分布钢筋"梅花形"浆锚搭接连接构造示意

1—连接的竖向分布钢筋；2—未连接的竖向分布钢筋；3—预留灌浆孔道

② 竖向钢筋单排连接

当竖向分布钢筋采用单排连接时（图 5-52），竖向分布钢筋应满足接缝承载力计算要求；剪力墙两侧竖向分布钢筋与配置于墙体厚度中部的连接钢筋搭接连接，连接钢筋位于内、外侧被连接钢筋的中间；连接钢筋受拉承载力不应小于上下层被连接钢筋受拉承载力较大值的 1.1 倍，间距不宜大于 300 mm。连接钢筋自下层剪力墙顶算起的埋置长度不应小于 $1.2L_{aE}+b_w/2$（b_w 为墙体厚度），自上层预制墙体底部伸入预留灌浆孔道内的长度不应小于 $1.2L_{aE}+b_w/2$，L_{aE} 按连接钢筋直径计算。钢筋连接长度范围内应配置拉筋，以增强连接区域的横向约束，同一连接接头内的拉筋配筋面积不应小于连接钢筋的面积；拉筋沿竖向的间距不应大于水平分布钢筋间距，且不宜大于 150 mm；拉筋沿水平方向的肢距不应大于竖向分布钢筋间距，直径不应小于 6 mm；拉筋应紧靠连接钢筋，并勾住最外层分布钢筋。

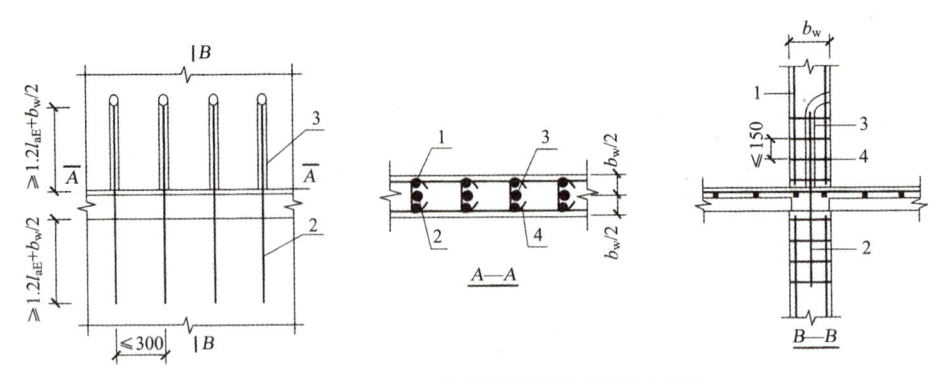

图 5-52 竖向分布钢筋单排浆锚搭接连接构造示意
1—上层预制剪力墙竖向钢筋；2—下层剪力墙连接钢筋；3—预留灌浆孔道；4—拉筋

(4) 挤压套筒连接

预制剪力墙底后浇段内的水平钢筋直径不应小于 10 mm 和预制剪力墙水平分布力钢筋直径的较大值，间距不宜大于 100 mm；楼板顶面以上第一道水平钢筋距楼板顶面的切面不宜大于 50 mm，套筒上端第一道水平钢筋距套筒顶部不宜大于 20 mm。

当竖向分布钢筋采用"梅花形"部分连接时（图 5-53），应符合套筒灌浆连接相关标准的要求。

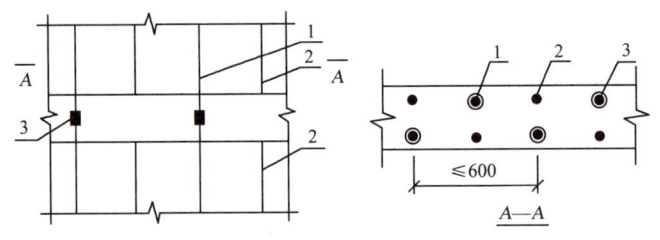

图 5-53 竖向分布钢筋"梅花形"挤压套筒连接构造示意
1—连接的竖向分布钢筋；2—未连接的竖向分布钢筋；3—挤压套筒

采用挤压套筒连接时，不建议采用单排钢筋连接。

4. 上预制下现浇剪力墙竖向连接节点设计

预制剪力墙相邻下层为现浇剪力墙时，下层现浇剪力墙顶面应设置粗糙面。预制剪力墙与下层现浇剪力墙中竖向钢筋的连接应满足套筒连接相关规定，即边缘构件竖向钢筋应逐根连接；预制剪力墙的竖向分布钢筋，当仅部分连接时（图 5-48），被连接的同侧钢筋间距不应小于 600 mm。且在剪力墙构件承载力设计和分布钢筋配筋率计算中不得计入不连接的分布钢筋；不连接的竖向分布钢筋直径不应小于 6 mm。一级抗震等级剪力墙以及二、三级抗震等级底部加强部位，剪力墙的边缘构件竖向钢筋宜采用套筒灌浆连接。

5. 预制剪力墙水平连接节点设计

通常剪力墙较长，但由于吊装设备能力、运输车辆尺寸及道路运输等限制，一般需要分割预制，在现场通过现浇连接，形成预制剪力墙水平连接节点，保证被分割后的剪力墙相互连接后与分割前的剪力墙受力性能等同，利用这种现浇混凝土水平节点通过部位设置、宽度及钢筋在现浇混凝土中的锚固等构造设计,发挥预制剪力墙板的剪力传递作用,约束其间的预制剪力墙板,加强或改善各预制剪力墙板的协调工作性能。

(1)接缝位于边缘构件

楼层内相邻预制剪力墙之间应采用整体式接缝连接,对于一字形约束边缘构件,位于墙肢端部的通常与墙板一起预制,其配筋构造要求与现浇结构一致。其他应符合下列规定:

①当接缝位于纵横墙交接处的约束边缘构件区域时,约束边缘构件的阴影区域(图 5-54)宜全部采用后浇混凝土,并应在后浇段内设置封闭箍筋。

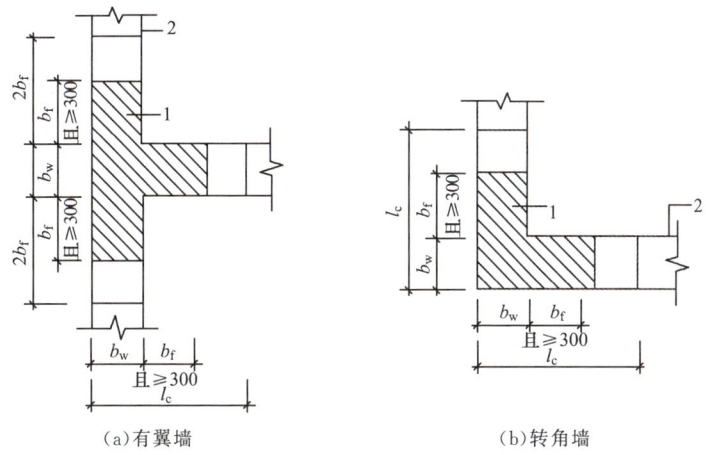

(a)有翼墙　　　　(b)转角墙

图 5-54　约束边缘构件阴影区域全部后浇构造示意(阴影区域为斜线填充范围)

1—后浇段;2—预制剪力墙

②当接缝位于纵横墙交接处的构造边缘构件区域时,构造边缘构件宜全部采用后浇混凝土(图 5-55),当仅在一面墙上设置后浇段时,后浇段的长度不宜小于 300 mm(图 5-56)。

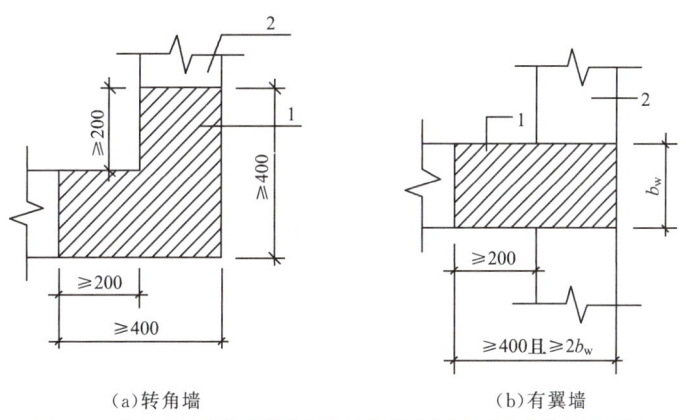

(a)转角墙　　　　(b)有翼墙

图 5-55　构造边缘构件全部后浇构造示意(阴影区域为构造边缘范围)

1—后浇段;2—预制剪力墙

(a) 转角墙　　　　　　　　　　(b) 有翼墙

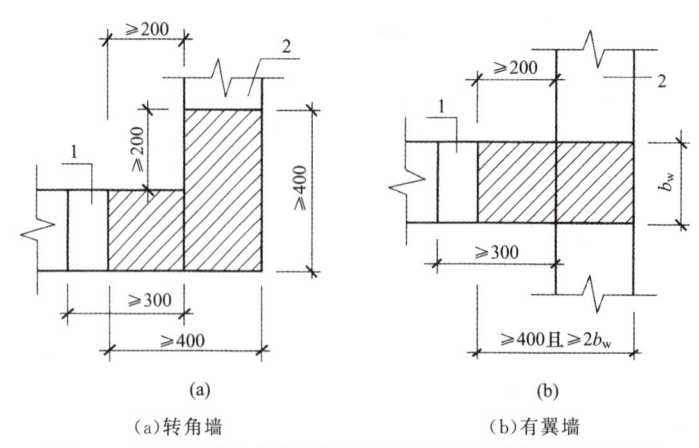

图 5-56　构造边缘构件部分后浇构造示意（阴影区域为构造边缘范围）

1—后浇段；2—预制剪力墙

③墙肢端部的构造边缘构件通常全部预制；当采用 L 形、T 形或者 U 形墙板时，拐角处的构造边缘构件也可全部在预制剪力墙中。当采用一字形构件时，纵横墙交接处的构造边缘构件可全部后浇；为了满足构件的设计要求或施工方便也可部分后浇部分预制。当构造边缘构件部分后浇部分预制时，需要合理布置预制构件及后浇段中的钢筋，使边缘构件内形成封闭箍筋。

④边缘构件内的配筋及构造要求应符合现行国家标准《建筑抗震设计规范》（GB 50011—2010）（2016 年版）的有关规定；预制剪力墙的水平分布钢筋在后浇段内的锚固、连接应符合现行国家标准《混凝土结构设计规范》（GB 50010—2010）（2015 年版）的有关规定。

（2）接缝位于非边缘构件

非边缘构件位置，相邻预制剪力墙之间应设置后浇段，后浇段的宽度不应小于墙厚且不宜小于 200 mm；后浇段内应设置不少于 4 根竖向钢筋，钢筋直径不应小于墙体竖向分布钢筋直径且不应小于 8 mm；两侧墙体的水平分布钢筋在后浇段内的连接应符合现行国家标准《混凝土结构设计规范》（GB 50010—2010）（2015 年版）的有关规定。

6. 预制剪力墙与连梁连接节点设计

预制剪力墙与连梁连接节点主要存在于门、窗洞口位置。鉴于连梁跨度一般较小，有时窗框需与墙板同步预埋，为减少现场安装工作量，连梁可与剪力墙板整体预制，如分开预制，连梁一般做成叠合梁，预制剪力墙在连梁位置留设凹槽，便于连梁底部纵筋弯折锚固，而连梁上部钢筋则锚固于叠合层内。对整体预制剪力墙与连梁的连接节点，整体性可得到保证，但分开预制、现场叠合连接的连接节点需进一步论证。

（1）洞口上方连梁

①连梁设置为叠合连梁时

预制剪力墙洞口上方的预制连梁宜与后浇圈梁或水平后浇带形成叠合连梁（图 5-57）。叠合连梁的配筋及构造要求应符合现行国家标准《混凝土结构设计规范》（GB 50010—2010）（2015 年版）的有关规定。

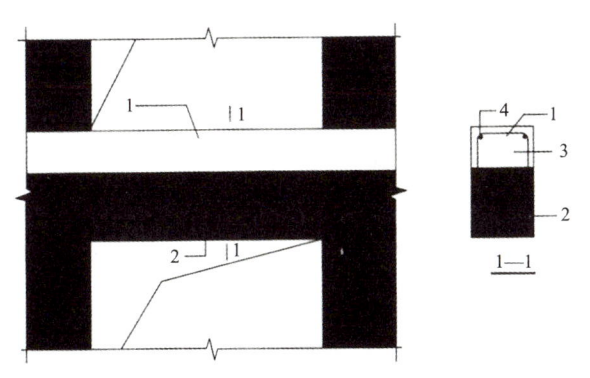

图 5-57 预制剪力墙叠合连梁构造示意

1—后浇圈梁或后浇带；2—预制连梁；3—箍筋；4—纵向钢筋

预制叠合连梁的预制部分宜与剪力墙整体预制，也可在跨中拼接或在端部与预制剪力墙拼接。但连梁端部钢筋锚固构造复杂，要尽量避免预制连梁在端部与预制剪力墙连接。

当预制叠合连梁在跨中拼接时，可按对接叠合梁的规定进行接缝的构造设计。当预制叠合连梁端部与预制剪力墙在平面内拼接时，如墙端边缘构件采用后浇混凝土，连梁纵向钢筋应在后浇段中可靠锚固或连接；如预制剪力墙端部上角预留局部后浇节点区即"刀把墙"时，连梁的纵向钢筋应在局部后浇节点区内可靠锚固或连接。当采用其他连接方式时，应保证接缝的受弯及受剪承载力不低于连梁的受弯及受剪承载力。

②连梁设置为现浇连梁时

当连梁剪跨比较小，需要设置斜向钢筋时，一般采用全现浇连梁。

当采用后浇连梁时，宜在预制剪力墙端伸出预留纵向钢筋，并与后浇连梁的纵向钢筋可靠连接。

(2) 洞口下方墙体

当预制剪力墙洞口下方有墙时，宜将洞口下墙作为单独的连梁进行设计。

预制连梁向上伸出竖向钢筋并与洞口下墙内的竖向钢筋连接，洞口下墙、后浇圈梁与预制连梁形成一根叠合连梁。该做法施工比较复杂，而且洞口下墙与下方的后浇圈梁、预制连梁组合在一起形成的叠合构件受力性能没有经过试验验证，受力和变形特征不明确，纵筋和箍筋的配筋也不好确定。因此不建议采用此做法。

预制连梁与上方的后浇混凝土形成叠合连梁；洞口下墙与下方的后浇混凝土之间连接少量的竖向钢筋，以防止接缝开裂并抵抗必要的平面外荷载。洞口下墙内设置纵筋和箍筋，作为单独的连梁进行设计。建议采用此种做法。

洞口下墙采用轻质填充墙时，或者采用混凝土墙但与结构主体采用柔性材料隔离时，在计算中可仅作为荷载，洞口下墙与下方的后浇混凝土及预制连梁之间不连接，墙内设置构造钢筋。当计算不需要窗下墙时可采用此种做法。

当窗下墙需要抵抗平面外的弯矩时，需要将窗下墙内的纵向钢筋与下方的现浇楼板或预制剪力墙内的钢筋有效连接、锚固；或将窗下墙内纵向钢筋锚固在下方的后浇区域内。在实际工程中窗下墙的高度往往不大，当采用浆锚搭接连接时，要确保必要的锚固长度。

7. 预制剪力墙与楼板连接节点设计

预制剪力墙与楼板的连接节点决定了各片剪力墙协调工作性能、结构整体性能以及能否避免地震时楼板掉落伤人并占据逃生通道。对装配式混凝土建筑,为保证楼板对结构竖向承重构件的有效拉结作用,确保结构整体性能,楼板一般采用叠合楼板。而预制剪力墙一般在楼板叠合层范围一起同步现浇,在结构中形成整个楼层的现浇混凝土层,其形式和作用类似于砖混结构中的楼层圈梁。

(1)中间楼层位置

各层楼面位置,预制剪力墙顶部无后浇圈梁时,应设置连续的水平后浇带(图5-58);水平后浇带宽度应取剪力墙的厚度,高度不应小于楼板厚度;水平后浇带应与现浇或者叠合楼、屋盖浇筑成整体;水平后浇带内应配置不少于2根连续纵向钢筋,其直径不宜小于12 mm。

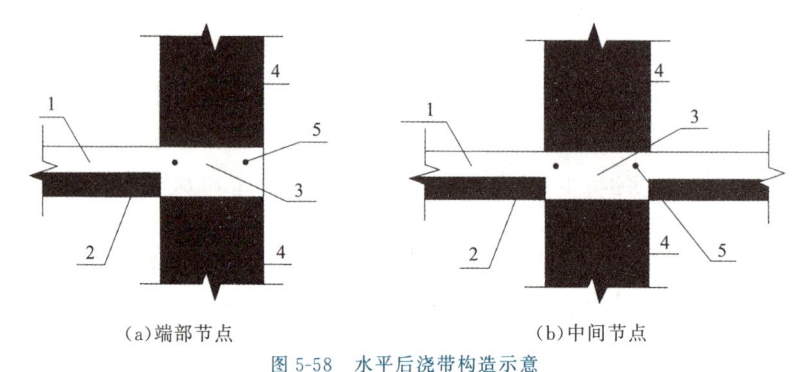

(a)端部节点　　(b)中间节点

图5-58　水平后浇带构造示意

1—后浇混凝土结合层;2—预制板;3—水平后浇带;4—预制墙板;5—纵向钢筋

(2)屋面及立面收进的楼层位置

屋面以及立面收进的楼层,应在预制剪力墙顶部设置封闭的后浇钢筋混凝土圈梁(图5-59),圈梁截面宽度不应小于剪力墙的厚度,截面高度不宜小于楼板厚度及250 mm的较大值;

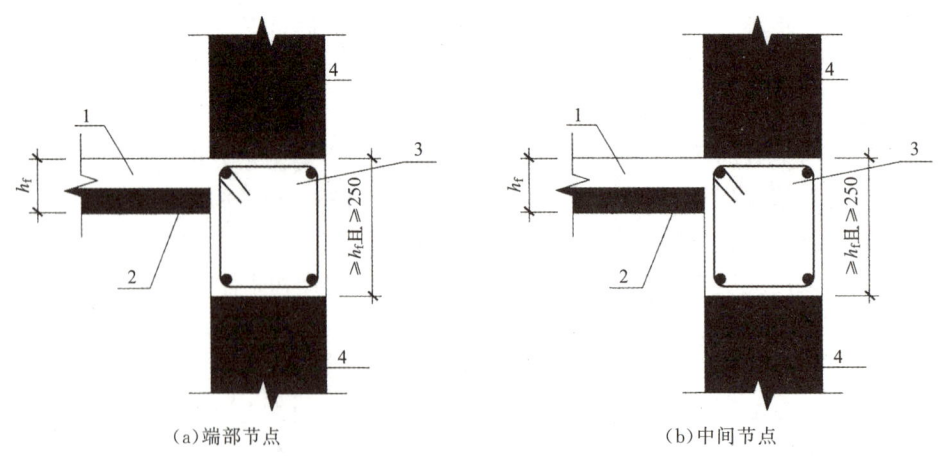

(a)端部节点　　(b)中间节点

图5-59　后浇钢筋混凝土梁构造示意

1—后浇混凝土叠合层;2—预制板;3—后浇圈梁;4—预制剪力墙

圈梁应与现浇或者叠合楼、屋盖浇筑成整体;圈梁内配置纵向钢筋配不应少于 $4\varphi12$,且按全截面计算的配筋率不应小于 0.5% 和水平分布钢筋配筋率的较大值,纵向钢筋竖向间距不应大于 200 mm;且直径不应小于 8 mm。

(3) 预制剪力墙底部接缝构造

预制剪力墙底部接缝宜设置在楼面标高处,接缝高度宜为 20 mm;接缝宜采用灌浆料填实;接缝处后浇混凝土上表面应设置粗糙面。

习 题

1. 根据不同的属性特点,连接方式可以分成哪些种类?
2. 强连接与延性连接的概念以及适用范围。
3. 干连接与湿连接的概念以及适用范围。
4. 套筒灌浆连接的概念。
5. 钢筋套筒连接的分类。
6. 钢筋浆锚搭接连接的概念。
7. 浆锚搭接连接的分类。
8. 挤压套筒连接的概念。

5.6 装配式混凝土建筑非承重预制构件设计

5.6.1 预制楼梯设计及构造

1. 预制楼梯分类

预制装配式钢筋混凝土楼梯按其支承条件可分为梁承式、墙承式和墙悬臂式等类型,在一般性民用建筑中,宜采用梁承式楼梯,如图 5-60~图 5-62 所示。

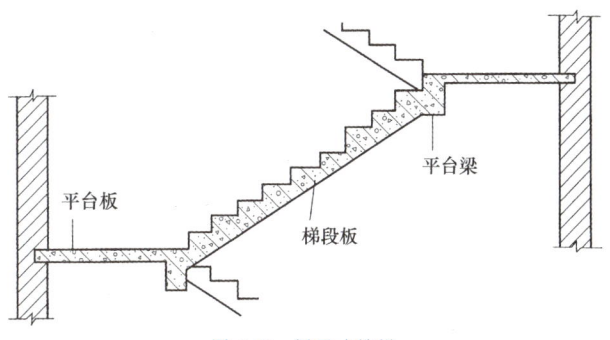

图 5-60 梁承式楼梯

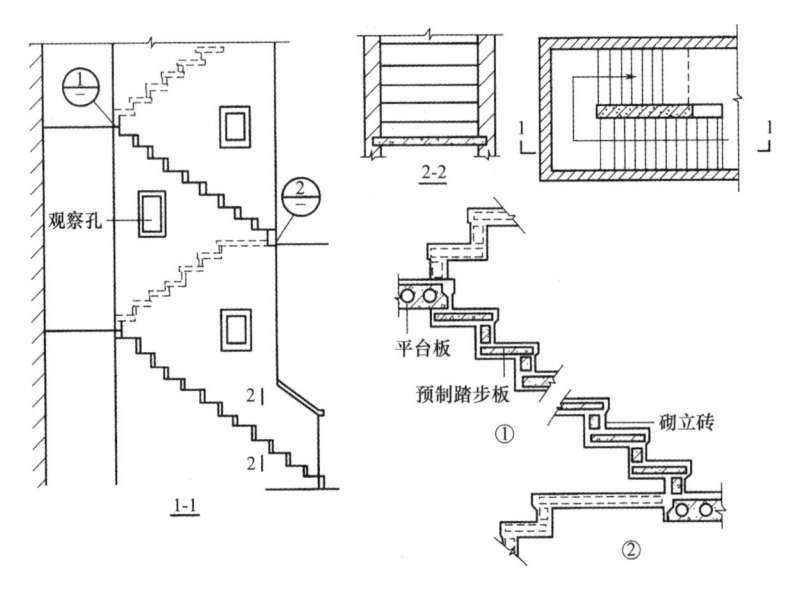

图 5-61 墙承式楼梯

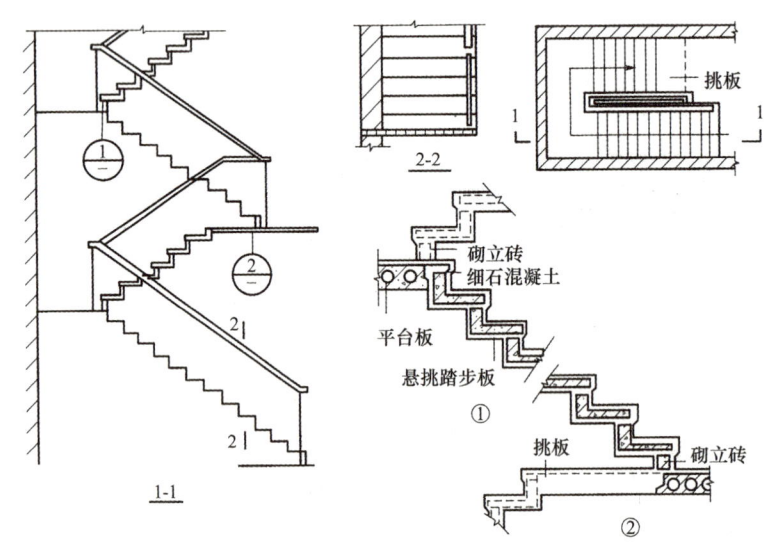

图 5-62 墙悬臂式楼梯

(1) 梁承式楼梯

预制装配梁承式钢筋混凝土楼梯梯段由平台梁支承，预制构件可按梯段（板式或梁式梯段）、平台梁、平台板三部分进行划分，如图 5-63 所示。

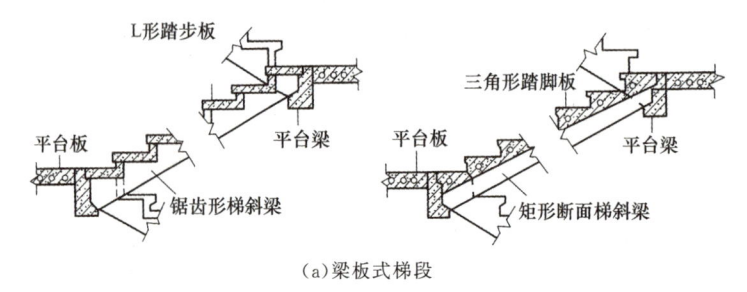

(a) 梁板式梯段

(b)板式梯段

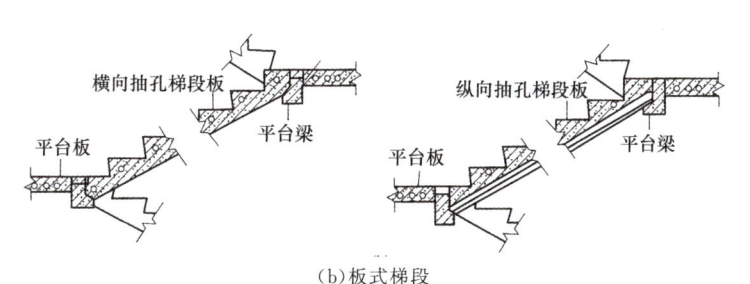

图 5-63 预制装配式梁承式楼梯

板式梯段由梯段板组成。一般梯段板两端各设一根平台梁,梯段板支撑在平台梁上。因梯段板跨度小,也可做成折板式,安装方便,免抹灰,节省费用。

梁式梯段为整块或数块带踏步条板,其上下端直接支撑在平台梁上,有效界面厚度按 $L/20 \sim L/30$ 估算,L 为楼梯跨度。

平台梁构造高度按 $L/12$ 估算,L 为平台梁跨度。为便于安装梯斜梁或梯段板,平衡梯段水平分力并减少平台梁所占结构空间,一般将平台梁做成 L 形断面。

(2)墙承式楼梯

预制装配墙承式钢筋混凝土楼梯是指预制钢筋混凝土踏步板直接搁置在墙上(图 5-64)。踏步两端由墙体支撑,不需设平台梁、梯斜梁和栏杆,需要时设靠墙扶手。由于踏步直接安装入墙体,对墙体砌筑和施工速度影响较大,砌筑质量不易保证。由于梯段间有墙,搬运家具不方便,阻挡视线,对抗震不利,施工麻烦。现在仅用于小型的一般性建筑中。

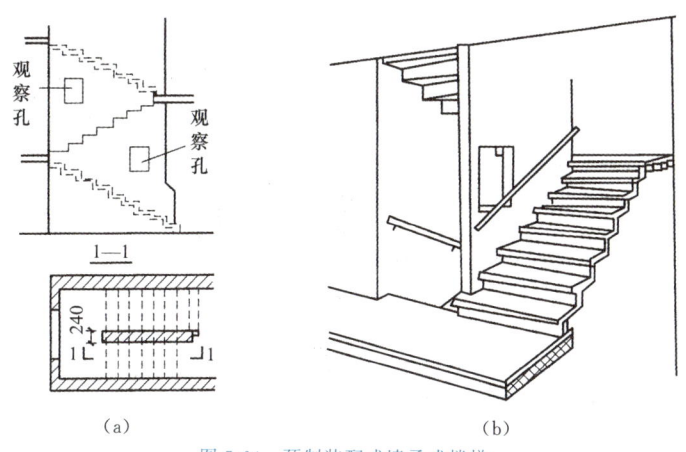

图 5-64 预制装配式墙承式楼梯

(3)墙悬臂式楼梯

预制装配墙悬臂式钢筋混凝土楼梯是指预制钢筋混凝土踏步板一端嵌固于楼梯间侧墙上,另一端凌空悬挑。无平台梁和梯斜梁,也无中间墙,楼梯间空间轻巧空透,结构占空间少,但其楼梯间整体刚度极差,不能用于有抗震设防要求的地区。由于需随墙体砌筑安装踏步板,并需设临时支撑,施工麻烦,现在已较少采用。

2. 设计参数取值

(1)结构安全等级为二级,结构重要性系数 $r_0=1.0$,建筑设计合理使用年限为 50 年。

(2)钢筋保护层厚度 20 mm,环境类别为一类,各地区按环境类别可进行相应调整。

(3)正常使用阶段裂缝控制等级为三级,最大裂缝宽度允许值为 0.3 mm,挠度限值为 $l_0/200$。

(4)施工阶段活荷载为 1.5 kN·m^{-2},正常使用阶段活荷载为 3.5 kN·m^{-2},栏杆顶部的水平荷载为 1.0 kN·m^{-2}。

3. 支承方式

预制楼梯与支承构件之间宜采用简支连接。采用简支连接时,应符合下列规定:

(1)预制楼梯宜在上端设置固定铰,下端设置滑动铰,其转动及滑动变形能力应满足罕遇地震作用下结构弹塑性层间变形的要求,且预制楼梯端部在支承构件上的最小搁置长度应符合表 7-1 的要求。

(2)预制楼梯设置滑动铰的端部应采取防止滑落的构造措施。

(3)为避免楼梯在地震作用下与结构或墙体相互作用形成约束,在预制楼梯的滑动段应留出移动空间。

(4)考虑到现场安装方便,节点不宜过于复杂,滑动支座垫板可选用不小于 5 mm 厚的聚四氟乙烯板(四氟板)、预埋钢板间铺石墨粉等构造方式。

(5)楼梯板端设置滑动铰时,可不考虑楼梯参与整体结构抗震计算;梯板两端均采用固定铰时,计算中应考虑楼梯构件对主体结构的不利影响。

(6)预制楼梯与梯梁之间的留缝宽度由设计确定,且应大于结构弹塑性层间位移 $\Delta u_p = \theta_p \cdot ht$。

4. 设计构造

(1)楼梯拆分

楼梯拆分主要与工厂和工地起重设备能力有关。当一跑楼梯长度长,质量大,工厂和工地的起重能力有限时,可选两跑楼梯,在楼梯中部加设一道梯梁。梯段与梯梁连接时要设缝,缝宽要满足层间位移的要求。

(2)预制楼梯破坏机理

震害表明,楼梯间的破坏相对严重和集中。表现为:

①楼梯端部的破坏;

②楼梯段的断裂;

③楼梯平台柱的短柱剪切破坏;

④平台梁的破坏;

⑤钢筋脆断。

基于上述破坏机理,预制楼梯的设计及构造应充分考虑,并采取合理的、有针对性的构造措施。

(3)配筋构造,

①预制楼梯板的厚度不宜小于 100 mm,宜配置连续的上部钢筋,最小配筋率为 0.15%;分布钢筋直径不宜小于 6 mm,间距不宜大于 250 mm。

②下部钢筋宜按两端简支计算确定并配置通长的纵向钢筋。

③当楼梯两端均不能滑动时,板底、板面应配置通长的纵向钢筋。

④预制板式楼梯的梯段板底和板面应配置通长的纵向钢筋。

注:a.考虑制作、脱模、运输、吊装、安装等因素,楼梯板不宜太薄,厚度不宜小于100 mm,预制楼梯按照简支构件计算截面下部钢筋,但为了保证在吊装、运输及安装过程中构件截面承载力及控制裂缝宽度,对其上部构造钢筋的最小配筋进行了规定。

b.预制板式楼梯在吊装、运输及安装过程中,受力状况比较复杂,规定其板面宜配置通长钢筋,钢筋量可根据加工、运输、吊装过程中的承载力及裂缝控制验算结果确定,最小构造配筋率可参照楼板的相关规定。

c.当楼梯两端均不能滑动时,在侧向力作用下楼梯会起到斜撑的作用,楼梯中会产生轴向拉力,因此规定其板面和板底均应配通长钢筋。

(4)其他构造

①预制楼梯宜设计成模数化的标准梯段,各梯段净宽、梯段坡度、梯段高度应尽量统一。

②为避免后期楼梯栏杆安装时破坏梯面,预制楼梯栏杆宜顶留插孔,孔边距楼梯边缘不小于30 mm。

③预制楼梯应确定扶手栏杆的留洞及预埋。

④当采用简支的预制楼梯时,楼梯间墙宜做成小开口剪力墙。

⑤楼梯挑耳作为梯段板的支承构件,考虑受弯、受剪、受扭组合作用,需注意梯梁挑耳的计算构造措施。

⑥楼梯间位于建筑外墙时,楼梯平台板和楼梯梁宜采用现浇结构,平台板的厚度不应小于100 mm;预制楼梯侧面应设置连接件与预制墙板连接,连接件的水平间距不宜大于1 m。

(5)楼梯间位于建筑外墙时预制墙板的设计构造

楼梯间位于建筑外墙时,因梯板为预制板,整体性差,对外墙不能产生较好的约束,使得墙体的无支长度加大,墙体平面外的稳定不易保证,故需加强预制墙板的构造要求。预制墙板的划分和连接构造除满足承载力要求外,尚应满足墙体平面外稳定性要求,构造上宜符合下列规定:

①预制墙板宽度不宜大于4 m,竖向钢筋宜采用双排连接,连接钢筋水平间距不宜大于400 mm;

②楼梯间墙体长度大于5 m时,墙体中间宜设置现浇段,现浇段的长度不宜小于400 mm;

③每层应设置水平现浇带,水平现浇带高度不宜小于300 mm,配筋应符合现浇圈梁要求。

5.6.2 预制阳台设计及构造

1.预制阳台分类

预制阳台板为悬挑板式构件,按构件形式分为叠合板式阳台(图5-65)、全预制板式阳台(图5-66)、全预制梁式阳台(图5-67)。

图 5-65　叠合板式阳台

图 5-66　全预制板式阳台

图 5-67　全预制梁式阳台

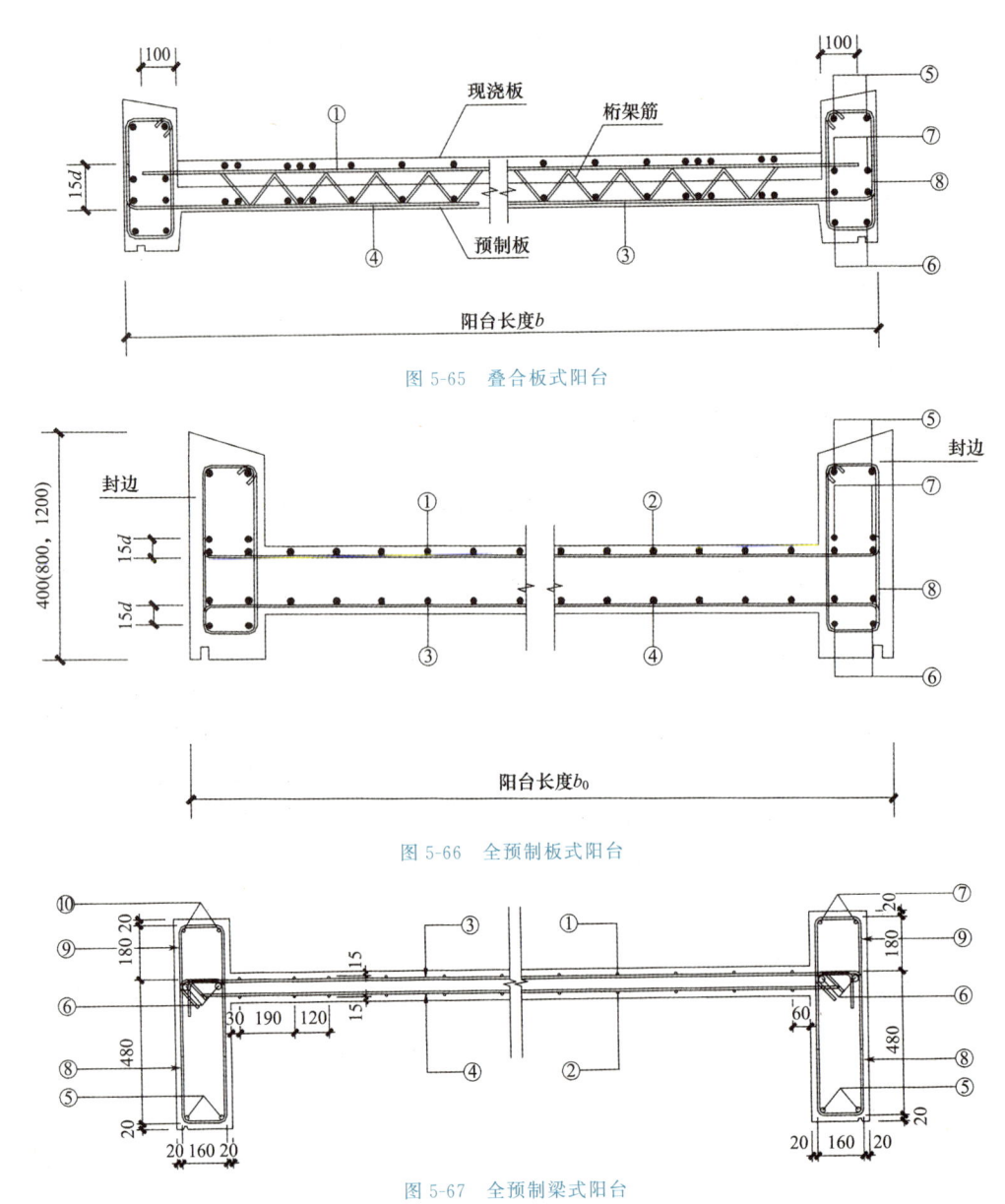

板式阳台一般在现浇楼面或现浇框架结构中采用。其根部与主体结构的梁板整浇在一起，板上荷载通过悬挑板传递到主体结构的梁板上。板式阳台一般受结构形式的约束，一般悬挑小于 1.2 m 时用板式阳台。

梁式阳台是指阳台板及其上荷载通过挑梁传递到主体结构的梁、墙、柱上。阳台板可与挑梁整体现浇在一起。另外，在阳台外端部设封口梁。边梁一般都与阳台一块现浇。悬挑大于 1.2 m 一般用梁式阳台。

当阳台标准化程度较高时，可选用全预制阳台；当全预制阳台构件要求超过塔吊吊装能力时，也可采用预制叠合板式阳台。

当阳台标准化设计程度较低时，宜将阳台拆分成叠合梁和叠合板设计。

2. 设计参数取值

(1)结构安全等级为二级,结构重要性系数$r_0=1.0$,设计使用年限为50年。

(2)钢筋保护层厚度为板20 mm、梁25 mm。

(3)正常使用阶段裂缝控制等级为三级,最大裂缝宽度允许值为0.2 mm。

(4)挠度限值取构件计算跨度的1/200,阳台板悬挑方向的计算跨度取阳台板悬挑长度l_0的2倍。

(5)施工时应起拱$6l_0/1\,000$(安装阳台板时,将板端标高预先调高)。

3. 配筋构造

(1)阳台板宜采用预制构件或预制叠合构件。预制构件应与主体结构可靠连接;叠合构件的负弯矩钢筋应在相邻叠合板的后浇混凝土中可靠锚固,叠合构件中预制板底钢筋的锚固应符合下列规定。

当板底为构造配筋时,其锚固应符合下列要求:

①板端支座处,预制板内的纵向受力钢筋宜从板端伸出并锚入支承梁或墙的后浇混凝土中,锚固长度不应小于$5d$(d为纵向受力钢筋直径),且宜伸过支座中心线,如图5-68所示。

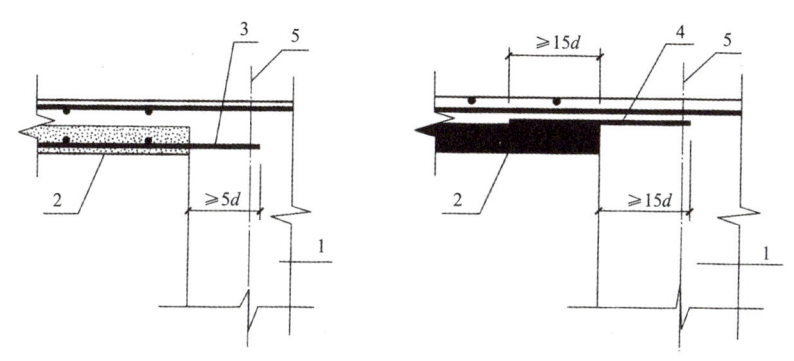

图5-68 叠合板端及板侧支座构造示意

1—支承梁或墙;2—预制板;3—纵向受力钢筋;4—附加钢筋;5—支座中心线

②单向叠合板的板侧支座处,当预制板内的板底分布钢筋伸入支承梁或墙的后浇混凝土中时,应符合第①条的要求;当板底分布钢筋不伸入支座时,宜在紧邻预制板顶面的后浇混凝土中设置附加钢筋,附加钢筋截面面积不宜小于预制板内的同向分布钢筋面积,间距不宜大于600 mm,在板的后浇混凝土层内锚固长度不应小于$15d$,在支座内锚固长度不应小于$15d$(d为附加钢筋直径)且宜伸过支座中心线。

为保证楼板的整体性及传递水平力的要求,预制板内的纵向受力钢筋在板端宜伸入支座,并应符合现浇楼板下部纵向钢筋的构造要求。在预制板侧面,即单向板长边支座,为了加工及施工方便,可不伸出构造钢筋,但应采用附加钢筋的方式,保证楼面的整体性及连续性。

(2)预制阳台板纵向受力钢筋宜在后浇混凝土内直线锚固,当直线锚固长度不足时可采用弯钩和机械锚固方式。弯钩和机械锚固做法详见《装配式混凝土结构连接节点构造(剪力墙)》(15G310—2)。

(3)预制阳台板内埋设管线时,所铺设管线应放在板下层钢筋之上,板上层钢筋之下且管线应避免交叉,管线的混凝土保护层应不小于 30 mm。

(4)叠合板式阳台内埋设管线时,所铺设管线应放在现浇层内,板上层钢筋之下,在桁架筋空挡间穿过。

(5)阳台应确定栏杆预埋件、地漏、落水管、接线盒等的准确位置。

5.6.3 预制内隔墙设计及构造

1. 预制内隔墙分类

常用的预制内隔墙可以分为预制混凝土内隔墙和轻质龙骨隔墙板两类。

(1)预制混凝土内隔墙

预制混凝土内隔墙为非承重墙板。分户隔墙、楼、电梯间预制混凝土内隔墙应具有隔声与防火的功能。

预制混凝土内隔墙从材料角度划分,可分为预制普通混凝土内隔墙、预制特种混凝土内隔墙(如轻质混凝土、蒸气加压混凝土、装饰混凝土等)和预制其他轻质内隔墙(如木丝水泥等)。普通混凝土材料防水、防火等物理性能良好,但自重较大,对起重吊具的要求、结构总重等影响较大。轻质混凝土材料不仅自重轻,对墙体隔声、耐火还有较大贡献。蒸气加压混凝土板材又称为 ALC 板,是由防锈处理的钢筋网片增强,经过高温、高压、蒸气养护而形成的一种性能优越的轻质建筑材料,具有保温隔热、耐热阻燃、轻质高强、抗侵蚀冻融老化、耐久性好、施工便捷等特性,可用于外围护墙。彩色混凝土(或称装饰混凝土)可以直接作为装饰层,节约装饰材料,减少装修工作量。其他轻质材料也分别有自身作为墙板的优势条件,如木丝水泥板有自重轻、自保温性能好、隔声吸声效果好、防潮、防腐蚀性能好等特点。

从形状角度划分,预制混凝土内隔墙可分为竖条板和整间板内隔墙。竖条板可以现场拼接成整体,整间板的大小是该片内隔墙的整个尺寸。

从空心角度划分,预制混凝土内隔墙有实心和空心两种。轻质混凝土空心板内隔墙在国内应用比较普遍,安装及敷设管线方便,价格低。其板厚分别为 80 mm、90 mm、100 mm、120 mm,板宽分别 600 mm、1 200 mm,包括单层板、双层板构造。

(2)轻质龙骨隔墙板

轻质龙骨隔墙板为非承重墙板。住宅套内空间和公共建筑功能空间隔墙可采用轻质龙骨隔墙板,轻质龙骨隔墙板由轻钢构架、免拆模板和填充材料构成,龙骨可以采用轻钢或其他金属材料,也可采用木材,面板可采用钢板、木质人造板、纤维增强硅酸钙板、纤维增强水泥板等,填充材料可采用不燃型岩棉、矿棉、轻质混凝土等其他具有隔声和保温功能的材料,内墙增加装饰层。

2. 预制内隔墙与家装管线集成设计

(1)预制内隔墙宜采用轻质隔墙并设架空层,架空层内敷设管线、开关、插座、面板等电器元件。

(2)预制内隔墙上需要固定电器、橱柜、洁具等较重设备或物品时,应在骨架墙板上采取可靠固定措施,如设置加强板等。

(3)预制内隔墙宜选用自重轻、易安装、拆卸且隔声性能良好的隔墙板。可根据使用功能灵活分隔室内空间,非承重内隔墙与主体结构的连接应安全可靠,满足抗震及使用要求。用于厨房及卫生间等潮湿空间的墙体应具有防水、易清洁的性能。

(4)蒸气加压混凝土内隔墙

①蒸气加压混凝土内隔墙板侧边及顶部与混凝土柱、梁、板等主体结构连接时应预留10~20 mm缝隙,与主体之间宜采用柔性连接,弹性材料填缝,抗震区应有卡固措施。该类型内隔墙可采用钩头螺栓、滑动螺栓、内置铺、摇摆型等安装方式。国内通用钩头螺栓安装,其施工方便、造价低,但会损伤板材,不属于柔性连接,属于半刚性连接。

②蒸气加压混凝土内隔墙板的管线开槽应在工厂完成,开槽深度不应大于15 mm,应避开受力钢筋,可直接沿纵向板长方向开槽,因为一般板内配置两层钢筋网,故也可小距离横向开槽。

③建筑物防潮层以下的外墙、长期处于浸水和化学侵蚀环境的部位和表面温度经常处于80 ℃以上环境的部位,不宜采用蒸气加压混凝土墙板。

(5)预制内隔墙条板排板时,无门洞口的墙体,建议从墙体一端开始沿着墙长方向顺序排板;有门洞口的墙体,从门洞口开始分别向两边排板。当墙体端部的墙板不足一块板宽时,可设计补板,补板宽度一般小于300 mm。小于300 mm的门边板需采用现浇钢筋混凝土,并宜与主体结构一起浇筑成形。墙体长度超过4 m或墙体高度大于标准板的长度时,需进行专项设计,以保证墙体稳定性。

(6)预制内隔墙条板与结构墙柱连接节点,墙板与结构墙柱可采用L形、T形、一字形连接,若与结构墙柱L形连接,建议预留企口,深4 mm宽50 mm。

3. 预制内隔墙部分案例

(1)预制楼梯内隔墙与楼梯连接大样(图5-69)

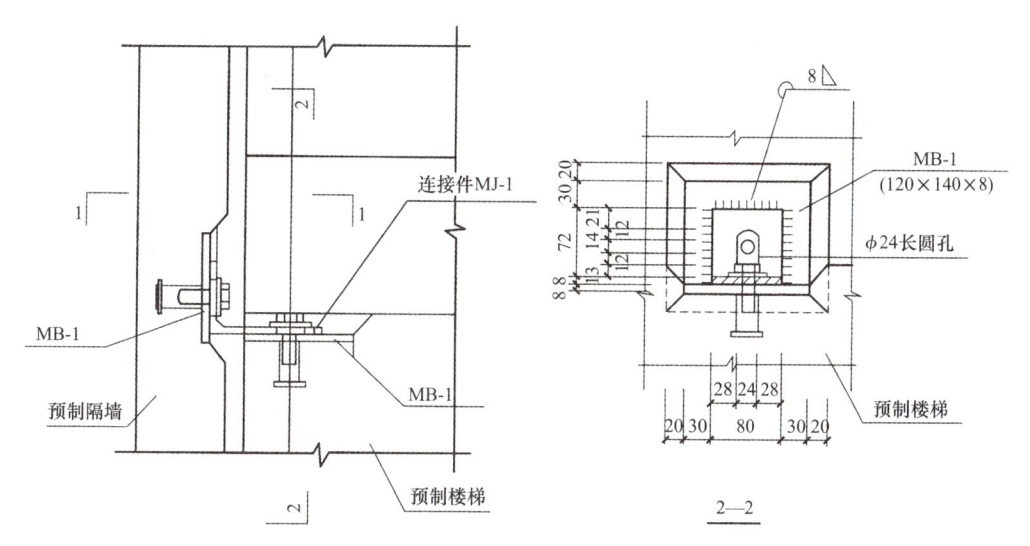

图5-69 预制隔墙与预制楼梯连接大样

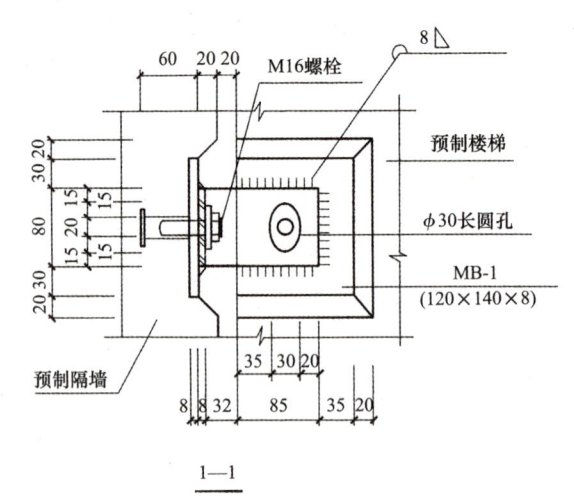

1—1

续图 5-69　预制隔墙与预制楼梯连接大样

(2)预制内隔墙连接节点大样(图 5-70～图 5-76)

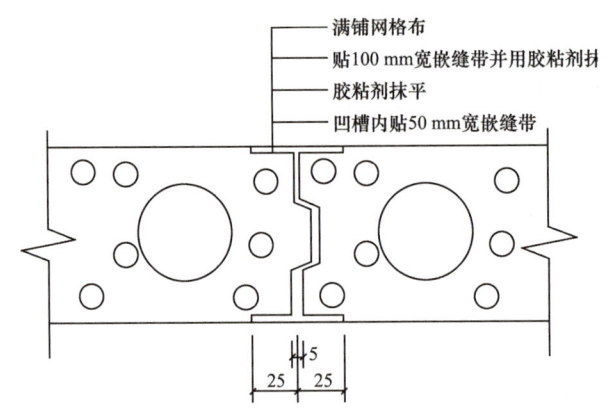

图 5-70　预制内隔墙一字形连接大样

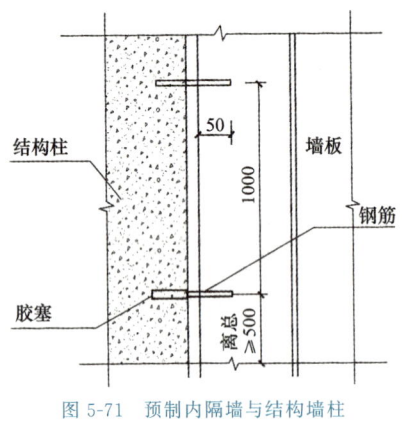

图 5-71　预制内隔墙与结构墙柱
连接节点(立面)

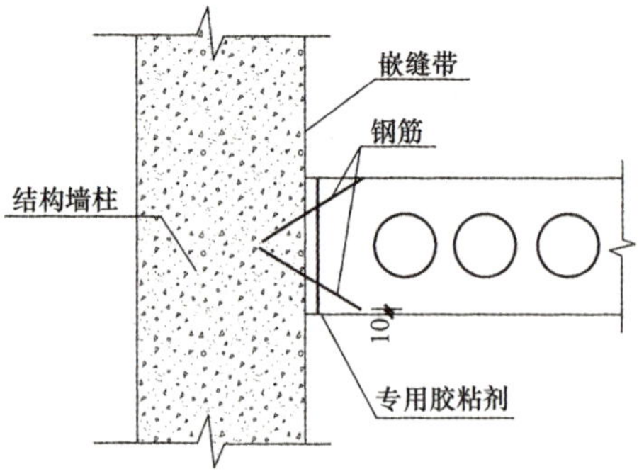

图 5-72　预制内隔墙与结构墙柱
连接节点(T形)

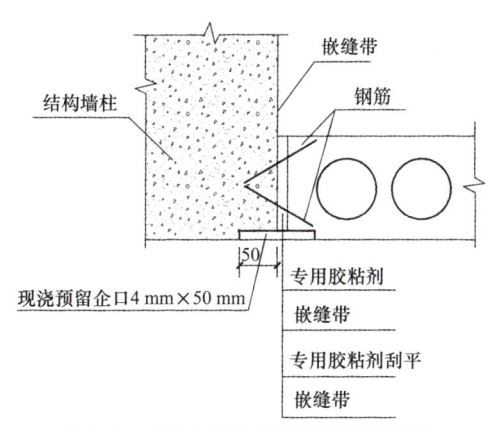

图 5-73 预制内隔墙与结构墙柱连接剖面
（L形、一字形）

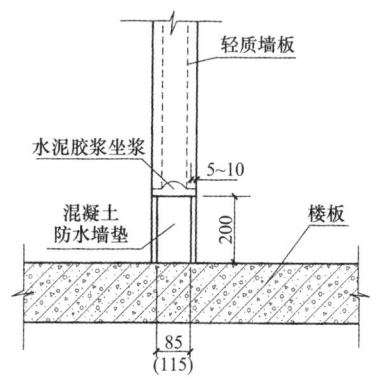

图 5-74 预制内隔墙与卫生间防水墙垫连接

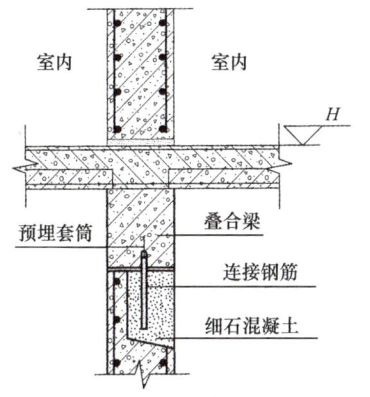

图 5-75 内嵌式预制内隔墙与结构梁连接示意图

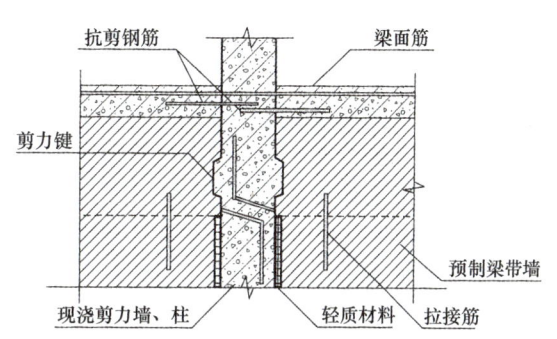

图 5-76 梁墙一体预制内隔墙连接示意图

5.6.4 其他非承重预制构件设计及构造

1. 预制空调板设计

（1）预制空调板分类

预制空调板主要分两类：一种是三面出墙，预制空调板直接放置在墙上部；另一种是挑出的，预制空调板整块预制，伸出支座钢筋，钢筋锚固伸入现浇圈梁、楼板内，如图 5-77 所示。

（2）设计参数取值

①预制空调板结构安全等级为二级，结构重要性系数 $r_0=1.0$，设计使用年限为 50 年。

②预制空调板钢筋保护层厚度按 20 mm 设计。

③预制空调板的永久荷载考虑自重、空调挂机和表面建筑做法，按 $4.0\ kN/m^2$ 设计；铁艺栏杆或百叶的荷载按 $1.0\ kN/m$ 设计；预制空调板可变荷载按 $2.5\ kN/m^2$ 设计；施工和检修荷载按 $1.0\ kN/m$ 设计。

④预制空调板正常使用阶段裂缝控制等级为三级，最大裂缝宽度允许值为 0.2 mm。

⑤预制空调板挠度限值取构件计算跨度的 1/200，计算跨度取空调板挑出长度 L_1 的 2 倍。

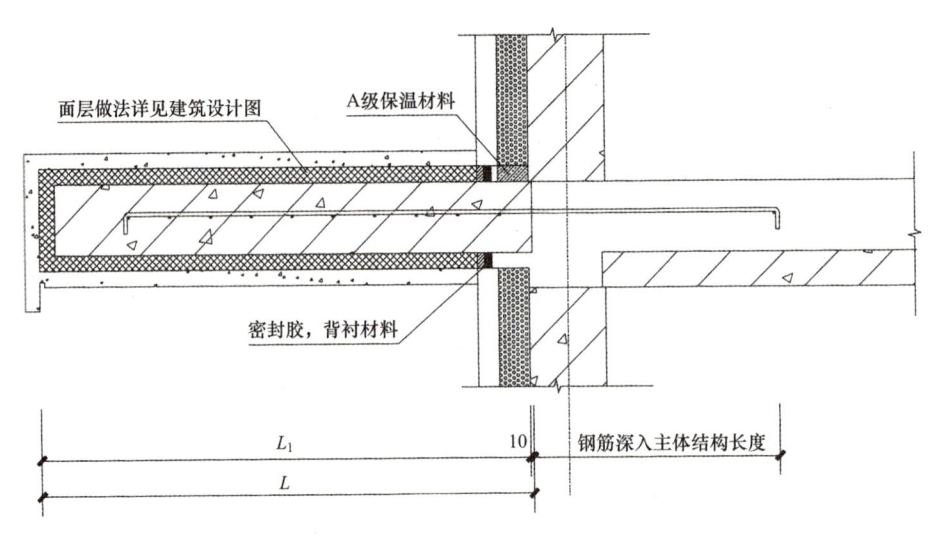

图 5-77　预制钢筋混凝土空调连接节点

(3) 构造设置

① 预制空调板预留负弯矩筋伸入主体结构后浇层,并与主体结构梁板钢筋可靠绑扎,浇筑成整体,负弯矩筋伸入主体结构水平段长度应不小于 1.1l。

② 预制空调板结构板顶标高宜与楼板的板顶标高一致。

③ 预制空调板厚度宜取 80 mm。

④ 预制钢筋混凝土空调板应预留排水孔及安装百叶预埋件。

⑤ 空调板宜集中布置,并与阳台合并设置。

(4) 设计实例(图 5-77)

2. 预制女儿墙设计

(1) 女儿墙类型

女儿墙有两种类型:一种是压顶与墙身一体化类型的倒 L 型;另一种是墙身与压顶分离式。

(2) 连接设计

女儿墙墙身连接与剪力墙一样,与屋盖现浇带的连接用套筒灌浆连接或浆铺连接,竖缝连接为后浇混凝土连接。

女儿墙压顶与墙身的连接用螺栓连接。

(3) 设计构造

① 预制女儿墙与后浇混凝土结合面应做成粗糙面,且凹凸应不小于 4 mm。

② 预制女儿墙内侧在设计要求的泛水高度处应设凹槽。

③ 每两块预制女儿墙在连接处需设置一道宽 20 mm 的温度收缩缝。

④ 剪力墙后浇段延伸至女儿墙顶(压顶下)作为女儿墙的支座。

3. 预制飘窗设计

(1) 整体式飘窗类型

飘窗是凸出墙面窗户的俗称。在装配式建筑中应尽量避免飘窗。但由于部分地区消费者的喜好,在市场上还是无法避免。

整体式飘窗有两种类型,一是组装式,即墙体与闭合性窗户板分别预制,然后组装在一起,制作相对简单,但整体性不好;另一种就是整体式,整个飘窗一体预制完成,制作麻烦,而且质量大,对运输、吊装机械要求高。

(2)计算要点

①整体式飘窗墙体部分与剪力墙基本一样,只是荷载中增加了悬挑出墙体的偏心荷载,包括重力荷载和活荷载;

②整体式飘窗悬挑窗台板部分与阳台板、空调板等悬挑板的计算简图一样;

③整体式飘窗安装吊点的设置须考虑偏心因素;

④组装式飘窗须设计可靠的连接节点。

(3)设计构造

①预制飘窗两侧应预留不小于 100 mm 的墙垛,避免剪力墙直接延伸至窗边缘。

②当一面墙中存在两个飘窗时,可拆成两个飘窗构件,飘窗之间应预留后浇带连接,后浇带宽度应满足飘窗上部叠合梁下部纵向钢筋连接作业的空间需求。

4. 预制卫生间沉箱设计

(1)卫生间预制沉箱至少两个对边有结构梁支撑。

(2)卫生间预制沉箱侧壁四周应预留现浇层,叠合面与周边叠合梁保持一致,现浇层应与周边梁一次浇筑完成。

(3)当卫生间采用管井内置方案时,卫生间沉箱应与管井一起预制,管井内应做好管道预埋。

当卫生间采用管井外挂方案时,卫生间预制沉箱侧壁管道穿孔处应提前预埋穿墙钢套管,如图 5-78 所示。

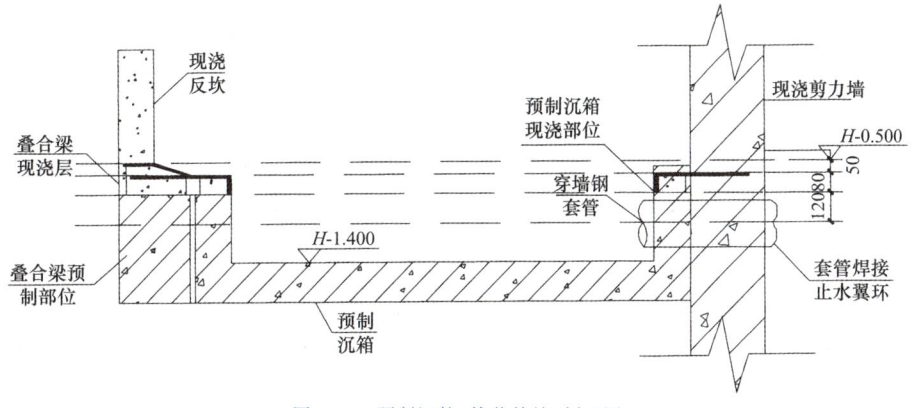

图 5-78 预制沉箱(管井外挂)剖面图

习 题

1. 预制装配式钢筋混凝土楼梯按其支承条件可分为哪些类型?
2. 预制楼梯破坏的主要表现?
3. 预制阳台板按构件形式分为哪几种?
4. 预制内隔墙分为哪几类?
5. 预制空调板分为哪几类?

第6章　装配整体式混凝土建筑构件生产技术

学习目标

- 了解预制混凝土构件的主要类型及生产工艺过程。
- 掌握混凝土搅拌技术、浇筑以及养护。
- 了解钢筋加工的形式。

6.1　预制混凝土构件生产技术基础知识

6.1.1　预制混凝土构件的主要类型

预制混凝土结构具有施工速度快、建造质量高、可持续发展等诸多优点,是建筑材料工业的重要领域,也是实现建筑工业化的重要途径之一。

随着我国住宅建设和基础设施的迅猛发展,预制混凝土构件技术在基础设施和住宅产业化中的应用达到了一个全新的高度。预制混凝土构件产品呈现出高精度、结构功能装饰一体化、大型化、混凝土高性能化以及预应力技术应用面不断扩展等主要技术特点。预制混凝土构件的种类日益增加,性能和应用也各不相同,将预制混凝土构件按形状和生产工艺等分类归纳于表6-1。

表 6-1 预制混凝土构件的分类

分类方法		名称	特点
按形状分类	板状	板材	承受弯拉或受压荷载,有实心板、平板、壳板、槽形板、楼板、墙板、叠合板等
	环管状	管、杆、桩、涵管、隧道等	构型种类不同,荷载特征各异;管类有无压管和压力管,电杆有等径杆和梢径杆;此外还有管桩、管柱、涵管、隧道构件等
	长直形	梁、柱、轨枕、屋架	细长,比较大,主要受弯或弯压荷载。如吊车梁、屋面梁、各种柱(除管柱)、铁路轨枕及屋架
	箱形、罐形	盒子结构、槽、罐、池、船等	如居室或卫生间结构,渡槽、贮槽、种植盒、船等
	船形	船	有囤船、驳船、游览船、传输船、各种工程船等
按生产工艺分类		振实及振压混凝土预制构件	适用于多种预制构件的生产,振压法可用于生产板材及一阶段压力管等
		振动真空混凝土预制构件	适用于板材、肋形板、大口径管构件
		离心混凝土预制构件	适用于环形界面构件的生产,还可辅以振动、辊压等工艺措施
		压制混凝土预制构件	适用于排水管等
		浇筑混凝土预制构件	适用于大流动性自密实混凝土浇筑
		灌浆混凝土预制构件	先将集料密实填充模具,再压入胶结材浆体,适用于大体积混凝土预制构件
按增强形式分类		钢筋混凝土预制构件	以普通钢筋增强的混凝土预制构件
		钢丝网混凝土预制构件	以钢丝网及细钢丝增强的细颗粒混凝土预制构件,如薄壳、薄壁管、船等
		纤维混凝土预制构件	增强纤维有机金属、无机非金属及有机纤维,可提高基材抗拉强度,减少裂缝出现,改善韧性及抗冲击性,可制作板、管及各类异形构件
		(高效)预应力混凝土预制构件	以机械、电热或化学张拉法,在构件制备前、中或后期施加预压应力以提高抗拉、抗弯强度,广泛用于各种工程结构
按住宅部位分类		楼(顶)板类混凝土预制构件	包括大型屋面板、圆孔板、槽形板、大楼板、楼梯段、阳台板等
		墙板类混凝土预制构件	包括外墙板和内墙板
		梁类混凝土预制构件	包括装配式框架结构梁、吊车梁等
		柱类混凝土预制构件	包括装配式框架结构柱、工业厂房柱等
		桩类混凝土预制构件	各类预制混凝土桩
		其他	桁架、薄腹梁类混凝土预制构件

由表 6-1 可知,预制混凝土构件品种十分丰富,随着我国城市建设事业发展的需要,一大批技术难度较大、科技含量较高的新品种应运而生,例如,用于顶管施工的直径为 3 000 mm 的钢筋混凝土管,用于架设 22 万伏无拉线的 27～30 m 门式预应力混凝土组装电杆,预应力高强混凝土管桩,直径为 2 000 mm 的一阶段预应力混凝土管,高架节段梁、磁悬浮轨道梁、高铁轨道板、轨道交通地铁管片和 U 形梁等。

发达国家预制混凝土结构在土木工程中的应用比重为:美国 35%、俄罗斯 50%、欧洲 35%～40%,其中,预制预应力混凝土结构在美国和加拿大等国的预应力混凝土用量中占 80% 以上。目前,美国和欧洲的住宅产业化程度平均超过 50%,日本的住宅产业化程度高达 70%。在住宅产业化的推动下,美国、德国、法国、澳大利亚、日本等国的预制混凝土技术越来越成熟,这些国家均已完成了符合各国建筑风格的通用部件目录,完善了模数标准体系。

虽然我国在这方面的建筑工业化水平起步较晚,但我国预制混凝土构件产品工业经过半个多世纪的发展,特别是通过技术引进、消化吸收,生产工艺已实现多样化。以排水管为例,目前生产方法除离心法外,还有悬辊法、振动法(外模振动,内模振动)等。表 6-1 按生产工艺的分类中,除浸渍混凝土预制构件、灌浆混凝土预制构件外,其他都是我国目前预制混凝土构件产品生产的主要类型。

近年来,我国住宅产业化得到了国家和地方政府的大力支持,特别是在"十一五"期间出台的相关政策,鼓励住宅产业化和建筑工业化的发展,大大推进了预制混凝土技术的发展,国家的"十二五"规划中也明确了建筑工业化是行业发展的重要方向之一。此外,一些大型建筑和地产企业,包括上海建工、万科和瑞安等知名企业,也投入巨资,整合行业内科研、设计、预制构件制造和施工力量,开展了相关的科研和建设工作,使新的预制结构体系逐步成熟,包括各类型的预制框架结构体系(如万科上海新里程 20 号楼和 21 号楼)、预制剪力墙结构体系、叠合式预制剪力墙体系(如万科上海宝山四季花城)、新型节能保温型预制围护体系(如上海建工康六地块节能围护示范楼)等。随着这些预制技术的发展,新的预制产品开始逐步推出,如叠合式预制剪力墙和预制楼板,带保温、外装饰的预制住宅外墙板。此外,预制混凝土构件在城市轨道交通、高架桥、城际客运专线等大型基础设施和公共建筑方面得到广泛的应用。

3D 打印技术是近年来发展起来的新型成型工艺,其借助计算机强大的设计功能和现代自动控制技术的最新成果,可以便利地实现异形构件的全自动打印成型,成为当今最有发展前景的构件生产和制备工艺。利用传统混凝土材料并对其加以改性,已经可以 3D 打印出大量建筑模型甚至还制造出能够居住的实用房屋,其未来的发展必将为传统混凝土构件生产带来巨大变革。

6.1.2 预制混凝土构件的生产工艺过程

1. 基本工艺过程

在预制混凝土构件的制作过程中,从原料的选择、储运、加工和配制,到制成给定技术要求的成品的全过程,称为生产过程。生产过程的基本组成单元是工序,如混凝土拌和物的制备、钢筋加工(工艺工序),原料或成品的运输(运输工序),原料、半成品和成品的储存

(储存工序)、质量检查(辅助工序)等。因此，生产过程也可认为是按顺序将原料加工为成品的全部工序的总和。

工序按其功能可分为工艺工序和非工艺工序。凡使原料发生形状、大小、结构及性能变化的工序均称为工艺工序(或基本工序)，其余的工序则属于非工艺工序。工艺工序是生产过程的主体或基本环节。各工艺工序总称为工艺过程或基本工艺过程。预制混凝土构件生产中的基本工艺过程包括：原材料的贮运，混凝土拌和物的制备，钢筋的加工，预制构件的浇筑、密实和成型，预制构件的养护，预制构件的质量控制与检验。

2. 主要工艺工序的作用

原材料的贮运工序主要包括集料、胶凝材料(包括矿物掺合料)、化学外加剂及钢筋等原材料贮运。预制混凝土构件生产时所使用的原材料不仅种类多、数量大，而且在运输、装卸和使用时所占用的劳动量较大，如因装卸存放时管理不当，还会影响预制混凝土构件的产量和质量。

在混凝土拌和物的制备工艺过程中，将合格的各组分按规定的配合比称量并拌和成具有一定均匀性且符合给定和易性指标的混凝土拌和物，可视为混凝土内部结构形成的正式开始。搅拌除考虑均匀外，还应重视搅拌强化。在搅拌工艺过程中，可以采用分段搅拌、轮碾、超声、振动、加热等措施，进行活化、改善界面层结构及加速水化反应，以促进结构形成并提高混凝土的强度。

装配式预制混凝土构件不仅强调混凝土结构的耐久性，构件是否满足承载力要求也是必须考虑的一个重要因素。钢筋的加工是预制混凝土构件生产过程中的一个重要工序，主要包括钢筋形状的加工和预应力的施加。确定钢筋制品的加工方法和合理的加工作业线，对降低预制混凝土构件的成本、节约钢材及保证构件质量均有重要作用。

密实成型工艺是利用水泥浆凝聚结构的触变性，对浇灌入模的混合料施加外力干扰(据动、离心力、压力等)使之流动，以便充满模具，使预制构件具备所需的形状，更重要的是使尺寸各异的集料颗粒紧密排列，水泥浆则填充孔隙并将其黏结成整体。需要注意的是，高流态混凝土仅在其自重作用下，无须外界振捣，便可自动填充模具。密实成型工艺被视为混凝土内部结构形成的关键阶段。在此过程中，为形成密实结构，不仅应少引气或不引气，而且还应将搅拌和浇灌时引进的空气排出；为形成多孔结构，则应构成大量均匀的微小封闭的气孔。同时，应力求降低能耗。

由于养护工序在预制混凝土构件生产过程中历时最长，能耗最大，且在很大程度上影响预制构件的物理力学性能，所以养护是一个重要环节。对已密实成型的预制构件进行养护时，应提供使混凝土结构继续硬化和完善的必需条件。在混凝土加速硬化过程中，必须注意协调技术及经济效益之间的关系，在力求制约或消除导致内部结构破坏的因素并发挥水泥潜在能量的条件下，最大限度地缩短养护周期，达到降低能耗的效果。

预制混凝土构件的质量控制是构件生产过程中不可或缺的重要环节。提高产品质量必须加强构件生产过程中对各道工序的质量控制以及原材料、半成品和成品的质量检验。

对预制混凝土构件产品的装修和装饰在现代显得尤为重要，特别是清水混凝土预制构件等高品质混凝土预制构件。构件拆除模板后，应对其外观质量进行检查。外观质量不佳的预制构件应采用表面抹浆修补、细石混凝土填补、灌浆补强等混凝土表面修整方法对其表面进行装修及装饰。

习 题

1. 预制混凝土构件按形状可以分为哪几类？
2. 预制混凝土构件按生产工艺可以分为哪几类？
3. 预制混凝土构件按增强形式可以分为哪几类？
4. 预制混凝土构件按住宅部位可以分为哪几类？

6.2 混凝土搅拌技术

将两种或多种不同的物料互相分散而达到均匀混合的过程称为搅拌。搅拌是混凝土生产工艺过程中极重要的一道工序，配制混凝土的各种材料经搅拌后成为均匀的拌和物。混凝土拌和物在搅拌筒内通过重力、剪切和对流作用而达到均匀混合的目的，此外还要满足强化、塑化的要求，对不同的混凝土拌和物，其要求也不相同。当原材料及配合比不变时，搅拌机的类型及转速、搅拌时间、投料顺序等对混凝土拌和物的质量都有很大影响。

6.2.1 搅拌机械

采用机械搅拌，不仅能提高搅拌速度和拌和物的均匀度，而且可以提高混凝土的力学强度，也能大大地节约劳动力，并提高生产率。因此，搅拌机械是制备预制混凝土构件产品的必要设备。

为了适应不同混凝土的搅拌要求，现有的搅拌机种类很多，结构和性能也各不相同，按搅拌原理、工作过程、卸料方式可做如下分类：

（1）按搅拌原理分为自落式和强制式

自落式混凝土搅拌机：搅拌机的拌筒内安装若干搅拌叶片，当拌筒旋转时，装入筒内的物料被叶片带至一定的高度，然后借自重下落，周而复始，物料得到均匀的拌和，其工作原理如图 6-1 所示。自落式混凝土搅拌机的优点是结构简单，消耗功率较小，磨损程度小，易损件少，使用维护也较简单，且可拌制粗集料粒径较大的塑性混凝土，故应用较广。其缺点是靠重力自落实现搅拌，搅拌强度不大，而且转速和容量受到限制，生产率低，不宜拌制干硬性混凝土。

强制式混凝土搅拌机：物料由旋转的搅拌叶片强制搅拌的搅拌机。按搅拌轴的布置形式，可分成立轴式强制搅拌机和卧轴式强制搅拌机两种，其工作原理如图 6-2 所示。其搅拌结构由垂直或水平设置在搅拌筒内的搅拌轴组成，轴上安装搅拌叶片，工作时，转轴带动叶片对筒内物料进行剪切、挤压、翻转和抛出等多种强制搅拌，其中水平轴（卧轴式）同时具有自落式的搅拌效果，使物料在剧烈的相对运动中得到均匀的拌和。

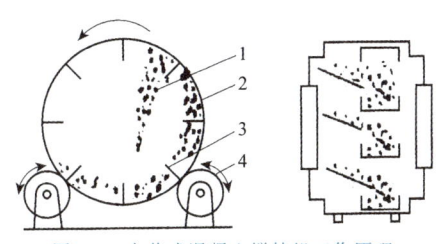

图 6-1 自落式混凝土搅拌机工作原理

1—混凝土拌和料；2—搅拌筒；3—搅拌叶片；4—托轮

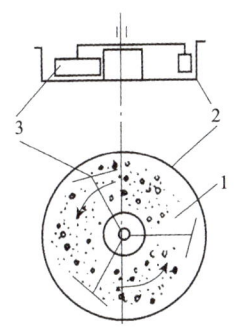

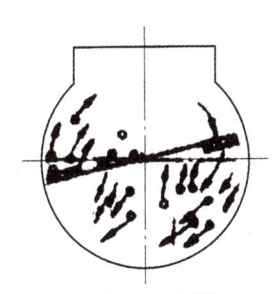

(a)立轴式强制搅拌机　　(b)卧轴式强制搅拌机

图 6-2 强制性混凝土搅拌机工作原理

1—混凝土拌和料；2—搅拌筒；3—搅拌叶片

强制式混凝土搅拌机搅拌作用强烈，拌和时间短，特别适用于拌和干硬性混凝土和轻质集料混凝土。但这种搅拌机结构比较复杂，搅拌工作部件磨损快，叶片易被粗集料卡住，故一般不宜拌制集料粒径较大的混凝土。

目前，我国主要使用自落式和强制式混凝土搅拌机，这两种搅拌机在结构上存在差异，有若干基本机型，详见表 6-2。

表 6-2　　混凝土搅拌机类型

类型	代号	示意图	类型	代号	示意图
自落式	反转出料 JZ	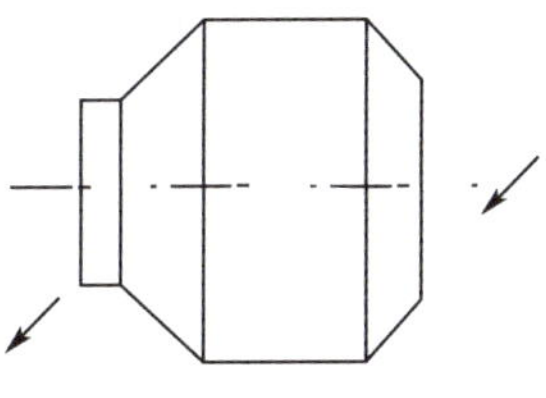	强制式	涡桨 JW	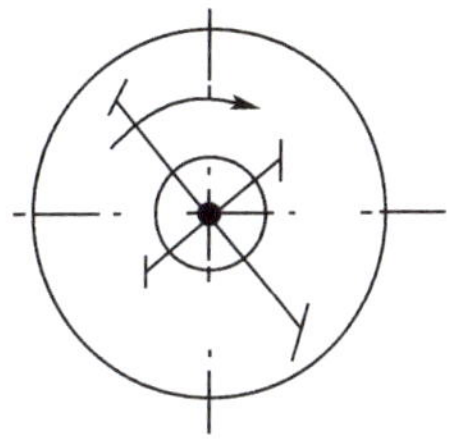
	倾翻出料 JF	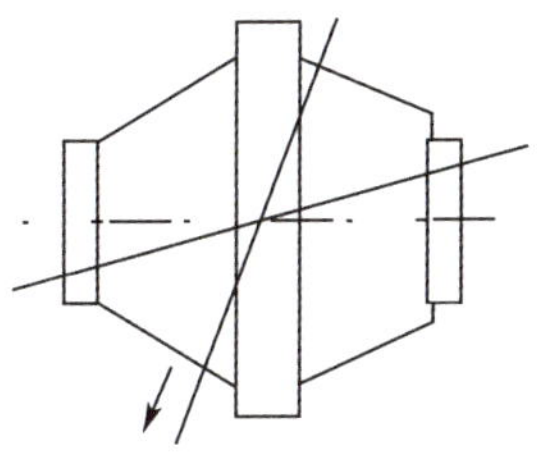		行星 JN	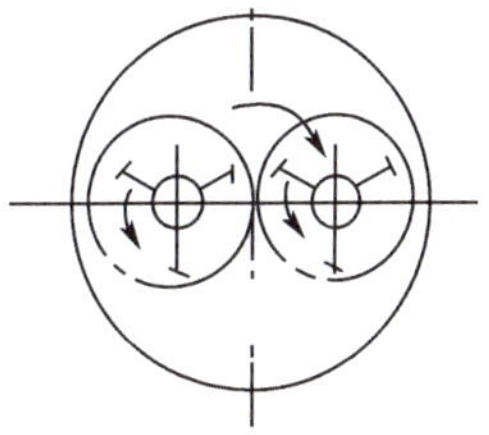

(续表)

类型	代号	示意图	类型	代号	示意图
自落式 单卧轴	JD		强制式 双卧轴	JS	

（2）按工作过程分为周期式和连续式

周期式混凝土搅拌机：搅拌机的装料、搅拌和出料按周期分批进行，在前一批拌和物搅拌好并卸出后，才能进行下一批的装料和拌制。这种搅拌机构造简单，容易准确控制混凝土配合比和拌和质量。

连续式混凝土搅拌机：搅拌机的装料、搅拌和出料都是连续不断地进行的。这种搅拌机生产率高，但混凝土的配合比和拌和质量难以控制。

（3）按卸料方式分为倾翻式和不倾翻式

倾翻式搅拌机：搅拌筒的旋转轴线是可变的，卸料时须将搅拌筒倾翻至一定角度，从而使拌和料从筒内卸出。

不倾翻式搅拌机：卸料时，搅拌筒的旋转轴线固定不动。根据出料方式不同，又可分为反转卸料和卸料槽卸料两种。

6.2.2 给料机械

1. 砂石给料机

（1）胶带给料机

胶带给料机由机架、驱动滚筒、改向滚筒、电动机、减速箱、胶带及托辊等组成。电动机经减速带动驱动滚筒旋转，胶带在驱动滚筒带动下传动。在胶带上方装有能上下移动的挡料板，用以调整给料量。

胶带给料机的胶带宽度应宽于下料口的尺寸，一般采用宽度为 500 mm 左右的胶带。在满足给料速度的情况下，为保证称量精度的要求，应降低胶带的运行速度，可在 15~30 m/min 的范围内选取。

胶带给料机作为给料设备，具有运行稳定、运转时无噪声、设备磨损小、使用寿命长、能满足一定称量精度要求等优点，因此作为砂、石的给料设备被广泛地使用。然而，胶带给料机与其他给料机相比，结构复杂，体积大，自重大，造价较高。

（2）电磁振动给料机

电磁振动给料机是一种定量给料设备。它可以输送松散的粒状物料，也可以输送 400~500 mm 的块料及粉状物料。

电磁振动给料机的结构如图 6-3 所示。电磁激振器电磁线圈的电流一般是经过单相半波整流的。当电流接通后，在正半周内有电压加在电磁线圈上，因而线圈有电流通过（图 6-4），在衔铁与铁芯之间便产生脉冲电磁力，互相吸引。这时槽体向后运动，激振器的主弹簧发生变形,储存一定的势能,由于板弹簧的作用,衔铁与铁芯朝相反方向离开,槽体向前运动。这样,电磁振动给料机以交流电源的频率,做 3 000 次/min 的往复振动。由于槽体的底平面与激振器的激振力作用线有一定的夹角,因此,槽体中的物料沿抛物线轨迹连续地向前运动。

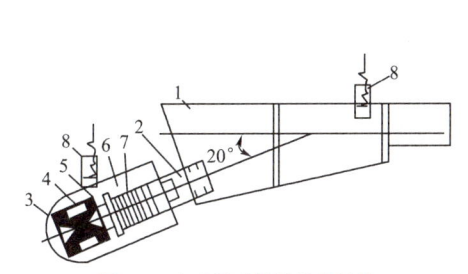

图 6-3　电磁振动给料机的结构
1—斜槽;2—连接叉;3—铁芯;4—线圈;
5—衔铁;6—机壳;7—板弹簧;8—减振器

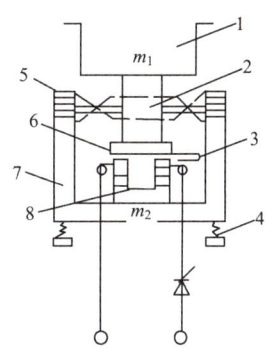

图 6-4　电磁振动给料机的工作原理
1—斜槽;2—连接叉;3—空气隙;4—减振器;
5—板弹簧;6—衔铁;7—机壳;8—铁芯

2. 水泥给料机械

(1) 螺旋给料机

螺旋给料机由电动机、减速箱、螺旋体、外壳等组成,其结构如图 6-5 所示。电动机经减速箱驱动两端装有轴承的螺旋体旋转,螺旋体推动物料向前移动。为便于密封,机壳采用钢管制成。螺旋给料机适应性好,给料距离灵活,结构紧凑,便于安装。它不但能水平送料,而且可以向上倾斜输送物料。

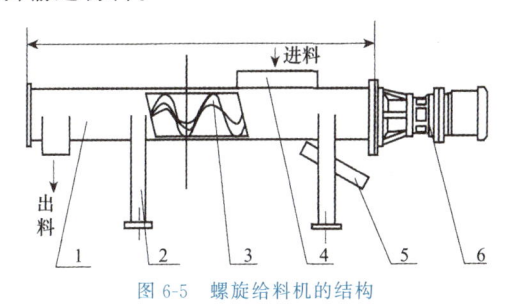

图 6-5　螺旋给料机的结构
1—机体;2—机架;3—空气螺旋体;4—料斗;5—消洗液槽;6—驱动装置

(2) 弹簧给料机

弹簧给料机由电动机、皮带、机壳、轴承、螺旋弹簧及导管等组成(图 6-6)。

电动机经三角皮带驱动装有螺旋弹簧的轴高速旋转。此时弹簧以同样转速旋转。为防止弹簧另一端在弹簧旋转时径向摆动,用导管做弹簧的径向定位。

由于螺旋弹簧高速旋转产生的离心力和螺旋弹簧推进力,物料越靠近管壁越密实,越靠近弹簧中心越稀疏。在螺旋弹簧推进力的作用下,弹簧钢丝附近的物料向前运动,远离弹簧钢丝的物料由于物料颗粒间的内摩擦力作用被运动的物料带动向前运动。弹簧给料机结构简单,质量轻,产量高,加工制造容易,使用寿命长,是较理想的水泥给料设备。

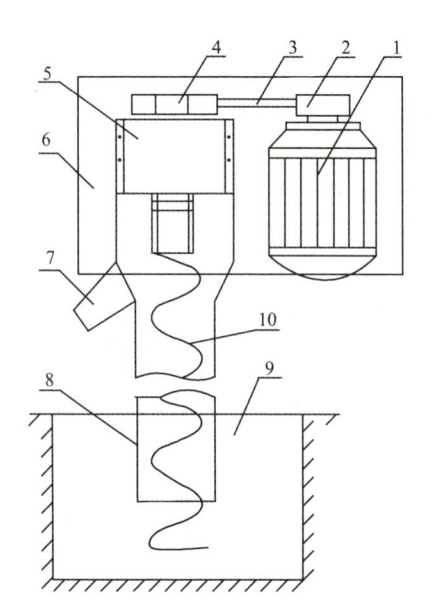

图 6-6　弹簧给料机的结构

1—电动机；2—小皮带轮；3—V形带；4—大皮带轮；5—轴承座；
6—安装底座；7—出料口；8—导管；9—料池；10—螺旋弹簧

6.2.3　计量与控制

目前，一般预制厂均采用重量计量法，而不采用体积计量法，是因为体积计量方法精度较低，且水泥用振动给料器给料，粉尘较大，污染环境，故只用于精度要求低的情况。重量定量秤可分为杠杆秤和电子秤两大类。

1. 杠杆秤

杠杆秤在中小型预制厂中使用较为普遍。其基本构造是在秤杆端部装一个开关（如水银开关、微动开关、舌簧管等），当料重达到给定量时，秤杆上翘，拨动开关，切断给料系统的电源，停止给料，完成一定称量过程。

杠杆秤的优点是构造简单，制造方便，造价低廉，缺点是称量误差大，尤其是料流的冲击可能使秤杆上翘到拨动开关的程度，而实际上却欠量，有时则因料流的惯性，使物料超重。杠杆秤改变称量值较麻烦，需要换砣或者拨游砣，在混凝土配合比及搅拌量变化频繁时极不方便，也易出差错。此外，秤上积灰后会影响其灵敏度及精确度。

电磁秤是一种特殊的杠杆秤，由秤杆、秤砣和电磁铁组成。在秤杆上按要求质量的不同位置，将秤砣悬挂在电磁铁所附带的横杆重力臂端头，用电磁铁来控制秤砣的起落，以实现远距离控制。这种秤的优点是在操纵室内可改变称重值，组合方便、灵活，提供了复称的可能性。

2. 电子秤

电子秤采用电阻式拉力或压力传感器测定质量，具有体积小、质量轻、结构简单、安装使用方便等优点。电子秤有表盘式和数字式两种。因电子秤的输出是一个电压信号，所以能适应大型或配合比变化频繁的搅拌站对称量精度和自动化的要求，便于实现自动控制。但电子秤对粉尘、温度、湿度、振动等方面的要求较高,上述方面不符要求会影响称量精度。

称量水的装置有配水箱、自动定量水表和水秤,它们是一般搅拌站的常备装置。

6.2.4 影响搅拌质量的因素

1. 搅拌机类型及转速

常用的搅拌机有自落式搅拌机及强制式搅拌机。自落式搅拌机适合搅拌塑性混凝土拌和物,不宜搅拌干硬性混凝土拌和物,强制式搅拌机则适合搅拌干硬性和半干硬性混凝土拌和物,不宜搅拌流动性混凝土拌和物。因此,为保证混凝土质量,必须选择合适的搅拌机。

在机型不变时,搅拌机的转速对混凝土拌和物的质量影响很大。转速过高,质量会下降;转速过低,会降低生产率,因此应选择一个适宜的转速。

自落式搅拌机是利用物料自重进行搅拌的,在搅拌筒内壁焊有许多叶片,当搅拌筒绕水平轴旋转时,物料便在筒内反复升降,达到均匀搅拌的目的,生产中要控制搅拌筒的转速,若转速过大(超过临界速度),则物料在离心力的作用下就会贴附在内筒壁上;若转速过小,则效率太低。一般转速为 14~33 r/min。

强制式搅拌机则是搅拌筒不转,依靠装在筒体中间的转轴上的叶片旋转,强制搅拌物料,转速一般为 20~36 r/min。

2. 搅拌时间

整个搅拌过程所需的时间应包括投料时间、搅拌时间和卸料时间。搅拌时间是从原材料全部投入搅拌筒搅拌时起,到混凝土拌和物开始卸料为止所经历的时间,它与混凝土拌和物的质量有密切关系,它随搅拌机的类型及混凝土拌和物的和易性不同而不同。

在一定程度上,混凝土强度随搅拌时间的增长而有所增长,但试验证明,搅拌达到一定时间后,强度不再增长,而且会因不坚硬的粗集料脱角、破碎而降低强度,影响搅拌质量。在生产中应根据拌和物均匀性、混凝土强度增长的效果及生产率等综合考虑后选择适当的搅拌时间。

3. 投料顺序

投料顺序与提高混凝土拌和物质量及混凝土强度、减少集料对叶片和衬板的磨损及拌和物与搅拌筒的黏结、减少扬尘而改善工作环境、降低电耗及提高生产率等均有关系。

投料常用的是一次投料法。在瞬间的投料过程中,各物料的投料顺序仍有微小的区别。采用自落式搅拌机时,为防止扬尘,可先加入 10% 的水,然后加入集料、水泥和 80% 的水,最后补入剩余的水。对于强制式搅拌机,因出料口在下部,故不能先加水,而应在投入干物料的同时,缓慢均匀地加入全部水量。

当搅拌吸水性很强的轻质多孔集料混凝土时,应首先投入集料,再投入全部用水量的 2/3,搅拌片刻后,使轻集料达到湿润饱和状态,然后再投入胶结材料和其余 1/3 的用水,并且这部分水最好不要集中投入,而应均匀地投入。

投料时也可采用两次投料法,也称水泥砂浆法,在不增加水泥用量的情况下,改变投料顺序,先把水、水泥和砂的投料延续时间分别控制在2~12 s、0~7 s、0~10 s,共同搅拌成砂浆后,第15 s再投入粗集料。这种投料方法一开始就使水泥颗粒充分分散并包裹在砂子表面,避免产生小水泥团。粗集料投入后就容易被砂浆均匀包裹,从而提高混凝土强度。此外,两次投料还能减少粗集料对搅拌叶片及衬板的冲击和磨损,并能节省电能,不致超出额定电流,保护搅拌机。

6.2.5 搅拌工艺

1. 原材料称量

原材料的称量是混凝土拌和物制备过程中的关键环节,其准确程度能显著影响混凝土的质量,进而对预制混凝土构件质量产生影响。干硬性混凝土用水量的称量精确度要求很高,因为很小的误差也会造成混凝土干硬度的变化。

原材料的称量方法有体积计量和重量计量两种。体积计量虽然设备简单,操作方便,但称量误差大,而且不易控制。因此尽可能采用重量计量。重量计量由于设备的结构以及操作等因素的影响,也将产生一定误差。根据现行国家标准《预拌混凝土》的要求,材料的计量误差应不超过表6-3所规定的限值。

表6-3　　　　　　　　混凝土原材料重量称量误差限值　　　　　　　　　　　　%

原材料品种	水泥	水	外加剂	集料	掺和物
每盘计量允许偏差	±2	±2	±2	±3	±2
累计计量允许偏差	±1	±1	±1	±2	±1

注:累计计量允许偏差是指每一运输车中各盘混凝土的每种材料计量之和的偏差,适用于采用计算机控制计量的搅拌楼。

称量系统一般由给料设备、称量设备和卸料设备三部分组成。

给料设备是将物料从料仓喂进称量斗里进行称量所采用的设备。对水泥来说,用得最多的是螺旋给料机,也可以根据具体情况采用电磁振动给料机、弹簧给料机等。砂石集料则常用各种类型的扇形斗门、电磁振动给料机和胶带运输机等,其中扇形斗门结构简单,制作方便,但给料误差大。在一些简易的双阶式搅拌站或落地式搅拌站中,也有以手推车作为给料工具及称量容器的。

称量设备是称量系统中的主要设备。常用的有杠杆秤和电子秤,其中杠杆秤又可分为简易秤和自动杠杆秤。对小型构件厂来说,宜采用简易秤。它不仅结构简单,价格低廉,制作和操作方便,而且加上适当措施(如水银开关等),同样能满足一定的自动化和联动化要求。其缺点是无精称,误差大。电子秤虽有体积小、重量轻、称量误差小、自动化程度高等优点,但比较精密,管理不当会出现失灵状况。

卸料设备一般为可直接卸料的称量斗。

2. 搅拌机类型及容量选择

搅拌机类型的选择,必须考虑混凝土拌和物的品种和性能,详见表6-4。

表 6-4　　　　　　　　　　　　　　搅拌机类型的选择

搅拌机类型	混凝土品种
强制式搅拌机	低流动性混凝土 干硬性混凝土 轻质混凝土 粉煤灰矿渣混凝土
自落式搅拌机	低流动性混凝土 流动性混凝土
砂浆搅拌机	砂浆 轻质混凝土

选择搅拌机容量时,必须考虑搅拌车间的生产规模及预制混凝土构件成型的一次混凝土最大容量。一般情况下,小于 5 000 m³ 混凝土的搅拌车间,搅拌机的出料容量不宜大于 0.35 m³。

3. 拌和物转运

混凝土拌和物从搅拌机卸出后,即输送至成型工位浇灌入模。在此过程中,最重要的是保持混凝土拌和物的均匀性,避免分层离析,而混凝土拌和物产生分层离析的主要原因是运输过程中产生了振动。

为了避免分层离析,必须慎重选择运输方法。运输方法的确定与运输距离有密切的关系。在混凝土预制构件厂,输送距离一般为几十米或几百米。在运输过程中应注意以下几方面:

①应以最快的速度将新拌拌和物运输至成型地点并浇灌入模,其时间不得超过混凝土初凝时间。

②在寒冷、炎热或大风等气候条件下,输送新拌拌和物时应采取有效的保温、防热、防雨、防风等措施。

③采用车辆运输时,应力求路途平坦,行车平稳,避免发生严重分层离析现象。如发生分层离析,应在浇灌入模前进行二次搅拌。

④转运次数不宜过多,垂直运输时,自由落差不得超过 2 m,否则应加设分级溜管、溜槽,减小落差,避免或减少分层离析。混凝土卸料溜管的倾角不得小于 60°,卸料斜槽的倾角不得小于 55°。

在预制混凝土构件厂,混凝土拌和料主要采用水平运输。常用的运输工具有翻斗车、露天行车、车间行车、布料机等。此外,还有预拌混凝土搅拌车、叉车、传送带、混凝土泵等,以及各种形式的料斗和运输小车等配套机具。运输干硬性混凝土,应选择吊斗、翻斗车等;运输流动性混凝土,应优先选择溜槽、搅拌运输车、泵车。

运输设备选用时,需满足下述要求:

①混凝土运输设备的容量必须根据搅拌机容量和混凝土贮料斗的容量来确定,并应大于它们的容量,一般取整数倍。

②混凝土运输设备必须保证混凝土运输过程中不漏浆、不分层离析。

③运输设备的接料周期必须考虑搅拌机的搅拌周期并满足工艺需要。

习 题

1. 搅拌机分别按搅拌原理、工作过程和卸料方式分为哪几类?
2. 自落式混凝土搅拌机有哪些优缺点?
3. 强制式混凝土搅拌机有哪些优缺点?

6.3 钢筋加工

6.3.1 钢筋冷加工

钢筋冷加工,是在常温下以超过钢筋屈服强度(但不超过抗拉极限)的拉应力对钢筋进行拉、拔、轧等方式的工艺措施,借助加工后的强化和时效来提高强度,并利用其塑性变形,以达到节约钢材的目的。

1. 冷加工原理

从钢筋受拉的应力-应变图(图 6-7)中可以看出,钢筋受拉可分为三个阶段:第一阶段为弹性阶段,曲线Ⅰ中 OA 段为比例阶段,与 A 点对应的应力数值就是比例极限,以 σ_p 表示。OA' 总称为弹性阶段,与 A' 点对应的应力数值就是弹性极限,以 σ_e 表示。第二阶段称为弹塑性阶段。在 A' 点以后,不仅应力应变间的正比关系破坏,而且开始产生残余变形,曲线出现水平或上下微微抖动,进入屈服阶段($A'B$ 段),此时应力不增大,但应变却迅速增大,说明材料暂时失去抵抗变形的能力,这种现象称为屈服。与 $B_下$ 点对应的应力值称为屈服极限,以 σ_s 表示,它是衡量承载能力和确定设计"计算强度"的重要指标。钢筋达到屈服时,试件内的晶格发生滑移,在光滑的试件表面上,出现与轴线呈 45°的条纹线。当应力超过屈服阶段后,要使试件继续变形,就必须增加拉力,说明钢筋又恢复了对变形的抵抗能力,这种现象称为强化,此时钢筋又具有弹塑性特征,钢筋工作进入第三个阶段即强化阶段(BC 段),与 C 点对应的应力数值称为强度极限,以 σ_b 表示。在应力达到 σ_b 后,试件局部截面逐渐收缩,出现颈缩现象。最后就在颈缩处拉断,与 D 点对应的应力已无实用意义。

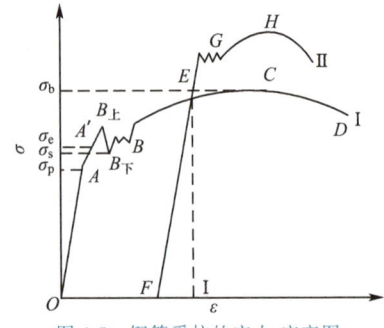

图 6-7 钢筋受拉的应力-应变图

钢筋冷加工主要在 BC 强化阶段。当应力拉至 E 点时,停止拉伸,并立即卸荷,则曲线沿 $EF(EF/AO)$ 回降,此时,OF 为塑性变形,FI 为弹性变形,OI 称为冷拉率。若将冷拉卸荷后的钢筋立即再做拉伸,则曲线沿 $FECD$ 进行,此时的屈服点从原来的 $B_\text{下}$ 点上升到 E 点,即冷拉强化。若卸荷后在常温下搁置相当长时间再张拉,则曲线将沿 $FEGH$ 进行,屈服点提高到 G 点。钢筋经冷拉强化作用后,随着放置时间的延长而使钢筋的强度进一步提高,同时塑性和韧性继续下降,这种现象称作时效现象。常温下需要 $(15\sim20)d$ 才能自行完成时效过程,此为自然时效;若采用蒸气或电解法加热到 $100\,^\circ\!\mathrm{C}$ 时,只要 $1\sim2\,\mathrm{h}$ 就可完成时效,此为人工时效。

经冷加工处理后,钢筋的强度可以提高 $30\%\sim100\%$,但也有以下不能克服的缺点:

一是钢筋材质由于应力作用变硬,塑性显著降低,从而使钢筋的疲劳强度、冲击韧性大大降低。对于承受动荷载或重复荷载的结构是极其不利的,故在这些结构中很少采用冷加工钢材。

二是冷加工钢筋有明显的"包兴格效应"。金属被拉伸(或受压)到超过弹性极限(一般钢材和屈服点很接近),并产生塑性变形后,虽然抗拉强度(或抗压强度)急剧提高,但其抗压(抗拉)的弹性极限却显著降低,屈服台阶消失,因这种现象是由包兴格等人发现,故称为"包兴格效应"。因而,冷加工后钢筋不宜做受压配筋使用(冷轧、冷扭钢筋除外)。

三是经冷加工强化的钢材受到高温作用时,会恢复弹性,降低机械强度,故对经冷加工强化的钢筋焊接或加热时,需要采取措施以防其机械性能的恢复。

2. 冷拉

冷拉工艺是钢筋冷加工最常用的方法,设备简单,操作容易,常将调直、除锈、冷拉合成一道工序进行。

(1)冷拉原理

钢筋的冷拉是将钢筋的一端固定,在另一端用拉力机进行强力拉伸,使之超过钢筋的屈服点(但小于抗拉强度的某一应力值),并控制一定的延伸率,然后放松。由于钢筋的冷拉强化作用及塑性变形,其屈服点提高 $25\%\sim30\%$,材料变脆,屈服阶段缩短,伸长率降低,抗拉强度略有提高。冷拉后的钢筋长度:Ⅰ级钢筋增大 8% 左右;Ⅱ、Ⅲ级增大 $3\%\sim5\%$;Ⅳ级增大 $2\%\sim4\%$。

(2)冷拉参数及其控制

冷拉应力和冷拉率是控制冷拉质量的两个参数。仅用冷拉率控制的方法称为单控,用冷拉率和冷拉应力同时控制的方法称为双控。冷拉参数的控制值见表6-5。

表6-5　　　　　　　　　　钢筋冷拉参数

钢筋种类	单控	双控	
	冷拉率/%	控制应力/MPa	冷拉率/%
Ⅰ级钢筋	<10.0	—	—
Ⅱ级钢筋	3.0~5.5	450	≤5.5
Ⅲ级钢筋	3.5~5.0	530	≤5.0
Ⅳ级钢筋	2.5~4.0	750	≤4.0

3. 冷拔

冷拔是将直径为 6～10 mm 的 I 级光面钢筋,在常温下使其多次通过小于其直径 0.5～1 mm 的硬质合金拔丝模进行强力拉拔。钢筋经冷拔后,由于径向压缩,纵向伸长,内部晶体发生滑移,晶格因强迫变位产生内应力,抗拉强度提高,塑性降低。对截面减缩率要求较大的钢筋,需经多次冷拔。为了保持一定的塑性,有时需经中间退火处理。

冷拔工艺过程一般包括机械除锈(使钢筋通过 3～6 个上下交错排列的辊子)、酸洗、中和、烘干、轧头及拔丝。因工艺复杂,劳动消耗大,现多数混凝土构件厂已将工艺流程简化为机械除锈、轧头及拔丝。

拔丝机有立式、卧式和单筒、多筒之分,目前采用立式的较多。为了提高生产率而将多个拔丝机联合作业、多模串联时,应注意冷拔次数(分道压缩率),冷拔次数可参考表 6-6。

表 6-6   钢丝冷拔次数

钢丝直径	盘条直径	冷拔总压缩率/%	拔后直径/mm					
			冷拔次数					
			第1次	第2次	第3次	第4次	第5次	第6次
ϕb_5	$\phi 8$	61	6.5 7.0	5.7 6.3	5.0 5.7	5.0		
ϕb_4	$\phi 6.5$	62.2	5.5 5.7	4.6 5.0	4.0 4.5	4.0		
ϕb_3	$\phi 6.5$	78.7	5.5 5.7	4.6 5.0	4.0 4.5	3.5 4.0	3.0 3.5	3.0

6.3.2 钢筋配料加工

钢筋配料加工有除锈、调直、切断、弯曲、接长、镦粗等工艺。

1. 除锈

一般水锈可不予清理,若表面有鱼鳞锈则必须清除,否则会影响钢筋与混凝土的黏结力。在表面锈不严重时,一般可在加工过程(如冷拉调直切断机)中自然地除去,严重时或要求较高时就需由人工或机械用铁刷子除锈。此外,还可用酸洗除锈。

2. 调直

无论是盘条还是直条钢筋,在加工前都必须进行调直。粗钢筋的调直可以在矫正台上由人工进行,也可采用机械拉直或结合冷拉钢筋的方法达到调直和防锈的目的。盘条钢筋的调直方法较多,常用钢筋调直机或电动卷扬机拉直钢筋。在缺乏机械设备的条件下,也可用绞磨拉直细钢筋,用卡盘和板头或铁锤矫直粗细钢筋。采用卷扬机拉直钢筋时,其调直冷拉率如下:I 级钢筋为 4%～6%,II 级钢筋为 1%～3%。一般至少要拉到钢筋表面浮皮脱落为止。在不许采用冷拉钢筋的结构中,钢筋调直冷拉率不得大于 1%。

3. 切断

钢筋根据设计图纸中尺寸划线后即可进行切断,常用的有手工和机械两种切断方法。

借助简易工具可手工切断直径 20 mm 以下的钢筋,如使用断线钳、踏扣(又称克子),可以切断直径为 8~32 mm 的钢筋。常用的 GJ5Y-16 型手动液压切断器能切断直径在 16 mm 以下的钢筋。当钢筋直径较大时,需用专门切断机械,切断钢筋直径超过 40 mm 时需用氧气、乙炔、电弧切割。

4. 弯曲

已定长切断的钢筋按配筋要求常需要弯曲成一定形状。常用机械为弯曲机,在缺乏设备的条件下,也可采用手摇扳手弯制细钢筋,用卡筋与扳头弯制粗钢筋。

5. 接长

若钢筋长度不足,需进行接长。接长方法有绑扎搭接、电弧焊对接、接触焊对接等。采用搭接或焊接时,其长度应按钢在制品中受力情况根据技术规范确定。

6. 镦粗(镦头)

为了适应预应力构件的生产,采用将钢筋两端头镦粗的方法,使预应力张拉时靠镦粗头在钢模上锚固。对于细钢筋,高强钢丝和低碳冷拔钢丝的镦头工艺是一样的,一般低碳冷拔钢丝采用机械镦头,高强钢丝采用液压机镦头。镦头机最好选用两台,同时使用,布置在工作台的两端,使钢筋不调位置即可实现两端头镦粗,可减少搬运,提高工作效率。为了保证制品的质量,镦粗头的钢筋按定长分类堆放备用。

粗钢筋由于直径比较大,一般采用电热镦头,用对焊机改装夹钳变为挡板,或在夹钳上夹住铜棒进行镦粗。根据镦粗钢筋的直径选择不同电容量的对焊机,一般直径为 12~22 mm 的钢筋可选 LP-75 型对焊机。以 $45Si_2MnTi$ 钢筋电热镦粗为例,其技术参数见表 6-7。

表 6-7　　　　　$45Si_2MnTi$ 钢筋电热墩粗技术性能参数

钢筋直径/mm	墩粗留量/mm	墩粗时间/min	变压器级数	成型完毕时温度/℃
12	20	1	1	1 100
14	25	1	1	1 100
16	30	1~2	1	1 100
18	35	1~2	1	1 100
20~22	40	1~2	1~2	1 100

6.3.3　钢筋网片及骨架成型

1. 点焊

点焊成型的网片和骨架的整体刚度及接合质量均较好,成型时钢筋位置易于保证,适用于流水作业,可提高机械化水平,但点焊不适用于大型和复杂的骨架。

(1)点焊工作原理

将已除锈的两根钢筋叠合在一起,压紧在两个电极之间,并通过强大电流使钢筋接触点的局部由于电阻热加热而迅速达到熔融状态,形成熔核。当周围金属达到塑性状态时,在压力下切断电流,熔核冷却凝成焊点,至此两根钢筋已成一体。点焊过程可分为预压阶段、电流闭合阶段和持续加压与冷却阶段。

(2)点焊参数

为了保证点焊质量,必须正确选择焊接制度。焊接制度的主要焊接参数包括焊接电流、通电时间、电极压力和电极接触表面的直径。

①焊接电流

点焊时电极通过钢筋的电流称为焊接电流。焊接电流主要取决于钢筋直径和通电时间。按照电流大小和通电时间长短,焊接制度可分为电流密度大($120 \sim 360 \ A/mm^2$)、焊接时间短($<0.5 \ s$)的强制度(又称硬制度)和电流密度小($80 \sim 120 \ A/mm^2$)、焊接时间长($0.5 \ s$ 至数秒)的弱制度(又称软制度)。点焊含量在 0.2% 以内的钢筋时,两种制度均可采用。对于可焊性较差的钢筋采用弱制度。对于冷拔钢丝,必须采用强制度,否则冷加工钢筋在一定温度下,经过一定时间,将产生恢复或再结晶现象,使结晶组织及力学性能恢复原态。采用强制度焊接的冷加工钢筋强度的降低(由于退火)不大于 $4\% \sim 7\%$,这是完全允许的。应注意高强钢丝不宜采用焊接工艺。

②通电时间

根据焦耳-楞次定律 $Q=0.24I^2t$,点焊时的发热量与电流强度的平方成正比,而与时间成直线比例关系。一般在保证焊点强度的条件下,尽量提高电流强度,缩短时间。时间过长,热量过多,焊件压陷过大或熔核溢出,会导致焊点强度降低;但时间过短,焊点质量也欠佳。焊接时间长短取决于点焊钢筋直径、钢筋品种及表面特性。

③电极压力

点焊时,在一定的电流强度及通电时间的条件下,还要有适当的电极压力。电极压力既影响着接触电阻的大小,又决定着焊点的变形程度。

④电极接触表面的直径

点焊机的电极一般为合金圆柱体,为了保证点焊质量,不使焊点在焊接过程中变形太大,当钢筋直径为 $3 \sim 10 \ mm$ 时,电极接触表面的直径可选用 $20 \ mm$;当钢筋直径为 $10 \sim 20 \ mm$ 时,电极接触表面直径可选用 $40 \ mm$。

(3)常用点焊机

常用的点焊机有单头点焊机和多头点焊机,还有悬挂式点焊机。单头点焊机有踏脚传动式、电动凸轮式和气压传动式三种。点焊机的选型主要根据焊接钢筋的直径、网片的宽度及电源压缩空气的供应情况来确定。点焊机的功率可根据焊接钢筋的直径进行选择。若焊接钢筋的直径不同,则根据小钢筋的直径确定。

点焊机的臂长决定钢筋网可能的最大宽度,最大宽度为焊机臂长的两倍加上当中两极钢筋的间距;当钢筋网纵向筋为单数时,其允许最大点焊宽度为臂长的两倍。

(4)工艺布置

在工艺上,要求点焊机两侧操作面积根据最大焊件尺寸布置,必要时应考虑钢筋网片焊完一半后转动过去焊另一半的可能。当焊接大量网片时,应避免将钢筋模架旋转180°,宜选用两台点焊机进行点焊。当在一条作业线上对面交错连续布置两台点焊机时,两台点焊机顺作业线方向间距等于被焊件长度的两倍。

对于定型网片可组织自动化生产线,采用多头点焊机。多头点焊机包括钢筋调直、网片自动点焊及切割等几道主要工序,其生产量较大,适合大型厂生产定型产品,还可用弯网机把钢筋网片弯成一定的形状。

2. 对焊(平面焊)

对焊是钢筋接头焊接中成本低、质量好、效率较高的一种焊接方法。对焊适用于接长Ⅰ—Ⅳ级钢筋。预应力钢筋接长广泛采用对焊。

对焊的原理如图 6-8 所示。它利用对焊机使两段钢筋接触,通过低电压的强电流当钢筋加热到一定程度后加压焊接。

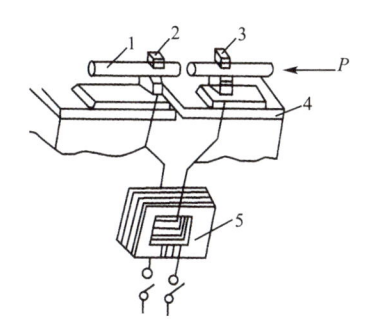

图 6-8 钢筋对焊原理

1—钢筋;2—固定电极;3—可动电极;4—机座;5—焊接变压器

常用对焊机有手动 UN_1-25、UN_1-75、UN_1-100 及自动 UN_2-100、UN_2-150 等型号。最常用的是 UN_1-75 型杠杆传动式手工对焊机。其主要技术性能:额定功率为 75 kW;可焊钢筋最大直径为 36 mm;每小时可焊接接头 30~50 个;全机质量为 445 kg。

钢筋对焊分为电阻焊和闪光焊两种工艺。电阻焊要求钢筋端面研磨平整,对焊机功率大,消耗电能多,只能焊接小截面钢筋,采用较少。而闪光焊对钢筋端面要求不严格,可免去磨平工序;由于在闪光时接触面积小,热量集中,加热迅速,所以热影响区小,接头质量好;又因为采用预热方法能以较小功率焊接较大截面的钢筋,所以闪光焊应用较普遍。

闪光对焊主要包括以下三种操作工艺:

(1) 连续闪光焊

连续闪光焊即将钢筋夹入内有循环冷却水的铜电极,先闭合电源,使钢筋两端移近相触,其接触点很快熔化,形成"金属过梁"。过梁进一步加热,产生金属蒸气飞溅,这个现象即称作闪光。随着接头不断移近接触,闪光连续发生而产生烧化,直至白热熔化时,加力迅速进行顶锻,再无电顶锻到一定长度,则对焊接头完成。连续闪光焊适合焊接直径在 25 mm 以下的钢筋。

(2) 预热闪光焊

预热闪光焊即在连续闪光焊前,增加一个钢筋预热过程,使两根钢筋端面交替接触和分开,扩大焊接的热影响区,然后再进行闪光和顶锻。预热闪光焊适合焊接直径大于 25 mm 且端面较平整的钢筋。

(3) 闪光预热闪光焊

闪光预热闪光焊即在预热闪光焊前再增加一次闪光过程,先闪平不平整的钢筋端面,并将钢筋预热均匀。这种方法比较适合焊接直径大于 25 mm 且端面不够平整的钢筋。闪光预热闪光焊是以上三种焊接方式中最常用的一种。

在Ⅴ级钢筋中,$44Mn_2Si$ 和 $45MnSiV$ 钢筋由于淬硬倾向大,焊后还需进行通电热处理以改善接头金属组织和塑性。

焊接质量与焊接参数(调伸长度、闪光留量、预热留量、顶锻留量、焊接变压器级数)有关。这些参数相互依存,相互影响,要对焊好钢筋必须正确选择合适的参数。

对焊合格的接头表面不应有裂纹和明显烧伤,应有适当镦粗,毛刺均匀,焊接轴线偏位不应大于 $0.1d$,也不应大于 2 mm,偏斜不大于 4°。抗拉应符合规范规定,冷弯(包括:正弯——将上口毛刺多的一面作为冷弯圆弧外侧,反弯——将上口毛刺多的一面作为冷弯圆弧内侧)不应在焊缝处或热影响区断裂,否则,不论强度多高均不合格。Ⅳ级钢筋冷弯时不应有裂纹出现。

表 6-8　　　采用 UN_1-75 型对焊机时的焊接参数(闪光-预热-闪光焊)　　　mm

钢筋直径	闪光及预热留量				顶锻留量			总流量	变压器级数
	一次闪光留量	预热留量	二次闪光留量	合计	有电顶锻留量	无电顶锻留量	合计		
22	3+e	2	6	11+e	1.5	3.5	5	16+e	Ⅴ
25	3+e	4	6	13+e	2	4	6	19+e	Ⅴ
28	3+e	5	7	15+e	2	4	6	21+e	Ⅵ
30	3+e	6	7	16+e	2.5	4	6.5	22.5+e	Ⅵ
32	3+e	6	8	17+e	2.5	4.5	7	24+e	Ⅵ
36	3+e	7	8	18+e	3	5	8	26+e	Ⅶ

注:e—当钢筋端部不够平整时,两根钢筋凸出部分的长度。

一般情况下,在钢筋施焊前,应先对该钢筋进行焊接试验,选择焊接参数,焊接接头经试验合格后再正式施焊,经焊接后的钢筋,其屈服强度和抗拉强度要符合母材的质量要求。

3. 电弧焊

电弧焊的工作原理如图 6-9 所示。电焊时,电焊机送出低压的高电流,使焊条与焊件之间产生高温电弧,将焊条与焊件熔化成牢固的接头。电弧焊应用较广,如整体式钢筋混凝土结构中钢筋接长、装配式钢筋接头、钢筋骨架焊接及钢筋与钢板的焊接等。

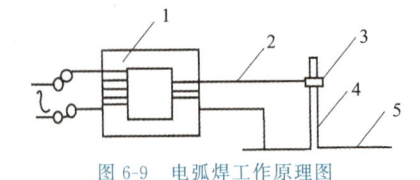

图 6-9　电弧焊工作原理图

1—焊接变压器;2—变压器二次导线;3—焊钳;4—焊条;5—焊件

在预应力混凝土构件中较少使用电弧焊,但在现场预制或非预应力构件以及预埋铁件中常使用电弧焊。

钢筋电弧焊接头形式主要有三种：

(1)搭接接头。

(2)帮条接头。

(3)剖口(坡口)接头，如图 6-10 所示。适用于直径 16～40 mm 的Ⅰ—Ⅶ级钢筋及 5 号钢筋。这种接头较上两种接头更节约钢材。当焊Ⅳ级钢筋时,应加温处理。剖口焊又分平焊和立焊两种。立焊时,将上面一根钢筋刻成约 45°,并使两钢筋间有 4～5 mm 的空隙,然后引弧施焊。平焊时,将两根钢筋剖成约 60°,两钢筋间的空隙为 3～5 mm,下垫钢板,然后引弧施焊。

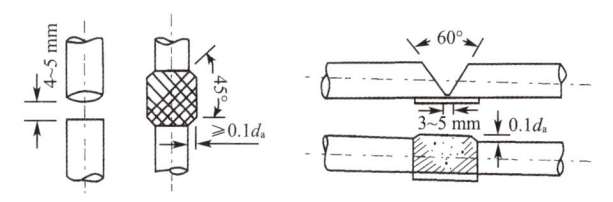

图 6-10 坡口接头

常用的交流弧焊机有 BX1-330(BS-330),BX3-300(BK300),BX3-500(BX-500)等型号。

电弧焊使用的焊条可按表 6-9 选用。焊接电流和焊接直径可按表 6-10 选用。

表 6-9　　　　　　　　　　　　　焊条选用表

焊接形式	钢筋级别				
	Ⅰ级钢筋	Ⅱ级钢筋	Ⅲ级钢筋	Ⅳ级钢筋	5 号钢筋
搭接、帮条焊	结 421 结 422	结 502	结 502 结 553	结 856-7 结 856-12	结 421 结 502
坡口焊	结 422	结 553	结 553 结 606	结 856-7 结 856-12	结 502 结 553

注:1.焊条牌号表示方法:结表示结构钢焊条,前两位数字表示焊缝金属抗拉强度,末位数表示药皮类型。例如,"结 553 焊条"表示焊缝金属抗拉强度为 550(MPa)钛铁矿型结构钢焊条。

　　2.统一牌号"结"相当于国标"T"。

表 6-10　　　　　　　　　　　焊条直径和焊接电流选用表

名称	焊接钢筋直径		
	6～10	10～20	20～30
焊条直径/mm	3	4	4
焊接电流/A	80～150	150～200	200～250

4.绑扎

绑扎法用于成型尺寸较大的网片或构造复杂的骨架。绑扎是借助钢筋钩将交接钢筋用 20～24 号铅丝经手工扭接。铁丝过硬时,可经过退火处理。绑扎钢筋搭接长度及绑扎点位置应符合钢筋混凝土结构构造要求,详见表 6-11。

175

表 6-11　　　　　　　　　　　　钢筋绑扎接头最小搭接长度

项次	混凝土类别	钢筋级别	受拉区	受压区
1	普通混凝土	Ⅰ级	$30d_0$	$20d_0$
		Ⅱ级	$35d_0$	$25d_0$
		Ⅲ级	$40d_0$	$30d_0$
		冷拔低碳钢丝	250 mm	200 mm
2	轻骨料混凝土	Ⅰ级	$35d_0$	$25d_0$
		Ⅱ级	$40d_0$	$30d_0$
		Ⅲ级	$45d_0$	$35d_0$
		冷拔低碳钢丝	300 mm	250 mm

注：1. d_0 为钢筋直径。

2. 钢筋绑扎接头的搭接长度除应符合本表要求外，在受拉区不得小于 250 mm，在受压区不得小于 200 mm。轻骨料混凝土要求均应分别增加 50 mm。

3. 当混凝土标号为 150 号时，除冷拔低碳钢丝外，最小搭接长度应按表中数值增加 $5d_0$。

5. 骨架成型

为组成钢筋骨架，把已经加工好的网片用绑扎或焊接法加工成型。焊接时，可采用移动式电焊钳。

骨架成型区在工艺布置上应靠近其他各加工区并处于方便运输的位置，操作面积和通道必须宽敞，并留有 2~4 h 半成品及成品堆放的场地。

6. 网架成型装备

比较常见的钢筋网架成型机械包括小型的手持式钢筋绑扎机和钢筋笼成型机。

习 题

1. 钢筋受拉分为哪几个阶段？
2. 简述冷拔工艺过程。
3. 常用点焊机有哪几种？
4. 闪光对焊主要包括几种操作工艺？

6.4　预应力张拉

6.4.1　预应力张拉工艺

1. 先张法

先张法即先张拉钢筋，后浇筑混凝土的方法（图 6-11）。先在台座上按设计规定的拉力张拉钢筋，并用锚具临时固定，再浇筑混凝土，待混凝土达到一定的强度（设计强度的

70%以上,以保证具有足够的黏结力和避免徐变值过大等)后,放松钢筋,将钢筋的回缩力通过钢筋与混凝土间的黏结作用传递给混凝土,使混凝土获得预压应力。

先张法所用的预应力钢筋一般为高强钢丝、直径较小的钢绞线,目前还采用小直径的冷拉钢筋等以获得较好的自锚性能。

用先张法生产预应力混凝土构件,除千斤顶等设备外,还需要有用来张拉和临时固定钢筋的台座。台座要承受预应力钢筋的巨大回缩力,设计时应保证它具有足够的强度、刚度和稳定性,因此,初期投资费用较多。但先张法施工工序简单,钢筋靠黏结力自锚,不必耗费特制的锚具,临时固定所使用的锚具都可以重复使用,一般称为工具式锚具或夹具。因此,在大批量生产时,先张法构件比较经济,质量也比较稳定。

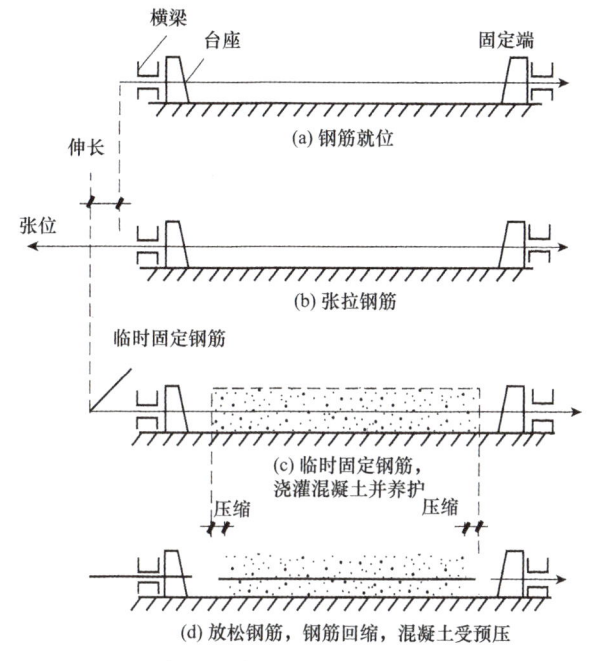

图 6-11 先张法主要工序示意图

考虑到吊装、运输的方便和避免采用过大的台座,先张法一般适用于生产直线配筋的中小型构件。

2. 后张法

后张法是先浇筑构件混凝土,等混凝土养护结硬后,再在构件上张拉预应力钢筋的方法(图 6-12)。先浇筑混凝土并在混凝土构件中预留孔道,待混凝土达到一定强度后,将钢筋穿入预留孔内,以混凝土构件本身作为支座张拉钢筋,同时,混凝土构件被压缩。待张拉到设计拉力后,用锚具将钢筋锚固于混凝土构件上,使混凝土获得并保持其预压应力。最后在预留孔内压力灌注水泥浆以保护预应力钢筋不被锈蚀,并尽可能地将预应力钢筋和混凝土连成整体。

上述后张法预应力混凝土施工方法的缺点是工序多(需预留孔道、穿筋、压力灌浆),施工复杂费时,且造价高。采用另一种后张方法——后张无黏结预应力施工技术,可避免这些缺点。其特点是无须预留孔道,无黏结预应力筋可与非预应力筋同时铺设,也可采用曲线配筋，布置灵活。后张无黏结预应力混凝土的主要施工工序如下(图 6-13)：

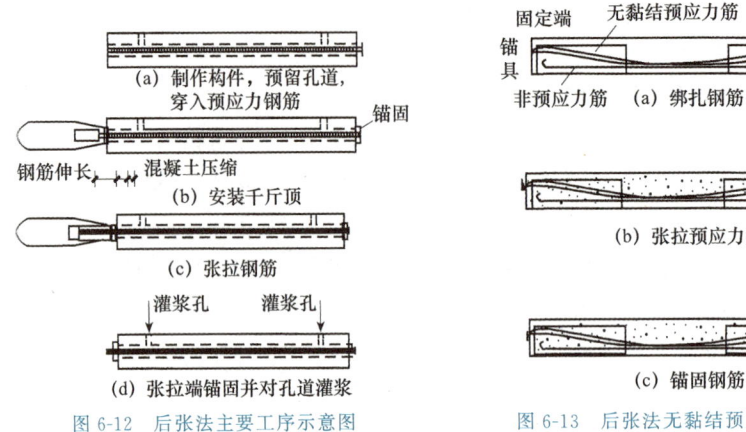

图 6-12　后张法主要工序示意图

图 6-13　后张法无黏结预应力施工技术主要工序示意图

(1)制作无黏结预应力筋。在预应力筋外表面涂以涂层，用油纸包裹，再套以塑料套管。涂层的作用是保证预应力筋的自由拉伸，并能防腐。一端安置固定端锚具，另一端为张拉端。无黏结预应力筋一般在工厂生产，作为商品出售。

(2)绑扎钢筋。无黏结预应力筋与非预应力钢筋一样，可直接按设计位置布置，形成钢筋骨架。

(3)浇筑混凝土，待混凝土达到一定强度后，在张拉端以结构为支座张拉预应力筋。张拉到设计拉力后，用锚具将预应力筋锚固在结构上。

因此，施工工艺不同，建立预应力的方法也不同，后张法构件是靠锚具来传递和保持预加应力的，先张法则是靠黏结力来传递和保持预加应力的。

3. 长线台座法

(1)长线台座法生产工艺

在一个固定台座上放长线，一次张拉、锚固后能制作几个或几十个制品，主要用于露天台座生产，这就是长线台座法生产工艺，适合中小型构件厂和露天预制场采用，可制作的预应力构件有空心楼板、槽板、屋面板、折板、檩条、桁架等。

长线台座法包括钢筋铺放、定位、张拉、锚定等工艺，根据构件预应力钢筋配置方式不同，分为直线张拉和折线张拉两种，这两种方法的原理基本相同，目前生产中多数构件(如各种楼板等)为直线配筋，故直线张拉是应用最广的一种张拉方法。下面主要介绍直线张拉工艺。

①张拉前的准备

张拉前对张拉机具应进行一次全面检查，包括张拉机、镦头机和夹具。张拉机的测力精度要符合要求，夹具要完整，定位板的孔眼要符合配筋要求。

张拉前对台面也要进行检查，对台面进行清理，铲除黏附在台面上的混凝土，破损的台面要修补。然后涂一层隔离剂，隔离剂除应具有良好的隔离效果外，还要求干燥快、不污染构件、不影响混凝土强度。油性隔离剂虽然隔离效果好，但会污染构件，给以后粉刷带来困难，所以宜选用水性或乳液型的隔离剂。这类隔离剂使用时，要防止雨水冲刷，待隔离剂干燥后才能张拉钢筋,否则不但影响隔离效果,还会污染钢筋,影响钢筋与混凝土的黏结。

②铺筋

铺放钢筋是将成盘钢筋打开,用人工或机械放在台面上,开盘时应该核对钢筋进行标记,防止不同级别或组别的钢筋混杂,要预留钢筋试样进行检验,不允许使用不合格的钢筋。人工铺放钢筋劳动强度大、工效低,只适用于小型构件厂铺放钢筋,也可采用电动小车或机动三轮车。铺放钢筋应按照构件设计要求,将钢丝穿过定位立板,但应注意穿过台座两端的孔眼应互相对应,不应有交叉或歪斜的情况。

如果钢筋长度不够,可采用绑扎法连接(图 6-14),严禁采用打结接头。绑扎宜采用钢丝绑扎器,用 20~22 号铁丝密排绑扎,绑扎长度:LL650 级钢筋不应小于 $40d$(d 为钢筋直径),LL800 级钢筋不应小于 $45d$,钢筋搭接长度比绑扎长度大 $10d$。

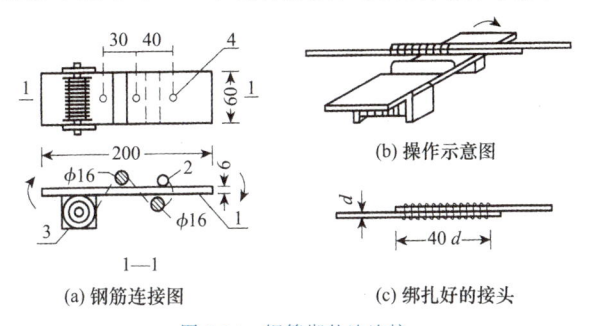

图 6-14 钢筋绑扎法连接

1—钢板;2—钢筋;3—铁丝卷筒;4—穿孔

钢筋的固定端可用锚定夹具固定,但最好采用冷镦机将钢筋的端部镦粗,钢筋镦头直径应不小于钢筋直径的 1.5 倍,头部不歪料,无裂纹,其抗拉强度不得低于钢筋强度标准值的 90%。

③张拉和锚定

钢筋的张拉是生产预应力构件中的一个重要工序,张拉不足或超出规定要求太多,都会对构件产生不利影响。这里有两个关键点:首先是张拉机的精度,其次是锚定时滑移的程度。张拉机应有自控装置,用人工控制误差较大。

冷轧带肋钢筋均采用一次张拉,张拉值按设计规定取用。当生产中产生设计未考虑的预应力损失时,张拉值可根据具体情况适当提高,但总张拉值不宜超过 1.05 倍的张拉控制应力。

张拉操作可按下列程序进行:

a. 将钢筋的端头套上夹具的套筒后夹在张拉机的夹具上;

b. 开动张拉机,当张拉力达到规定的要求(包括超张拉值)时,张拉机自动停车;

c. 将锚定夹具的销子打入套筒,同时放松钢筋;

d. 将钢筋端头剩余部分剪短或弯起;

e. 如发现肉眼可见的滑移(一般大于 5 mm)应进行补张,并重新锚定。

在张拉钢筋时,还要注意安全,防止钢筋被拉断或滑出伤人。张拉时,在台座两端不得站人。如发现断筋情况,应进行分析,找出原因并采取措施后才能重新张拉。一般断筋不外乎下列几种情况:钢筋质量不合格,如强度不足或有伤痕;超张拉过多;张拉机失控。钢筋滑出一般是由于锚定夹具陈旧或销子尺寸与钢筋不对应,如果镦头质量不符合要求也会产生钢筋滑出的情况。

(2)长线台座和挤压机

①长线台座

长线台座的长度一般以 100 m 左右为宜,由台面、承力支架(台座墩子)、横梁、定位板等几部分组成。在张拉端离台座端部约 3 m 处铺设轻便轨道,张拉小车及抽芯管用的卷扬机等可在上面移动位置。

a. 台面

台面有两种类型,一种是整体式混凝土台面,另一种是装配式混凝土台面。整体式台面是在夯实平整的基土上浇灌一层素混凝土,一般做法如下:

基础层:素土夯实。

垫层:碎石 15 cm,素混凝土 6~8 cm;碎石 15 cm,一层砂找平,夯实,100~150 号混凝土 8 cm;煤渣加石灰(3:7)或煤渣加水泥(8:1)8~12 cm 夯实。

面层:1:3~1:2 水泥砂浆 2~3 cm。每 10~15 m 有一道伸缩缝。

装配式台面是在夯实平整的基土上,先制作一层构件,或利用预制的构件铺筑。构件之间的空隙用素混凝土填实,连成整体,必要时,再增做一层面层。台面两端一般应在 3 m 范围内逐渐加厚,使台面与台座墩子能共同受力。台面宽度则应根据要制作的构件宽度而定。台座与台座之间应留有通道,供混凝土浇灌车、运输小车行驶用。为了节约用地,也可将两个台座靠在一起。

台面就是制作构件时的底模,要求平整、光滑,并应有 3‰ 左右的横向坡度以利于排水。如台面凹凸不平,一方面不能保证构件的外形尺寸,另一方面也会影响每个构件预应力钢丝位置的准确性。另外还要做好排水措施,以避免产生不均匀沉陷而影响构件生产。

b. 承力支架(台座墩子)

承力支架是台座的重要部分,由它来承受预应力钢丝的张拉力。因此,在设计和建造台座时,应保证承力支架能承受预应力钢丝的全部张拉力而不产生变形和位移。

目前采用的承力支架有简易重力式、装配式、半装配式、预制三角架式等墩式台座,以及压杆式、槽式台座等各种形式。

简易重力式承力支架由整体的混凝土块体基墩抵抗倾覆,由于台座墩子与台面共同受力,故埋入较浅,基本上不用钢材,造价低,适合生产中小构件,当基墩截面尺寸为 50 cm×50 cm 时,沿台座宽度每米可承受张拉力 20 t(196.2 kN)左右。图 6-15 所示为两种简易墩式台座的构造。

②挤压机

挤压成型工艺是一种用挤压成型机在长线台座上连续生产混凝土空心板的成型工艺。

空心板挤压成型的工作原理是通过螺旋铰刀,将混凝土拌和物不断往后输送并挤压紧密,同时借助成型机上振动器振动,使混凝土拌和物振动密实。依靠混凝土对铰刀的反作用力驱动挤压成型机不断前进。

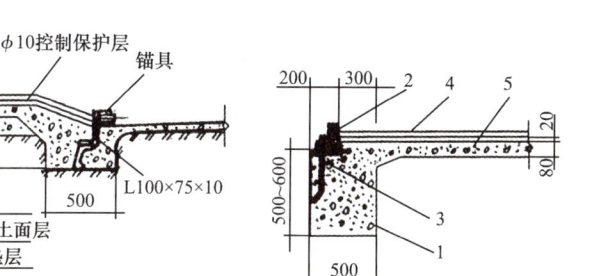

图 6-15　简易墩式台座(单位:mm)

1—横梁;2—受力角钢(75×75);3—预埋螺栓;4—预应力钢丝;
5—台面(1:3水泥砂浆抹面20 mm,150号混凝土50 mm)

挤压成型工艺机械化程度高,它将成型工艺的支模、铺料、振动、抹光、抽管脱模等工序合并在一起完成,大大提高劳动生产率,降低劳动强度,且构件混凝土密实,尺寸准确。由于挤压成型工艺具有这些优点,故在构件生产中得到广泛应用。

挤压成型机主要由传动装置、螺旋铰刀、振动装置、成型腔装置、贮料斗和电气控制箱等组成。

螺旋铰刀是挤压成型机的关键部件。螺旋铰刀由输送段、挤压段和成型管三部分组成。输送段的作用是将来自挤压成型机贮料斗内的混凝土拌和物不断地向挤压段方向输送;挤压段的作用是将输送来的混凝土拌和物挤压密实,同时在此段上挤压密实混凝土拌和物对挤压段产生的反作用力,推动挤压机前进;成型管的作用是当挤压机前进时,螺旋铰刀带动成型管前进,使圆孔板成型。

挤压成型的螺旋铰刀形式有组合式螺旋铰刀、镶嵌硬质合金式螺旋铰刀和整体综合铸造式螺旋铰刀等三种。组合式螺旋铰刀是将整个铰刀分成三段,根据各段的作用和磨损情况来选择耐磨材料。这种铰刀可分段更换,可以降低铰刀造价。这种铰刀连续使用寿命在1万 m左右。镶嵌硬质合金式螺旋铰刀是把硬质合金钢用铜焊在挤压段上,使铰刀使用寿命可达10万 m以上,但其价格比较贵。整体综合铸造式螺旋铰刀是整根铰刀整体综合铸造,根据铰刀不同部位的磨损情况,采用两种铁水连续浇铸而成,连续使用寿命在1万 m左右。

习　题

1. 先张法的概念以及施工工艺。
2. 后张法的概念以及施工工艺。
3. 钢筋张拉的操作程序。
4. 承力支架的形式有哪几种?

6.5 浇筑成型

混凝土拌和物在浇筑入模以后,经过密实成型,才能制备成内部密实并具有一定外形的各类构件。成型是指拌和物在模型内流动并充满模型(外部流动),从而获得所需的外形;密实则是拌和物向自身内部空隙里流动(内部流动),填充空隙而达到结构密实。可见,成型和密实是两个完全不同的概念,但却是同时进行的。

目前,实现混凝土构件成型和密实的基本工艺有四种:振动密实成型、压制密实成型、真空脱水密实成型和离心脱水密实成型,四种工艺可以单独使用,也可将两种或多种联合组成复合工艺以达到更好的效果。密实成型工艺近年来得到了快速发展,主要适用于自密实混凝土。此外,还有其他密实成型工艺,如喷射、浸渍、抄取、压力灌浆、减压注浆等。

6.5.1 浇筑

高质量的预制混凝土构件除了依靠它的生产技术外,还取决于浇筑技术。混凝土浇筑前,应检查模板和钢筋是否满足设计要求。在浇筑混凝土过程中,应防止混凝土的分层离析。浇筑要保证混凝土均匀密实,构件的尺寸准确和钢筋、预埋件的位置准确,并要保证构件的外观和耐久性符合设计要求。

混凝土浇筑工艺和混凝土拌和物的和易性、构件类型有着很大的关系。在混凝土浇筑时有两个非常值得注意的问题:一是正确留置施工缝,混凝土构件应整体浇筑,但如因技术或组织上的原因不能连续浇筑,且停顿时间有可能超过混凝土的初凝时间时,则应事先确定在适当的位置留置施工缝,以保证构件浇筑的整体性;二是防止离析,为了使混凝土拌和物浇筑后不离析,浇筑时,混凝土从料斗内卸出,其自由倾落高度不应大于2 m。

在预制厂内,预制混凝土构件不同于现场浇筑混凝土结构,其构件尺寸较小、高度较低,一般采用分层浇筑、连续浇筑等工艺,适用于干硬性混凝土。

1. 分层浇筑

当混凝土较厚时,为了使混凝土各部位浇筑捣实,应分层浇筑、分层振捣,并在下层混凝土初凝之前,完成上层混凝土的浇筑和振捣。分层浇筑的厚度应符合表 6-12 的规定。

表 6-12   混凝土浇筑层的厚度

振捣混凝土的方法		浇筑层的厚度/mm
插入式振捣		振捣器作用部分长度的1.25倍
表面振捣		200
人工捣固	无筋或配筋稀疏的构件	250
	梁、墙板、柱构件	200
	钢筋紧密的构件	150
轻集料混凝土	插入式振捣	300
	表面振动(振动时需加荷)	200

2. 连续浇筑

为了保证混凝土构件的整体性,浇筑时常采用连续浇筑,如需间歇,间歇时间应尽量缩短,间歇的最长时间应按使用的水泥品种及当时环境下混凝土的凝结时间确定。若间歇时间超过混凝土的凝结时间,需在已浇筑层的混凝土达到一定强度(不小于 1.2 MPa)后,才可继续浇筑捣实。为了保证先、后浇筑混凝土的可靠黏结,先浇层表面应拉毛或做成沟槽,并将其表面清理干净。在浇筑预制墙板或柱子时,应连续浇筑。

3. 其他浇筑方法

对大体积混凝土构件的浇筑,要特别考虑温度应力的影响。除充分考虑混凝土的配合比,对原材料采取降温处理措施外,还应采取合理的浇筑方案,一般分为全面分层、分段分层和斜面分层三种,如图 6-16 所示。全面分层方案适用于构件的平面尺寸不太大的情况,浇筑时从短边开始,沿长边进行较适宜。分段分层方案适用于厚度不太大而面积或长度较大的构件。斜面分层方案适用于构件长度超过厚度 3 倍的情况。

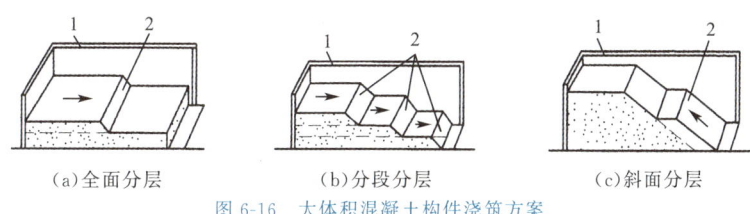

(a)全面分层　　(b)分段分层　　(c)斜面分层

图 6-16　大体积混凝土构件浇筑方案

1—模板;2—新浇筑的混凝土

4. 浇筑设备

在预制构件厂内,一般采用浇灌机浇筑,若混凝土浇筑量不大,可以采用人工浇筑。根据浇灌机工作方式的不同,分为抽板式浇灌机、振动式浇灌机和滚耙式浇灌机等不同形式。浇灌机料斗有效容积应小于成型构件所需混凝土最大容积的 1.1~1.2 倍。常用的是门架式浇灌机。另外还有不同形式的悬臂式浇灌机。

目前,泵送混凝土浇筑时,可以直接通过输送管道进行。输送管道可用刚性管或者柔性软管制作。后者与刚性管的使用情况不同,因为它对混凝土的输送造成较大的阻力,但可用于刚性管道的弯曲处和活动构架处以及需要柔软连接的其他地方。输送管或软管的材料应是较轻的耐磨抗蚀材料,并且不应与混凝土发生反应。

随着混凝土技术的不断提高,高流动性混凝土得到越来越多的应用,尤其是自密实混凝土,在浇筑时,无须振捣(或少量振捣)便可填充模板,对浇筑设备要求较低。

6.5.2　成型

1. 振动成型

振动密实成型是采用机械措施迫使混凝土拌和物的颗粒产生振动,使不易流动的拌和物液化,从而达到密实成型的方法,简称振动成型。振动成型工艺设备简单、容易操作,是预制混凝土构件厂广泛采用的工艺。

振动成型工艺原理:密实成型时,混凝土拌和物中的水泥水化反应处于初期阶段,生成的凝胶体较少,形成的凝聚结构也较弱,拌和物内主要还是粗细不均的固体颗粒,因此固体颗粒在外界周期性冲击力(振动)的强制作用下产生颤动,当这种颤动达到一定的剧烈程度时，混凝土拌和物的性质便发生了明显的变化。首先，水泥水化所生成的胶体由凝胶转化为溶胶（胶体发生了触变）；其次，振动又使颗粒之间的触变点松开，从而破坏了由于微管压力产生的颗粒间的黏附力及由于颗粒直接接触所产生的机械咬合力。这就大大降低了拌和物的极限剪应力和黏度，使其部分或完全被液化，从而具有接近于重质液体的性质。此时，固相颗粒在重力作用下纷纷沉落，水泥砂浆填满石子颗粒间的空隙，水泥浆则填充砂子颗粒间的空隙。由于拌和物中各种颗粒达到了各自适宜的稳定位置，并排出了拌和物中的大部分气泡，原先结构疏松的拌和物则变得密实。振动停止后拌和物颗粒间松开的接触点和溶胶又恢复接触和返回到凝聚状态，从而达到了密实成型。

经机械振动的混凝土，内部空隙减小，密实度和强度大大提高。特别对用水量少、水灰比小的干硬性混凝土，振动后的密实效果更加显著，所以实际生产中普遍采用干硬性混凝土以节约水泥。采用这种工艺，还能降低劳动强度，提高工作效率，但噪声大，能耗高。

振动成型工艺包括振动设备的频率、振幅和振动延续时间（如果需加压，还应包括压强）等参数。在用干硬性或低流动性混凝土制作形状简单的构件时，一般根据密实过程控制振动时间，用塑性混凝土制作形状复杂的构件时，振动时间受成型过程控制。

2. 挤压成型

挤压密实成型，简称挤压成型，是压制密实成型工艺中的一种。它是利用螺旋绞刀输送和挤压混凝土拌和物，这种连续的挤压作用足以克服拌和物内部的剪切应力，使固相颗粒彼此接触，挤压并排出空气，从而达到密实成型的目的。

挤压成型原理：在挤压过程中，由于原先疏松的拌和物中除液相外，还有一些气泡包围着固相颗粒，使彼此相隔一定的距离。因此，在螺旋绞刀旋转时产生的粒间压力和液相压力的作用下，大部分气泡被排出体外，而部分多余的水分也随着挤压力的增大和颗粒的挤紧而泌出。滞留在混凝土体积内的封闭气泡亦均被挤压缩小。当固相颗粒相互挤紧之后，外界的挤压力几乎全部由固相颗粒组成的骨架承受，拌和物内部的气泡和水分已停止排出，气泡也停止压缩。此时，拌和物的水灰比基本上不再变化，其密实度则相应增加。

在采用挤压成型的同时，如能辅以振动，其效果将更为显著。因为振动能使颗粒间接触点松开，多余的水分及气泡更加容易排出。最终遗留在混凝土内的只是那些不连续的水分及相互隔绝密封的气泡，从而可以获得更高的强度和耐久性，并能降低成型所需的挤压力。

3. 离心成型

离心密实成型，简称离心成型，利用圆形钢模旋转时产生的离心力，将混凝土拌和物挤向模壁，进而排出多余的水分和气体，使拌和物达到密实并具有管状的外形，是流动性混凝土拌和物成型工艺中的一种机械脱水密实成型工艺。这种工艺适用于制造不同直径及长度的管状构件，如管柱、水管、电杆等。

离心成型时的混凝土拌和物可视为黏度很小的不可压缩的液体。在离心力、重力、周期性冲击力的作用下，粗细集料和水泥颗粒便沿着合力的方向运动。由于离心力较之其他力要大得多，因此，可以认为合力的方向即为离心力的方向，并且在该方向上拌和物产生了离心沉降。各种颗粒的沉降速度与其所受的离心力、固相颗粒与拌和物的密度差和颗粒半径的平方成正比，而与拌和物的黏度成反比。

混凝土拌和物可以近似地认为是粗集料与砂浆、砂与水泥浆、水泥与水三个悬浮系统。在离心时,这三个系统是分别产生沉降和密实的。由于它们的沉降速度依次降低并且速度相差较大,因此,可将这三个同时开始而不同时结束的沉降过程看作按顺序进行的,即粗集料最先在砂浆中沉降,继而是砂在水泥浆中沉降,最后是水泥颗粒在水中沉降。

在开始离心时,悬浮体内固相颗粒所受的离心力首先施加于其附近液相,并使液相向内表面流动。而固相颗粒则在不断下沉过程中逐渐靠拢,彼此产生搭接,致使固相所受的离心力全部通过最底层的颗粒传递给钢模,此时,液相由于解除了固相的压迫作用而停止了向内表面的流动。在粗集料下沉搭接之后,细集料就开始在砂浆中沉降,它包括在被粗集料挤出的那部分砂浆和粗集料搭接后保留其空隙内的砂浆中的沉降,其结果是细集料相互搭接,并排出部分水泥浆。随后,水泥颗粒又产生沉降,即在砂浆层上面的水泥浆和集料空隙内的水泥浆中沉降。水泥颗粒的沉降使得一部分水被挤出混凝土,而在集料的空隙中则保留少部分水。所以,混凝土拌和物在离心沉降之后,将主要产生下列三种变化:

(1)提高密实度。由于部分水被挤出,使得水胶比降低,从而显著提高混凝土的密实度。

(2)形成外分层。混凝土拌和物在离心沉降密实之后,会明显地分成外层混凝土层、中间层砂浆层、内层水泥浆层。这种结构的混凝土强度通常要低于离心后配合比和密实度相同的匀质混凝土。因为外层(混凝土层)往往具有较高的弹性模量,在加荷时,该层必然承受较大部分的荷载,而砂浆和净浆则受荷较小。这种不均匀地受力状态使得混凝土结构破坏时的总荷载值比匀质混凝土低。但是,由于外分层破坏了混凝土内的毛细孔道,因而在一定限度内,对混凝土的抗渗性还是有利的。

(3)形成内分层。沉降稳定以后,由于粗集料之间的水泥颗粒和砂子的沉降,在集料颗粒的底层会形成水膜层,从而破坏集料与水泥石之间的黏结力,使混凝土的强度和抗渗性等均降低。

由此可见,离心成型的过程不仅是混凝土内部结构密实度提高的过程,同时还是结构分层破坏的过程。在离心初期,由于结构密实度提高较快,各种破坏作用尚不明显,因此,混凝土的抗压强度随离心时间的延长而提高。随着离心时间的延续,结构密实度的提高速度迅速降低,而不利因素则逐渐占据优势。到了离心后期,混凝土的抗压强度反而随离心时间的增加而有所降低。所以,严格控制混凝土拌和物的离心沉降程度并使之恰到好处,是离心成型的关键。

4. 真空成型

真空密实成型,简称真空成型,是一种机械脱水密实成型工艺。它是利用大气压力与真空腔压力之间的压力差 Δp 的作用将混凝土中的部分多余水分及空气排出,从而达到密实成型。这种工艺适合制作板材构件或厚度较小、形状复杂的其他构件。

在真空成型时先将拌和物浇灌入模,再让真空腔形成真空,使与真空腔接触的混凝土内的压力下降。在大气与真空腔之间压力差的作用下,由水承受的部分压力差产生了将水从孔隙中挤压滤出的净水水头,由固相颗粒承受的另一部分压力差则使各种颗粒相互靠近细小颗粒填入邻近大颗粒的间隙中去,渗水通道的孔径不断减小。随着水被挤出和细孔中水的弯月面的形成,产生了较大的微管压力,促进了混凝土的密实。由于水分继续被挤压滤出,水泥浆浓缩,水灰比降低,混凝土的密实度不断提高。真空处理后,剩余水灰比最低可达 0.30。按真空腔所处位置的不同,真空脱水方式分为上吸水、下吸水和侧吸水三种。

真空处理的速度取决于混凝土的脱水速度,真空脱水密实过程可分为三个阶段,根据黏滞渗透原理,脱水速度 V 可近似表达为

$$V = K(\Delta p - \Delta p_0)$$

式中　K—渗透系数,与拌和物黏性系数 η 有关;

　　　Δp_0—初始压力差,即水开始渗透迁移时的压力差,与初始黏性系数 η_0 有关;

　　　Δp—压力差,与真空腔具有的真空度及拌和物的极限剪应力 τ_0 有关。

第一阶段,从脱水开始到固相颗粒形成接触为止,游离水被连续挤压吸滤脱出。在固相颗粒尚未接触之前,与 η 数值均变化不大,因此脱水速度接近常数。脱水量与时间几乎呈直线关系。此阶段延续时间短,脱水量大,密实度显著提高。

第二阶段,由固相颗粒开始接触到全部紧密排列为止。混凝土的可压缩性显著降低,固相的连续性不断遭到破坏。颗粒之间的水层厚度减小,τ_0 与 η 的数值增大,以致固相所承受的压力比水所承受的压力大,因而脱水速度逐渐减慢。

第三阶段,当混凝土上的压力差 Δp 等于此刻混凝土的剪应力及水的残余压力时,真空处理过程结束。在此阶段,混凝土体积已不再压缩。除局部区域在气相膨胀(气泡膨胀和水分汽化膨胀)作用下仍有少量脱水外,脱水密实过程已基本停止。此时继续真空处理,只能导入过量的空气,形成十分有害的贯穿毛细孔。

真空成型是边脱水边成型的过程,因此,在理想状态下,体积脱水量应等于混凝土体积压缩量。但由于真空处理过程常伴有脱水阻滞,造成混凝土的分层、离析现象,故真空脱水量一般要大于混凝土体积压缩量。也就是说,脱水后固相颗粒未能填充所有的孔隙。采用真空处理有效系数可以表示真空脱水密实的效果,即混凝土体积的压缩量与脱水量的比值,比值越接近于1,则真空脱水密实的效果越好。

如能在真空处理的同时伴以振动,尤其是间歇振动,则效果更佳。其原因是振动使混凝土处于液化状态,消除脱水阻滞现象,均匀地脱去内部多余的水分,排出气泡,使细颗粒填入脱水后形成的空穴,并使混凝土在同等压力差的作用下,达到更高的密实程度。

5. 自密实成型

自密实成型是指混凝土浇筑入模后,不经振捣或少次振捣而自动流平并充满模板空间和包裹钢筋。这种成型工艺产生于 20 世纪 80 年代后期,随着高效减水剂的出现应运而生,自密实成型工艺综合效益显著,可以改善混凝土的施工性能和降低劳动成本,有利于环境保护,特别是用于难以浇筑甚至无法浇筑的部位,可避免出现因振捣不足而造成的孔洞、蜂窝、麻面等质量缺陷。

自密实成型主要依赖于自密实混凝土,这种混凝土的拌和物具有很高的流动性、抗离析性,并具有良好的间隙通过性(通过较密钢筋间隙和狭窄通道的能力)和填充性,能在免振动的条件下实现自密实。一般要求自密实混凝土坍落度在 20~27 cm 之间,坍落扩展度应不小于 55 cm。如果坍落度太低,则不能保证自密实混凝土浇筑后的密实度;但若高

效减水剂的掺入量过多,自密实混凝土的坍落度过大,则在运输、浇筑等过程中粗集料易产生离析,混凝土反而容易产生蜂窝和麻面。

在配制自密实混凝土时,应利用高效复合减水剂和优质粉煤灰来最大限度地降低新拌混凝土的屈服剪应力,使拌和物达到自密实所需要的流动性,同时使新拌混凝土具有较强的保水能力,并使浆体在不降低新拌混凝土流变性能的条件下,具有抵抗离析所需要的黏性,同时可通过优化混凝土配合比,改善骨料级配,限制粗骨料最大粒径,优化砂率,保证胶凝材料体积总量等一系列措施来优化自密实混凝土的性能。不过,自密实混凝土与相同强度的普通混凝土相比,凝结时间较长,早期强度较低,弹性模量稍低,收缩和徐变稍大,对于生产、施工等要求严格控制。

习 题

1. 混凝土构件成型和密实的基本工艺有哪几种?
2. 混凝土浇筑时两个非常值得注意的问题分别是什么?
3. 混凝土的浇筑方法有哪几种?
4. 根据浇灌机工作方式的不同,将浇灌设备分为哪几种不同形式?
5. 简述挤压成型原理。

6.6 养护

混凝土拌和物经密实成型后,逐渐凝结、硬化,具有一定的强度和耐久性。这个过程主要是由水泥的水化作用来实现的。水泥水化作用充分与否以及水化作用的快慢与混凝土所处的环境温度和湿度有密切的关系。

如果空气干燥、气候炎热、风吹日晒,就会导致混凝土中的水分蒸发过快,影响混凝土中水泥的水化,重则出现脱水现象,混凝土构件表面就会脱皮或起砂,甚至内部也会松散,致使混凝土强度降低,且在干燥环境条件下,混凝土会产生干缩裂纹,使混凝土的耐久性降低,如果环境温度较低,水泥的水化作用就缓慢,强度增长也很慢,当温度低到一定负温时,水泥的水化作用就停止,强度不再增长。因此,对混凝土进行充分的养护,特别是在混凝土硬化的初期,保持适当的环境温度和湿度,对于混凝土强度和其他性能指标的提高是十分有益的。根据混凝土硬化时温度和湿度条件的不同,养护工艺可分为自然养护和加速硬化养护两种。预制构件厂常用的加速硬化养护工艺有蒸汽养护、蒸压养护、太阳能养护等。

6.6.1 自然养护

混凝土的自然养护是指成型后的构件在自然气候条件下所进行的养护,常采用的方法包括覆盖养护、喷膜养护、太阳能养护等。

当气温高于 5 ℃时可用湿草帘或湿麻袋覆盖构件的表面,并经常浇水,进行养护。对于塑性混凝土,应在成型后的 6～12 h 内覆盖,如天气炎热或刮大风,则应在 2～3 h 内覆盖;对于干硬性混凝土,应在 1~2 h 内覆盖。

为保证混凝土构件湿润,应每天浇水,其次数应根据气候情况和覆盖物的保湿能力决定。在正常气温下,构件成型后的最初三天,白天应每隔 2~3 h 浇水一次,夜间不得少于两次。自然养护时,不同气温条件下浇水次数见表 6-13,覆盖天数见表 6-14。

表 6-13　　　　　　　　　　自然养护浇水次数

正午气温/℃	10	20	30	40
浇水次数/(次/日)	2	4	6	8

表 6-14　　　　　　　　自然养护时混凝土构件的最少覆盖天数

水泥品种	正午气温/℃			
	10	20	30	40
普通水泥	5	4	3	2
矿渣或火山灰水泥	7	5	4	3

浇水养护的天数取决于水泥的品种。硅酸盐水泥、普通水泥、矿渣水泥,浇水养护时间不得少于 7 昼夜;掺塑化剂、引气剂以及抗渗混凝土,浇水养护时间不得少于 14 昼夜,当气温低于 5 ℃时,为防止气温骤降,使混凝土受冻,应用草帘等覆盖物保温,但不要浇水。覆盖物的层数视寒冷程度而定。

自然养护的混凝土强度增长较慢,但是不耗费能源,不需要专门的养护设备,与水泥标号、自然养护和掺用化学外加剂、太阳能养护等办法结合起来,便能缩短养护天数和养护周期,提高劳动生产率。因此,自然养护仍是中小型预制构件厂广泛采用的养护办法。

6.6.2　蒸气养护

在养护窑或养护坑内以 10% 湿气为介质,使养护窑或养护坑中的混凝土构件在蒸气的湿热作用下迅速凝结、硬化的过程就是蒸气养护。混凝土构件的蒸汽养护过程(养护制度)可分为预养期、升温期、恒温期和降温期。

目前,蒸气养护具有自动化、高精度等特点,能显著降低蒸气养护制度确定后的蒸气养护工序对混凝土力学性能和耐久性能的影响。自动化养护工艺在地铁管片、高铁轨道板等高精度预制构件中的应用日益广泛。

1. 预养期

为了增强混凝土对升温期结构破坏作用的抵抗能力,应在构件成型后及湿热养护前,使构件在室温下预先养护,即在适当的工位静置一段时间,便于水泥浆体中形成一定量的高分散水化物填充在毛细孔内并吸附水分,减少加热过程中危害较大的游离水,同时,混凝土具备一定的初始结构强度,可增强抵抗湿热养护对结构破坏作用的能力。随着预养期的延长,混凝土初始结构强度增加,残余变形减小,密实度增大,养护后所获得的强度显著提高。

预养期的长短与升温速度、恒温温度有密切关系。升温速度较快时,预养时间就较长;升温速度较慢时,预养时间就较短。恒温温度越高,预养时间也越长;恒温温度越低,预养时间也越短。一般可在 1~3 h 范围选择。为缩短预养时间,可采用提高预养温度的办法,但矿渣水泥混凝土的预养温度不应高于 45 ℃,普通水泥混凝土不应高于 35 ℃。

2. 升温期

混凝土的结构缺陷主要发生在升温期。升温期是混凝土结构的定型阶段,在蒸汽养护过程中最为重要。

升温期混凝土结构破坏的主要表现是粗孔体积增大,升温速度加快,混凝土的总孔隙率及粗孔孔隙率也增大,并形成定向贯穿孔,故其破坏作用也增大。同时,升温过快还将降低混凝土与钢筋的黏结强度。

升温速度是升温期的主要工艺参数。如果预养期较长,升温速度就可以快一点。最大升温速度与预养期长短、混凝土种类及养护时构件的约束条件(如密闭养护、脱模养护、带模养护等)有关,可按表6-15选取。

表6-15　　　　　　　　　　　最大升温速度表

预养期/h	干硬度/s	最大升温速度/℃·h⁻¹		
		密闭养护	带模养护	脱模养护
>4	>30	不限	30	20
	<30	不限	25	—
>4	>30	不限	20	15
	<30	不限	15	—

3. 恒温期

恒温期是混凝土强度的主要增长期,也是混凝土结构的巩固阶段。恒温温度和时间是恒温期决定混凝土力学性能的工艺参数。

混凝土在恒温养护时的硬化速度取决于水泥品种、混凝土的水灰比和恒温温度。在恒温温度及水灰比相同的条件下,硅酸盐水泥混凝土的强度增长最快。水灰比越小,混凝土的硬化速度也越快,所需的恒温时间也越短。恒温温度主要与水泥品种和混凝土的硬化速度有关。为防止钙矾石发生分解,硅酸盐水泥混凝土的恒温温度不宜超过80 ℃。影响恒温时间的因素包括水泥品种和标号、水灰比、预养时间、升温速度及恒温速度,可按表6-16选取。

表6-16　　　　　　　　　　　恒温时间　　　　　　　　　　　　　h

恒温温度		100 ℃			80 ℃			60 ℃		
水灰比		0.4	0.5	0.6	0.4	0.5	0.6	0.4	0.5	0.6
硅酸盐水泥	达设计强度的70%	4	—	—	4.5	7	10.5	9	14	18
	达设计强度的50%	1	2	3	1.5	2.5	4	4	6	10
矿渣硅酸盐水泥	达设计强度的70%	4	5	7	8	10	14	13	17	20
	达设计强度的50%	2	2.5	3.5	3	5	8	6	9	12
火山灰硅酸盐水泥	达设计强度的70%	2.5	3.5	5	6.5	9	11	11	13	16
	达设计强度的50%	1	1.5	2.5	3.5	5	6.5	6.5	8.5	10.5

4. 降温期

混凝土构件在降温期时,由于内部水分的急剧汽化以及构件体积的收缩和拉应力的产生,将导致表面龟裂、疏松等损伤现象。降温速度过快将使混凝土强度降低,甚至造成质量事故,同时,失水过多还将影响后期水化。所以,在降温期要控制降温速度。对于尺寸大而厚的构件、低标号或配筋少的构件,降温速度要缓慢,以减小温差。而对于小尺寸构件、高标号或配筋多的构件,降温速度可适当加快。降温速度可按表 6-17 选取。

表 6-17　　　　　　　　　　　　　最大降温速度　　　　　　　　　　　　　℃/h

水灰比	厚大构件	细薄构件
≥0.4	30	35
<0.4	40	40

湿热养护结束后,不应忽视混凝土的后期养护条件,因为混凝土孔内有较多的残余水分,如周围介质保持足够的湿度,将有利于继续进行水化和增长后期强度。

6.6.3　蒸压养护

蒸压养护采用蒸气作为热介质,在蒸压温度为 100 ℃ 以上压力大于 0.6 MPa 的压蒸釜中对尚未凝结的混凝土进行养护,这是一种重要的湿热养护工艺。蒸压养护能使混凝土获得较高的力学强度,一般情况下,混凝土抗压强度是在标准养护 28d 条件下获得,但在蒸压养护 24 h 条件下混凝土抗压强度即能满足要求。此外,蒸压混凝土具有干缩小、抗风化能力强等优点,干缩值大约只有自然养护混凝土干缩值的 1/3,蒸压混凝土产物 $Ca(OH)_2$ 含量少,使得混凝土的抗风化能力强,但蒸压混凝土也有费用大、混凝土与钢筋之间的黏结能力差、易破碎等缺点。目前,蒸压养护已在预制混凝土构件生产中得到比较广泛的运用。

目前,国内外众多学者研究了不同的蒸压养护方式(包括蒸压温度、湿度、时间和蒸气压力等)对混凝土性能的影响。蒸压养护制度,即蒸气压力和整个蒸压阶段的延续时间。其中蒸压温度的控制尤为重要。蒸压温度的选择不但与原料性质有关,而且与所采用的制度有着密切的联系。每一个蒸压温度值可以找到一个合理的蒸压制度,而蒸压制度的改变同样会导致温度值的变更。为了缩短蒸压时间并制得优质产品,可通过提高蒸压釜的蒸气温度和压力来达到,并且必须使每种情况下选出的短时间蒸压制度正好与蒸压釜内蒸气的最佳温度和压力相适应。

蒸压养护温度改变对混凝土的水化产物影响显著。在养护温度高于 100 ℃ 的水热合成条件下,所得 C—S—H 是以良好的结晶状态存在;而养护温度低于 100 ℃ 时,所得的 C—S—H 的结晶度差,在常温下硅酸盐水泥水化形成的 C—S—H 就属于结晶度差的晶相,它以凝胶体的形式存在。因此,蒸压养护温度应控制在 100 ℃ 以上。养护时间应控制在一定范围内。

习　题

1. 常用的自然养护的方法有哪些?
2. 蒸气养护的概念。
3. 蒸压养护的概念。

第7章 装配整体式混凝土建筑构件安装与施工技术

学习目标

- 了解预制构件运输基础知识。
- 熟悉预制构件施工基础知识。

7.1 预制构件运输基础知识

7.1.1 墙板装车方案图

(1)墙板整体运输架,尺寸内长 $L=8\,638$ mm,内宽 $D=2\,057$ mm,具体尺寸如图7-1所示。

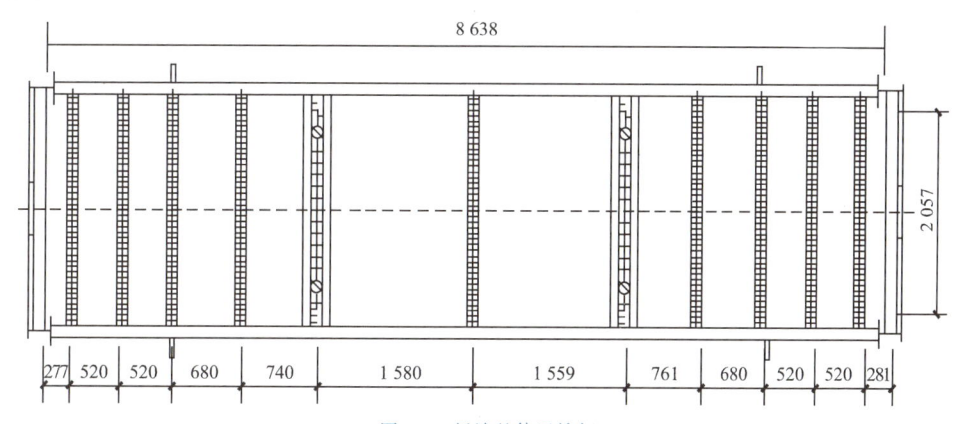

图7-1 板墙整体运输架

(2)墙板布置顺序要求:按照吊装顺序进行布置,优先将重板放中间,先吊装的 PC 板放置在货架外侧,后吊装的 PC 板放置在货架内侧。保证现场吊装过程中从两端往中间依次吊装。

(3)重量限制要求:PC 板整体质量控制在 30 t 以下,构件装车完毕后,运输架两侧板质量偏差控制在±0.5 t。

(4)当装车布置顺序要求与重量限制要求冲突时,优先考虑重量限制要求。

(5)板与板之间需加插销固定,板与板之间间距为 60 mm。

(6)如板有伸出钢筋,在装车过程中需考虑钢筋可能产生的干涉问题。

7.1.2 楼板堆码

(1)每块 PC 楼板上均需要标识 PC 板编号、重量、吊装顺序信息。

(2)堆码要求:需按照大板摆下、小板摆上以及先吊摆上、后吊摆下的原则;当两者冲突时优先大板摆下、小板摆上的原则;板长宽尺寸差距在 400 mm 范围内的,上下位置可以任意对调。通过调节尽量保证先吊的摆上、后吊的摆下。

(3)限制要求:板总质量控制在 30 t 以下;PC 板叠加量,叠合楼板控制在 6~8 层,预应力楼板控制在 8~10 层。

7.1.3 起吊装车

(1)工厂行车、龙门吊、提升机主钢丝绳、吊装、安全装置等必须按照《安全隐患检查表》检查,并保留点检记录,确保无安全隐患。

(2)工厂行车、龙门吊操作人员必须培训合格,持证上岗。

(3)PC 构件装架和装车均以架、车的纵心为重心,保证两侧重量平衡的原则摆放。

(4)采用 H 钢等金属架枕垫运输时,必须在运输架与车厢底板之间的承力段垫橡胶板等防滑材料。

(5)墙板、楼板每垛捆扎不少于 2 道,使用直径不小于 10 mm 的天然纤维芯钢丝绳将 PC 件与车架载重平板扎牢、绑紧。

(6)墙板运输架装运需要增设防止运输架前、后、左、右 4 个方向移位的限位块。

(7)PC 板上、下部位均需有铁杆插销,运输架每端最外侧上、下限位装 2 根铁杆插销。

(8)装车人员必须保证插销紧靠 PC 件,三角固定销敲紧。

(9)运输发货前,物流发货员、安全员对运输车辆、人员及捆绑情况进行安全检查,检查合格方能进行 PC 运输。

7.1.4 运输要求

(1)各类构件装车运输时,工厂必须有专人跟车,明确重点管控路段、注意事项。如有改进、调整时,需要再次确认。

(2)重载车辆必须按照确定的运输路线行驶,不得随意变更。

(3)运输途中,行驶里程达 30 km 左右时,必须停车检查构件捆绑状况,每隔 100 km 必须再次停车检查,并保留记录及拍照留底。

(4)工厂务必严格监管 PC 构件运输时的车辆行驶速度。道路条件与相应的行驶速度要求如下：

①大于 6% 的纵坡道、平曲半径大于 60 m 弯道的完好路况限速 40 km/h。

②大于 6% 小于 9% 的纵坡道、平曲半径小于 60 m 大于 15 m 的弯道等路域限速 5 km/h。

③厂区、9% 的纵坡道、平曲半径 15 m 的弯道、二级路面及项目工地区域限速 5 km/h。

④各工厂需要于项目发运前，与项目管理人员确认工地路况达到基本发运要求。

⑤低于限速 5 km/h 及三级路面(土路，碎石，连续盘山路面，坡度 10%，有 20 cm 以下的硬底涉水及冰雪覆盖的 2 级)要求的路况停运。

7.1.5　卸车要求

(1)应当由专业人员进行起吊卸车。
(2)PC 构件应卸放在指定位置，地面应平整稳固。
(3)卸车时应注意车辆重心稳定和周围环境安全，避免翻车。

习　题

1. 写出墙板布置顺序要求。
2. 简述楼板堆码的原则。
3. 装配式构件运输道路条件与相应的行驶速度有哪些要求？

7.2　预制构件施工基础知识

预制构件的吊装质量关系到建筑物施工完成的质量。不同种类的预制构件安装有先后顺序，每一种预制构件安装步骤都有很大的不同；如果在预制构件安装过程中不严格按照前期编制的吊装顺序图、标准层施工流程图、工况图的要求吊装，很容易造成现场施工混乱、无序，也将影响施工进度。

装配式混凝土结构施工工艺流程如图 7-2 所示。

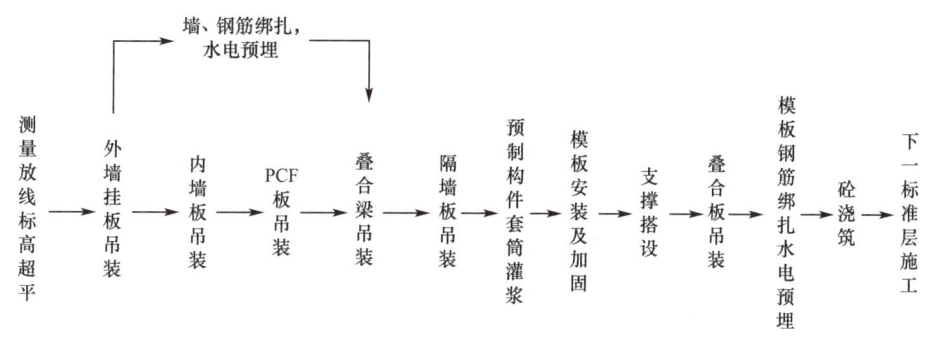

图 7-2　施工工艺流程

为了各工序之间有序地穿插作业,各工序穿插节点根据经验可参照如下要求:

(1)在测量放线的同时可以准备支撑材料、吊装所需的辅材及设备等辅助工作。

(2)在外墙挂板吊装完成之后,可以将剪力墙柱的钢筋绑扎至梁底;如项目防护采用外挂架时,外墙挂板吊装完成之后可将外挂架提升一层。

(3)吊装内墙、叠合梁及内隔墙时,根据吊装顺序将整个作业面分区分段,在某个区域内的预制构件吊装完成之后,可以在该区域内穿插钢筋绑扎、水电预埋、模板安装、支撑搭设等作业。

(4)叠合楼板上的水电预埋及钢筋绑扎也可根据吊装顺序分区分段穿插作业。

(5)测量放线、标高抄平。

根据主控线依次放出墙柱边线、门洞口位置线以及模板控制线。

当外墙高于楼面时,应在距墙板内侧 200 mm 处设置控制边线;当同块外墙挂板布置的垫块超过 2 组时,中间组垫块需比两端组垫块完成面标高低 1~2 mm,外墙挂板垫块应放置在内叶板上。

7.2.1 外墙挂板吊装

1. 外墙挂板吊装工艺流程

选择吊装工具→挂钩、检查构件水平→吊运安装、就位调整固定→取钩→连接件安装。

(1)外墙挂板吊离地面时,检查构件是否水平,各吊钉的受力情况是否均匀。

(2)调整外墙挂板标高、位置保证横缝、竖向缝符合规范要求。

(3)用铝合金靠尺复核外墙挂板垂直度,同构件上所有斜支撑向同一方向旋转,旋转斜支撑(观察撑杆的丝杆外漏长度,以防丝杆与旋转杆脱离)直到构件垂直度符合规范要求。

2. 预制剪力墙施工工艺流程

连接部位检查→分仓与接缝封堵→构件吊装固定→专用封场料封堵→灌浆连接→铺浆后节点保护。

(1)下方结构伸出的连接钢筋位置、长度符合设计要求。

(2)分仓后应在构件相对位置做出分仓标记,记录分仓时间便于指导灌浆;注意正常灌浆浆料要在自加水搅拌开始 20~30 min 内灌完。

(3)灌浆后灌浆料同条件试块强度达到 35 MPa 后方可进入下一道工序施工(扰动);通常环境温度在 15 ℃ 以上,24 h 内构件不得受扰动。

(4)预制剪力墙端头现浇柱钢筋绑扎应先放置箍筋,再将柱纵筋从上往下插入。由于存在叠合梁吊装与柱钢筋干涉的问题,在叠合梁吊装前,先将柱箍筋绑扎至叠合梁底位置;叠合梁吊装完成后,其余箍筋再绑扎。

3. PCF 板施工工艺

该工艺基本与外墙挂板吊装相同,但有以下几点必须注意:

(1)PCF 板等外墙板安装完成后进行插入式吊装,通过连接件与外墙板连接固定。

(2)考虑到落位时,玻璃纤维筋会与箍筋有冲突,PCF 板安装需要水平位置平移,缓慢安装到位。

7.2.2 叠合梁吊装

叠合梁吊装工艺流程：测量放线→支撑搭设→挂钩、检查构件水平→吊运→就位、安装→调整→取钩。

(1)叠合梁底部纵向钢筋必须放置在柱纵向钢筋内侧；将叠合梁缓慢落在已安装好的底部支撑上，叠合梁端应锚入柱、剪力墙内 15 mm（叠合梁生产时每边已经加长 15 mm）。

(2)检查调整叠合梁的标高、位置、垂直度达到规范允许范围。

7.2.3 标准层内墙板、隔墙板吊装

标准层内墙板、隔墙板吊装施工工艺基本与外墙挂板吊装相同，但有以下几点必须注意：

(1)定位件的安装必须紧贴墙板的边线，使墙板落位时能够精准；斜支撑调整时，同墙板上所有斜支撑应同时旋转，且方向一致。

(2)隔墙板落位时，底下需坐浆（吊装时内墙板不需要坐浆），坐浆时注意避开地面预留线管，以免砂浆将线管堵塞。

(3)隔墙板吊装就位时，需优先确保厨房、卫生间的净空尺寸，以便于整体浴室、整体厨柜的安装。

7.2.4 标准层模板安装及加固

铝模板施工工艺流程：测量放线→物料传递→定位安装→安装对拉杆→角铝安装→安装背楞→调整垂直度、检测→板缝封堵→混凝土浇筑→模板拆除。

(1)模板内的杂物应清理干净；模板与混凝土的接触面应清理干净并涂刷隔离剂，隔离剂不得沾污钢筋和混凝土接茬处。

(2)侧模拆除时的混凝土强度应能保证其表面及棱角不受损伤；底模及其支架拆除时的混凝土强度应符合设计要求。

(3)模板拆除时，不应对楼板层形成冲击荷载。拆除的模板和支架宜分散堆放并及时清运。

7.2.5 板底支撑工程

盘扣式支撑施工工艺流程：定位放线→搭设边立杆→扫地杆搭设→上部横杆搭设→整体杆件搭设→安装顶托→调平→楼板吊装→混凝土浇筑→支撑拆除。

(1)上下层立杆应对准，在同一垂直受力点上，可调顶托插入立杆不得少于 150 mm；

(2)第四层架体搭设前，可拆除第一层板底支撑，第二层横杆可以进行拆除，第三层扫地杆可以进行拆除（板底支撑一般立杆准备 3 层用量，横杆准备 2.5 层用量）。

7.2.6 叠合楼板、梯段吊装

1.叠合楼板吊装工艺流程

支撑搭设→挂钩、检查水平→吊运→安装就位→调整取钩。

(1)起吊时应保持构件水平，且钢丝绳受力均匀；注意构件落位方向是否正确、与梁搭接位置长度、宽度是否符合设计要求。

(2)阳台板安装时，外边应与已施工完楼层阳台外边在同一直线上，确认下部各支撑

点均受力、上部钢筋与楼板焊接牢固后,方可取钩。

2. 楼梯安装施工工艺

该工艺基本与叠合楼板吊装相同,有以下几点必须注意。

(1)因楼梯为斜构件,钢丝绳的长度根据实际情况另行计算。

(2)调整好梯段倾斜度,方便楼梯安装落位;起吊时,注意构件及钢丝绳是否受力均匀。

7.2.7 楼板钢筋绑扎、水电预埋

在楼板与楼板拼缝处布置拼缝钢筋,钢筋的直径、间距、长度需符合设计图纸的要求;当现场管线对接时应避免连续两个或以上的90°直弯进行对接,水电管线封口应封堵严密,水电管线预埋必须尽可能避开打支撑点的部位。

7.2.8 混凝土浇筑

混凝土浇筑施工工艺流程:装料、转运→墙、柱混凝土灌注、振捣→楼板混凝土灌注、振捣→养护、成品保护。

(1)混凝土一次浇筑到设计标高时会产生较大的侧压力,防止预制构件偏位,在浇筑剪力墙、柱时,应分层浇筑;混凝土浇筑前预制板与模板已湿水、构件表面湿润;

(2)混凝土运输、浇筑及间歇的全部时间不应超过混凝土的初凝时间。同一施工段的混凝土应连续浇筑,并应在底层混凝土初凝之前将上一层混凝土浇筑完毕。

7.2.9 外防护工程

外挂架施工工艺流程:安装挂钩座吊装标准节(先阴、阳角标准节,后直线标准节)→落锁挂钩座、固定安全横梁安装踏板、栏杆→验收。

(1)预制层第三层外墙板吊装完成后,安装外挂架,封闭挂钩座以防止外挂架受力不均脱落。前两层需采用其他外防护来满足施工要求;

(2)安装和提升过程中,严禁外挂架上站人。

习 题

1. 写出外墙挂板吊装工艺流程。
2. 写出预制剪力墙施工工艺流程。
3. 写出叠合梁吊装工艺流程。
4. 写出铝模板施工工艺流程。
5. 写出盘扣式支撑施工工艺流程。
6. 写出叠合楼板吊装工艺流程。
7. 写出混凝土浇筑施工工艺流程。

第8章 装配整体式混凝土建筑施工项目管理

学习目标

- 掌握混凝土预制构件质量控制与检验。
- 熟知装配式混凝土结构工程质量控制要点。

8.1 混凝土预制构件质量控制与检验

预制构件自身质量是整个工程质量的关键,但由于我国建筑工业化起步相对较晚,标准体系不够健全,专业人员和产业技术工人匮乏,预制构件质量通病时有发生。为了提升预制混凝土构件生产的技术水平,保障预制混凝土构件整体制作质量,实现生产管理工作的科学化、规范化、标准化,在认真总结国内外预制混凝土构件生产实践中的经验和借鉴相关技术标准、成果后,许多省市在广泛征求设计、施工、生产、监理、质检、建设单位意见的基础上制定了相应的预制构件质量验收标准,对预制构件生产做出了相应的要求。

8.1.1 预制构件质量验收基本规定

1. 构件生产厂家质量责任

(1)构件生产厂家要根据施工图设计文件、预制构件深化设计文件和相关技术标准编制构件生产制作方案,方案应包含预制构件生产工艺、模具、生产计划、技术质量控制措施、成品保护措施、检测验收、堆放及运输、质量常见问题防治等内容,并综合考虑建设(监理）、施工单位关于质量和进度等方面要求,经企业技术负责人审批后实施。

(2)预制构件生产前,应当就构件生产制作过程关键工序、关键部位的施工工艺向工人进行技术交底;预制构件生产过程中,应当对隐蔽工程和每一检验批按相关规范进行验收并形成纸质及影像记录;预制构件施工安装前,应就关键工序、关键部位的安装注意事项向施工单位进行技术交底。

(3)预制构件用混凝土所需原材料及其存放条件、搅拌站(楼)或搅拌设备、制备、试验等均应满足《建筑施工机械与设备混凝土搅拌站(楼)》(GB/T 10171—2016)及其他混凝土相关现行规定要求。

(4)建立健全原材料质量检测制度,检测程序、检测方案等应符合《建设工程质量检测管理办法》(原建设部令 141 号)、《房屋建筑和市政基础设施工程质量检测技术管理规范》(GB 50618—2011)等现行规定。

(5)建立健全预制构件制作质量检验制度。应与施工单位委托有资质的第三方检测机构对钢筋连接套筒与工程实际采用的钢筋、灌浆料的匹配性进行工艺检验。

(6)建立构件成品质量出厂检验和编码标识制度。应在构件显著位置进行唯一性信息化标识,并提供构件出厂合格证和使用说明书,预制构件出厂前质量检验及信息化标识应满足《预制构件出厂检验内容及要求》的要求。

(7)预制构件存放及运输过程中,应采取可靠措施避免预制构件受损、破坏。

(8)及时收集整理预制构件生产制作过程的质量控制资料,并作为出厂合格证的附件提供给施工单位,生产制作过程按相关规定全程进行信息化管理。

(9)参加首层或首个有代表性施工段试拼装及装配式混凝土结构子分部工程质量验收,对施工过程中所发现的生产问题提出改进措施,并及时对预制构件生产制作方案进行调整改进。

8.1.2 构件生产厂家的基本条件和要求

(1)预制构件生产企业应符合相应的资质等级管理要求,并建立完善的预制构件生产质量管理体系,应有预制构件生产必备的试验检测能力。

(2)预制构件加工制作前应审核预制构件加工图,具体内容包括:预制构件模具图、配筋图、预埋吊件及有关专业预埋件布置图等。加工图需要变更或完善时应及时办理变更文件。

(3)预制构件制作前应编制生产方案,具体内容包括生产计划及生产工艺、模具方案及模具计划、技术质量控制措施、成品码放、保护及运输方案等内容。必要时应进行预制构件脱模、吊运、码放、翻转及运输等相关内容的承载力验算。

(4)预制构件生产企业的各种检测、试验、张拉、计量等设备及仪器仪表均应检定合格,并在有效期内使用。

(5)预制构件所用的原材料质量,钢筋加工和焊接的力学性能,混凝土的强度,构件的结构性能,装饰材料、保温材料及拉接件的质量等均应根据现行有关标准进行检查试验,出具试验报告并存档备案。

(6)预制构件制作前,应依据设计要求和混凝土工作性能要求进行混凝土配合比设计。必要时在预制构件生产前,应进行样品试制,经设计和监理认可后方可实施。

(7)预制构件的质量检验应按模具、钢筋、混凝土、预制构件四个检验项目进行,检验时对新制作或改制后的模具、钢筋成品和预制构件应按件检验;对原材料、预埋件、钢筋半成品、重复使用的定型模具等应分批随机抽样检验;对混凝土拌和物工作性能及强度应按批检验。

(8)模具、钢筋、混凝土和预制构件的制作质量均应在班组自检、互检、交接检的基础上,由专职检验员进行检验。

(9)对检验合格的检验批宜做出合格标识,检验批质量合格应符合下列规定。

①主控项目的质量经抽样检验合格。

②一般项目的质量经抽样检验合格。当采用计数检验时,除专门要求外,一般项目的合格点率应达到80%及以上,不合格点的偏差不得超过允许偏差的1.5倍,且不得有严重缺陷。

③具有完整的生产操作依据和质量检验记录。

(10)检验资料应完整,其主要内容应包括混凝土、钢筋及受力埋件质量证明文件、主要材料进场复验报告、构件生产过程质量检验记录、结构试验记录(或报告)及其必要的试验或检验记录。

(11)质量检验部门应根据钢筋、混凝土、预制构件的试验、检验资料,评定预制构件的质量。当上述各检验项目的质量均合格时,方可评定为合格产品。预制构件部分非主控项目不合格时,允许采取措施修理后重新检验,合格后仍可评定为合格。

(12)对合格的预制构件应做出标识,标识内容应包括工程名称、构件型号、生产日期、生产单位、合格标识等。

(13)检验合格的预制构件成品及时向使用单位出具"预制混凝土构件出厂合格证",不合格的预制构件不得出厂。

(14)预制构件在生产、运输、存放过程中应采取适当的防护措施,防止预制构件损坏或污染。

(15)预制构件出厂必须提供标识与产品合格证。

①按本规程要求检验合格后,工厂质检人员应对检查合格的产品(半成品)签发合格证和说明书,并在预制混凝土构件表面醒目位置标注产品代码。标识不全的构件不得出厂。

②预制构件应根据构件设计制作及施工要求设置编码系统,并在构件表面醒目位置设置标识。标识内容包括工程名称、构件型号、生产日期、生产单位、合格标识、监理签章等。

③预制构件编码系统应包括构件型号、质量情况、安装部位、外观尺寸、生产日期(批次)、出厂日期及合格字样。

④对条件具备的生产厂家,构件可同时进行表面喷涂和埋置 RFID 芯片两种形式标识。编码应在构件右下角表面醒目位置标识,RFID 芯片埋置位置应与表面喷涂位置一致。

⑤预制构件出厂交付时,应向使用方提供的验收材料有:隐蔽工程质量验收表;成品

构件质量验收表;钢筋进厂复验报告;混凝土留样检验报告;保温材料、拉结件、套筒等主要材料进厂复验检验报告;产品合格证;其他相关的质量证明文件等资料。

8.1.3 模具质量验收

1. 一般规定

(1)模具应具有足够的承载力、刚度和稳定性,保证在构件生产时能可靠承受浇筑混凝土的重量、侧压力及工作荷载。

(2)模具应支、拆方便,且应便于钢筋安装和混凝土浇筑、养护。

(3)隔离剂应具有良好的隔离效果,且不得影响脱模后混凝土表面的后期装饰。

2. 主控项目

(1)用作底模的台座、胎模、地坪及铺设的底板等均应平整光洁,不得下沉、裂缝。

(2)模具及所用材料、配件的品种、规格等应符合设计要求。

检查数量:全数检查。

检验方法:观察、检查设计图纸要求。

(3)模具的部件与部件之间应连接牢固;预制构件上的预埋件均应有可靠固定措施。

检查数量:全数检查。

检验方法:观察、摇动检查。

(4)清水混凝土构件的模具接缝应紧密,不得漏浆、漏水。

检查数量:全数检查。

检验方法:观察或测量。

3. 一般项目

(1)模具内表面的隔离剂应涂刷均匀、无堆积,且不得沾污钢筋;在浇筑混凝土前,模具内应无杂物。

检查数量:全数检查。

检验方法:观察。

(2)板类构件、墙板类构件模具安装尺寸允许偏差应符合表8-1的规定。

检查数量:新制或大修后的模具应全数检查;使用中的模具应定期检查。

检验方法:观察或测量。

表8-1 板类构件、墙板类构件模具尺寸允许偏差

项次	检验项目		允许偏差/mm
1	长(高)	墙板	0,-2
		其他板	±2
2	宽		0,-2
3	厚		±1
4	翼板厚		±1
5	肋宽		±2
6	檐高		±2

(续表)

项次	检验项目		允许偏差/mm
7	檐宽		±2
8	对角线差		Δ4
9	表面平整	清水面	Δ1
		普通面	Δ2
10	侧向弯曲	板	$\Delta L/1\,000$ 且 $\leqslant 4$
11		墙板	$\Delta L/1\,500$ 且 $\leqslant 2$
12	扭翘		$L/1\,500$
13	拼板表面高低差		0.5
14	门窗口位置偏移		2

注:L 为构件长度(mm),Δ 表示不允许超偏差项目。

(3)梁柱类构件模具的安装尺寸允许偏差应符合表 8-2 的规定。

检查数量:全数检查。

检验方法:观察和用尺量。

表 8-2　　梁柱类构件模具安装尺寸允许偏差

项次	检验项目		允许偏差/mm
1	长	梁	±2
		薄腹梁、桁架、桩	±5
		柱	0,−3
2	宽		+2,−3
3	高(厚)		0,−2
4	翼板厚		±2
5	侧向弯曲	梁、柱	$\Delta L/1\,000$ 且 $\leqslant 5$
		薄腹梁、桁架、桩	$\Delta L/1\,500$ 且 $\leqslant 5$
6	表面平整	清水面	Δ1
		普通面	Δ2
7	拼板表面高低差		0.5
8	梁设计起拱		±2
9	桩顶对角线差		3
10	端模平直		1
11	牛腿支撑面位置		±2

注:L 为构件长度(mm),Δ 表示不允许超偏差项目。

(4)固定在模具上的预埋件、预留孔和预留洞均不得遗漏,且应安装牢固,其偏差应符合表 8-3 的规定。

表 8-3　　　　　　　　　　预埋件和预留孔洞的尺寸偏差

项次	检验项目		允许偏差/mm
1	预埋钢板中心线位置		3
2	预埋管、预留孔中心线位置		3
3	插筋	中心线位置	5
		外露长度	+10,0
4	预埋螺栓	中心线位置	2
		外露长度	+5,0
5	预留洞	中心线位置	3
		尺寸	+3,

8.1.4　钢筋及预埋件质量验收

1. 一般规定

(1)钢筋、预应力筋及预埋件入模安装固定后,浇筑混凝土前应进行构件的隐蔽工程质量检查,其内容如下:

①纵向受力钢筋的牌号、规格、数量、位置等。

②钢筋的连接方式、接头位置、接头数量、接头面积百分率等。

③箍筋、横向钢筋的牌号、规格、数量、间距等。

④预应力筋的品种、规格、数量、位置等。

⑤预应力筋锚具的品种、规格、数量、位置等。

⑥预留孔道的规格、数量、位置,灌浆孔、排气孔、锚固区局部加强构造等。

⑦预埋件的规格、数量、位置等。

(2)钢筋焊接应按现行行业标准《钢筋焊接及验收规程》(JGJ 18—2012)的规定制作试件进行焊接工艺试验,试验结果合格后方可进行焊接生产。

(3)采用钢筋机械连接接头及套筒灌浆连接接头的预制构件,应按国家现行相关标准的规定制作接头试件,试验结果合格后方可用于构件生产。

2. 主控项目

(1)钢筋、预应力筋等应按国家现行有关标准的规定进行进场检验,其力学性能和重量偏差应符合设计要求或标准规定。

检查数量:按批检查。

检验方法:检查力学性能及重量偏差试验报告。

(2)冷加工钢筋的抗拉强度、延伸率等物理力学性能必须符合现行有关标准的规定。

检查数量:按批检查。

检验方法:检查出厂合格证和进场复验报告。

(3)预应力筋用锚具、夹具和连接器应按国家现行有关标准的规定进行进场检验,其性能应符合设计要求或标准规定。

检查数量:按批检查。

检验方法:检查出厂合格证和进场复验报告。

(4)预埋件用钢材及焊条的性能应符合设计要求。

检查数量:按批检查。

检验方法:检查出厂合格证。

(5)钢筋焊接接头及钢筋制品的焊接性能应按规定进行抽样试验,试验结果应符合现行行业标准《钢筋焊接及验收规程》(JGJ 18—2012)规定。

检查数量:按批检查。

检验方法:检查焊接试件试验报告。

(6)钢筋接头的方式、位置、同一截面受力钢筋的接头百分率、钢筋的搭接长度及锚固长度等应符合设计要求或标准规定。

检查数量:全数检查。

检验方法:观察和量测。

3. 一般项目

(1)钢筋、预应力筋表面应无损伤、裂纹、油污、颗粒状或片状老锈。

检查数量:全数检查。

检验方法:观察。

(2)锚具、夹具、连接器,金属螺旋管、灌浆套筒、结构预埋件等配件的外观应无污物、锈蚀、机械损伤和裂纹。

检查数量:全数检查。

检验方法:观察。

(3)钢筋半成品的外观质量要求应符合表8-4的规定。

检查数量:每一工作班检验次数不少于一次,每次以同一班组同一工序的钢筋半成品为一批,每批随机抽件数量不少于3件。

检验方法:观察。

表 8-4　　　　　　　　　　　　　钢筋半成品外观质量要求

项次	工序名称	检验项目		质量要求
1	冷拉	钢筋表面裂纹、断面明显粗细不均		不应有
2	冷拔	钢筋表面斑痕、裂纹、纵向拉痕		不应有
3	调直	钢筋表面划伤、锤痕		不应有
4	切断	断口马蹄形		不应有
5	冷镦	镦头严重裂纹		不应有
6	热镦	夹具处钢筋烧伤		不应有
7	弯曲	弯曲部位裂纹		不应有
8	点焊	脱点、漏点	周边两行	不应有
9			中间部位	不应有相邻两点
10		错点伤筋、起弧蚀损		不应有

(续表)

项次	工序名称	检验项目	质量要求
11	对焊	接头处表面裂纹、卡具部位钢筋烧伤	HPB300、HPB355级钢筋有轻微烧伤；HPB400、HPB500级钢筋不应有
12	电弧焊	焊缝表面裂纹、较大凹陷、焊瘤、药皮不净	不应有

(4)钢筋半成品及预埋件的尺寸偏差应符合表8-5的规定。

检查数量：每一工作班检验次数不少于一次，每次以同一工序同一类型的钢筋半成品或预埋件为一批，每批随机抽件数量不少于3件。

检验方法：观察和用尺量。

表8-5　　　　　　　　　钢筋半成品及预埋件尺寸允许偏移

项次	工序名称	检验项目			允许偏差/mm
1	冷拉	盘条冷拉率			±1%
		热镦头预应力筋有效长度			+5,0
2	冷拔	非预应力钢丝直径			±0.1
3					±0.15
4		钢丝截面椭圆度			0.1
5					0.15
6	调直	局部弯曲	冷拉调直		4
7			调直机调直		2
8	切断	长度	切断机切断	非预应力钢筋	+5,-5
9			非预应力钢筋		±2
10	冷镦	镦头	直径		≥1.5d
11			厚度		≥0.7d
12			中心偏移		1
13		同组钢丝有效长度极差			2
14	热镦	镦头	直径		≥1.5d
15			中心偏移		2
16		同组钢丝有效长度极差			3
17					2

(续表)

项次	工序名称	检验项目		允许偏差/mm
18	弯曲	箍筋	内径尺寸	±3
19	弯曲	其他钢筋	长度	0,−5
20	弯曲	其他钢筋	弓铁高度	0,−3
21	弯曲	其他钢筋	起弯点位移	15
22	弯曲	其他钢筋	对焊焊口与起弯点距离	>10d
23	弯曲	其他钢筋	弯勾相对位移	8
24	弯曲	折叠	成型尺寸	±10
25	点焊	焊点压入深度应为较小钢筋直径的百分率	热轧钢筋点焊	18%～25%
26	点焊	焊点压入深度应为较小钢筋直径的百分率	冷拔低碳钢丝点焊	18%～25%
27	对焊	两根钢筋的轴线	折角	<2°
28	对焊	两根钢筋的轴线	偏移	≤0.1d 且≤1
29	电弧焊	帮条焊接接头中心线的纵向偏移		≤0.3d
30	电弧焊	两根钢筋的轴线	折角	<2°
31	电弧焊	两根钢筋的轴线	偏移	≤0.1d 且≤1
32	电弧焊	焊缝表面气孔和夹渣	2d 长度上	≤2 个且≤6 mm²
33	电弧焊	焊缝表面气孔和夹渣	直径	≤3
34	电弧焊	焊缝厚度		−0.05d
35	电弧焊	焊缝宽度		+0.1d
36	电弧焊	焊缝长度		−0.3d
37	电弧焊	横向咬边深度		≤0.05d 且≤0.5
38	预埋件钢筋埋弧压力焊	钢筋咬边深度		≤0.5
39	预埋件钢筋埋弧压力焊	钢筋相对钢板的直角偏差		≤2°
40	预埋件钢筋埋弧压力焊	钢筋间距		±10
41	钢筋冲剪与气割	规格尺寸	冲剪	0,−3
42	钢筋冲剪与气割	规格尺寸	气割	0,−5
43	钢筋冲剪与气割	串角		3
44	钢筋冲剪与气割	表面平整		2
45	焊接预埋铁件	规格尺寸		0,−5
46	焊接预埋铁件	表面平整		2
47	焊接预埋铁件	锚爪	长度	±5
48	焊接预埋铁件	锚爪	偏移	5

(5)绑扎成型的钢防骨架周边两排钢筋不得缺扣,绑扎骨架其余部位缺扣、松扣的总数量不得超过绑扣总数的20%,且不应有相邻两点缺扣或松扣。

检查数量：全数检查。

检验方法：观察及摇动检查。

(6)焊接成型的钢筋骨架应牢固、无变形。焊接骨架漏焊、开焊的总数量不得超过焊点总数的4%，且不应有相邻两点漏焊或开焊。

检查数量：全数检查。

检验方法：观察及摇动检查。

(7)钢筋成品尺寸允许偏差应符合表8-6所示的规定。

检查数量：以同一班组同一类型成品为一检验批，在逐件目测检验的基础上，随机抽件5%，且不少于3件。检验方法：观察和用尺量。

表8-6　　　　　　　　　　钢筋成品尺寸允许偏差

项次	检验项目			允许偏差/mm
1	绑扎钢筋网片	长、宽		±5
		网眼尺寸		±10
2	焊接钢筋网片	长、宽		±5
		网眼尺寸		±10
		对角线差		5
		端头不齐		5
3	钢筋骨架	长		0,−5
		宽		±5
		厚		±5
		主筋间距		±10
		主筋排距		±5
		起弯点位移		15
		箍筋间距		±10
		端头不齐		5
4	受力钢筋	保护层	柱梁	±5
			板墙	±3

8.1.5 混凝土质量验收

1. 一般规定

(1)混凝土应按国家现行标准《普通混凝土配合比设计规程》(JGJ 55—2011)的有关规定，根据混凝土强度等级、耐久性和工作性等要求进行配合比设计。

对有特殊要求的混凝土，其配合比设计也应符合国家现行有关标准的专门规定。

(2)混凝土的计量系统应采用计算机控制系统，并应具有生产数据实时储存、查询等功能。

(3)混凝土试件应在混凝土浇筑地点随机抽取，取样频率应符合下列规定。

①每拌制 100 盘且不超过 100 m³ 的同配合比混凝土,取样不得少于 1 次。

②每工作班拌制的同一配合比的混凝土不足 100 盘时,取样不得少于 1 次。

③每次制作试件不少于 3 组,其中取 1 组进行标准养护。

(4)蒸汽养护的预制构件,其强度评定混凝土试件应随同构件蒸养后,再转入标准条件养护共 28d。

构件脱模起吊、预应力张拉或放张的混凝土同条件试件,其养护条件应与构件生产中采用的养护条件相同。

2. 主控项目

(1)混凝土原材料的质量必须符合国家现行有关标准的规定。

检查数量:按批检查。

检验方法:检查出厂合格证和进场复验报告。

(2)拌制混凝土所用原材料的品种及规格,必须符合混凝土配合比的规定。

检查数量:每工作班检验不应少于 1 次。

检验方法:按配合比通知单内容逐项核对,并做出记录。

(3)预制构件的混凝土强度应按现行国家标准《混凝土强度检验评定标准》(GB/T 50107—2010)的规定进行分批评定,混凝土强度评定结果应合格。

检查数量:按批检查。

检验方法:检查混凝土强度报告及混凝土强度检验评定记录。

(4)预制构件的混凝土耐久性指标应符合设计规定。

检查数量:按同一配合比进行检查。

检验方法:检查混凝土耐久性指标试验报告。

3. 一般项目

(1)拌制混凝土所用原材料的数量应符合混凝土配合比的规定。混凝土原材料每盘称量的偏差不应大于表 8-7 的规定。

表 8-7　　　　　　　　　　混凝土原材料每盘称量的允许偏差

项次	材料名称	允许偏差
1	胶凝材料	±2%
2	粗、细骨料	±3%
3	水、外加剂	±1%

检查数量:每工作班不应少于 1 次。

检验方法:检查复核称量装置的数值。

(2)拌和混凝土前,应测定砂、石含水率,并根据测定结果调整材料用量,提出混凝土施工配合比。当遇到雨天或含水率变化大时,应增加含水率测定次数,并及时调整水和骨料的重量。

检查数量:每工作班不应少于 1 次。

检验方法:检查砂、石含水率测量记录及施工配合比。

(3)混凝土拌和物应搅拌均匀、颜色一致,其工作性应符合混凝土配合比的规定。

检查数量:同一强度等级每台班至少检查 1 次。

检验方法:观察并用混凝土坍落度筒或维勃稠度仪抽样检查。

(4)预制构件成型后应按生产方案规定的混凝土养护制度进行养护。当采用加热养护时,升温速度、恒温温度及降温速度应不超过方案规定的数值。

检查数量:按批检查。

检验方法:检查养护及测温记录。

8.1.6 预制构件质量验收

1. 一般规定

(1)批量生产的梁板类简支受弯构件应进行结构性能检验;在采取加强材料和制作质量检验措施确保构件制作质量的前提下,对非标构件或生产数量较少的简支受弯构件可不进行结构性能检验。

(2)构件生产时应制定措施避免出现预制构件的外观质量缺陷。预制构件的外观质量缺陷根据其影响预制构件的结构性能和使用功能的严重程度,可按表8-8规定划分严重缺陷和一般缺陷。

表8-8　　　　　　　　　　预制构件外观质量缺陷

名称	现象	严重缺陷	一般缺陷
露筋	构件内钢筋未被混凝土包裹而外露	纵向钢筋有露筋	其他钢筋有少量露筋
蜂窝	混凝土表面缺少水泥砂浆而形成石子外露	构件主要受力部位有蜂窝	其他部位有少量蜂窝
孔洞	混凝土中孔穴深度和长度均超过保护层厚度	构件主要受力部位有孔洞	其他部位有少量孔洞
夹渣	混凝土中夹有杂物且深度超过保护层厚度	构件主要受力部位有夹渣	其他部位有少量夹渣
疏松	混凝土中局部不密实	构件主要受力部位有疏松	其他部位有少量疏松
裂缝	缝隙从混凝土表面延伸至混凝土内部	构件主要受力部位有影响结构性能或使用功能的裂缝	其他部位有少量不影响结构性能或使用功能的裂缝
连接部位缺陷	构件连接处混凝土缺陷及连接钢筋、连接件松动	连接部位有影响结构传力性能的缺陷	连接部位有基本不影响结构传力性能的缺陷
外形缺陷	缺棱掉角、棱角不直、翘曲不平、飞边凸肋	清水混凝土构件有影响使用功能或装饰效果的外形缺陷	其他混凝土构件有不影响使用功能的外形缺陷
外表缺陷	构件表面麻面、掉皮、起砂、沾污等	具有重要装饰效果的清水混凝土构件有外表缺陷	其他混凝土构件有不影响使用功能外形缺陷

(3)拆模后的预制构件应及时检查,并记录其外观质量和尺寸偏差;对于出现的缺陷应按技术方案要求对其进行处理,并对该构件重新进行检查。

2. 主控项目

(1)预制构件的脱模强度应满足设计要求;当设计无要求时,应根据构件脱模受力情况确定,且不得低于混凝土设计强度的75%。

检查数量:全数检查。

检验方法:检查混凝土试验报告。

(2)采用先张法生产的构件,在混凝土成型时预应力筋出现断裂或滑脱应及时予以更换。采用后张法生产的预制构件,预应力筋出现断裂或滑脱总根数不得超过2%,且同一束预应力筋中钢丝不得超过一根。

检查数量:逐件检验。

检验方法:观察,检查张拉记录。

(3)先张构件预应力筋预应力有效值与检验规定值偏差的百分率不应超过5%。

检查数量:每工作班应抽查1%,且不应少于1件。

检验方法:用千斤顶或应力测定仪,必须在张拉后1 h量测检查。

(4)后张构件预应力筋的孔道灌浆应密实、饱满。

检查数量:逐件检验。

检验方法:观察和检查灌浆记录。

(5)预制构件的预埋件、插筋、预留孔的规格、数量应符合设计要求。

检查数量:逐件检验。

检验方法:观察和量测。

(6)预制构件的叠合面或键槽成型质量应满足设计要求。

检查数量:逐件检验。

检验方法:观察和量测。

(7)陶瓷类装饰面砖与构件基面的黏结强度应满足现行行业标准《建筑工程饰面砖粘结强度检验标准》(JGJ/T 110—2017)的规定。

检查数量:按同一工程、同一工艺的预制构件分批抽样检验。

检验方法:检查试验报告单。

(8)夹芯保温外墙板用的保温材料类别、厚度、位置应符合设计要求。

检查数量:抽样检验。

检验方法:观察、量测,检查保温材料质量证明文件及复验报告。

(9)夹芯保温外墙板的内外层混凝土板之间的拉接件类别、数量及使用位置应符合设计要求。

检查数量:抽样检验。

检验方法:检查拉接件质量证明文件及其隐蔽工程检查记录。

(10)预制构件外观质量不应有严重缺陷。

检查数量:全数检查。

检验方法:观察。

(11)批量生产的梁板类标准构件,其结构性能应满足设计或标准规定。

检查数量:应按同一工艺正常生产的不超过1 000件且不超过3个月的同类产品为1批;当连续检验10批且每批的结构性能检验结果均符合要求时,对同一工艺正常生产的构件,可改为不超过2 000件且不超过3个月的同类型产品为1批。在每批中随机抽取1件有代表性构件进行检验。

检验方法:按现行国家标准《混凝土结构工程施工质量验收规范》(GB 50204—2015)规定进行。

3. 一般项目

预制构件外观质量不应有一般缺陷，对出现的一般缺陷应进行修整并达到合格。

检查数量：全数检查。

检验方法：观察。

预制构件尺寸偏差应分别符合表 8-9～表 8-11 的要求。

检查数量：同一工作班生产的同类型构件，抽查 5% 且不少于 3 件。

检验方法：观察和用尺量。

表 8-9　　　　　　　　预制楼板类构件外形尺寸允许偏差及检验方法

项次	检查项目			允许偏差/mm	检查方法
1	规格尺寸	长度	<12 m	±5	用尺量两端及中间部，取其中偏差绝对值较大值
			≥12 m 且<18 m	±10	
			≥18 m	±20	
2		宽度		±5	用尺量两端及中间部，取其中偏差绝对值较大值
3		厚度		±5	用尺量板四角和四边中部位置共 8 处，取其中偏差绝对值较大值
4	外形	对角线差		6	在构件表面，用尺量测两对角线的长度，取其绝对值的差值
5		表面平整度	内表面	4	用 2 m 靠尺安放在构件表面上，用楔形塞尺量测靠尺与表面之间的最大缝隙
			外表面	3	
6		楼板侧向弯曲		L/750 且≤20 mm	拉线，钢尺量最大弯曲处
7		扭翘		L/750	四对角拉两条线，量测两线交点之间的距离，其值的 2 倍为扭翘值
8	预埋部件	预埋钢板	中心线位置偏差	5	用尺量测纵横两个方向的中心线位置，取其中较大值
			平面高差	0，−5	用尺紧靠在预埋件上，用楔形塞尺量测预埋件平面与混凝土面的最大缝隙
9		预埋螺栓	中心线位置偏移	2	用尺量测纵横两个方向的中心线位置，取其中较大值
			外露长度	+10，−5	用尺量
10		预埋线盒、电盒	在构件平面的水平方向中心位置偏差	10	用尺量
			与构件表面混凝土高差	0，−5	用尺量

(续表)

项次	检查项目		允许偏差/mm	检查方法
11	预留孔	中心线位置偏移	5	用尺量测纵横两个方向的中心线位置,取其中较大值
		孔尺寸	±5	用尺量测纵横两个方向尺寸,取其最大值
12	预留洞	中心线位置偏移	5	用尺量测纵横两个方向的中心线位置,取其中较大值
		洞口尺寸、深度	±5	用尺量测纵横两个方向尺寸,取其最大值
13	预留插筋	中心线位置偏移	3	用尺量测纵横两个方向的中心线位置,取其中较大值
		外露长度	±5	用尺量
14	吊环、木砖	中心线位置偏移	10	用尺量测纵横两个方向的中心线位置,取其中较大值
		留出高度	0,-10	用尺量
15	桁架钢筋高度		+5,0	用尺量

表 8-10　　预制墙板类构件外形尺寸允许偏差及检验方法

项次	检查项目		允许偏差/mm	检查方法
1	规格尺寸	高度	±4	用尺量两端及中间部,取其中偏差绝对值较大值
2		宽度	±4	用尺量两端及中间部,取其中偏差绝对值较大值
3		厚度	±3	用尺量板四角和四边中部位置共 8 处,取其中偏差绝对值较大值
4		对角线差	5	在构件表面,用尺量测两对角线的长度,取其绝对值的差值
5	外形	表面平整度 内表面	4	用 2 m 靠尺安放在构件表面上,用楔形塞尺测靠尺与表面之间的最大缝隙
		表面平整度 外表面	3	
6		侧向弯曲	L/1 000 且≤20 mm	拉线,钢尺量最大弯曲处
7		扭翘	L/100	四对角拉两条线,量测两线交点之间的距离,其值的 2 倍为扭翘值

(续表)

项次	检查项目		允许偏差/mm	检查方法
8	预埋部件	预埋钢板 中心线位置偏移	5	用尺量测纵横两个方向的中心线位置,取其中较大值
		预埋钢板 平面高差	0,−5	用尺紧靠在预埋件上,用楔形塞尺量测预埋件平面与混凝土面的最大缝隙
9		预埋螺栓 中心线位置偏移	2	用尺量测纵横两个方向的中心线位置,取其中较大值
		预埋螺栓 外露长度	10,−5	用尺量
10		预埋套筒、螺母 中心线位置偏移	2	用尺量测纵横两个方向的中心线位置,取其中较大值
		预埋套筒、螺母 平面±高差	0,−5	用尺紧靠在预埋件上,用楔形塞尺量测预埋件平面与混凝土面的最大缝隙
11	预留孔	中心线位置偏移	5	用尺量测纵横两个方向的中心线位置,取其中较大值
		孔尺寸	±5	用尺量测纵横两个方向尺寸,取其中最大值
12	预留洞	中心线位置偏移	5	用尺量测纵横两个方向的中心线位置,取其中较大值
		洞口尺寸、深度	±5	用尺量测纵横两个方向尺寸,取其中最大值
13	预留插筋	中心线位置偏移	3	用尺量测纵横两个方向的中心线位置,取其中较大值
		外露长度	±5	用尺量
14	吊环、木砖	中心线位置偏移	10	用尺量测纵横两个方向的中心线位置,取其中较大值
		与构件表面混凝土高差	0,−10	用尺量
15	键槽	中心线位置偏移	5	用尺量测纵横两个方向的中心线位置,取其中较大值
		长度、宽度	±5	用尺量
		深度	±5	用尺量

(续表)

项次	检查项目		允许偏差/mm	检查方法
16	灌浆套筒及连接钢筋	灌浆套筒中心线位置	2	用尺量测纵横两个方向的中心线位置,取其中较大值
		连接钢筋中心线位置	2	用尺量测纵横两个方向的中心线位置,取其中较大值
		连接钢筋外露长度	+10,0	用尺量

表8-11　　预制梁柱桁架类构件外形尺寸允许偏差及检验方法

项次	检查项目			允许偏差/mm	检查方法
1	规格尺寸	长度	<12 m	±5	用尺量两端及中间部,取其中偏差绝对值较大值
			≥12 m 且<18 m	±10	
			≥18 m	±20	
2		宽度		±5	用尺量两端及中间部,取其中偏差绝对值较大值
3		厚度		±5	用尺量板四角和四边中部位置共8处,取其中偏差绝对值较大值
4	表面平整度			4	用2 m靠尺安放在构件表面上,用楔形塞尺量测靠尺与表面之间的最大缝隙
5	侧向弯曲	梁柱		L/750 且≤20 mm	拉线,钢尺量最大弯曲处
		桁架		L/1 000 且≤20 mm	
6	预埋部件	预埋钢板	中心线位置偏差	5	用尺量测纵横两个方向的中心线位置,取其中较大值
			平面高差	0,−5	用尺紧靠在预埋件上,用楔形塞尺量测预埋件平面与混凝土面的最大缝隙
7		预埋螺栓	中心线位置偏移	2	用尺量测纵横两个方向的中心线位置,取其中较大值
			外露长度	+10,−5	用尺量
8	预留孔		中心线位置偏移	5	用尺量测纵横两个方向的中心线位置,取其中较大值
			孔尺寸	±5	用尺量测纵横两个方向尺寸,取其中最大值

(续表)

项次	检查项目		允许偏差/mm	检查方法
9	预留洞	中心线位置偏移	5	用尺量测纵横两个方向的中心线位置，取其中较大值
		洞口尺寸、深度	±5	用尺量测纵横两个方向尺寸，取其最大值
10	预留插筋	中心线位置偏移	3	用尺量测纵横两个方向的中心线位置，取其中较大值
		外露长度	±5	用尺量
11	吊环	中心线位置偏移	10	用尺量测纵横两个方向的中心线位置，取其中较大值
		留出高度	0，−10	用尺量
12	键槽	中心线位置偏移	5	用尺量测纵横两个方向的中心线位置，取其中较大值
		长度、宽度	±5	用尺量
		深度	±5	用尺量
13	灌浆套筒及连接钢筋	灌浆套筒中心线位置	2	用尺量测纵横两个方向的中心线位置，取其中较大值
		连接钢筋中心线位置	2	用尺量测纵横两个方向的中心线位置，取其中较大值
		连接钢筋外露长度	+10，0	用尺量

习 题

1. 检验批质量合格应符合哪些规定？
2. 对合格的预制构件应做出标识，标识内容应包括哪些？

8.2 装配式混凝土结构工程质量控制与检验

8.2.1 材料及构件的质量控制

1. 预制构件质量的进场检验

预制构件进场时，应进行下列检查：
(1)预制构件的混凝土强度。
(2)预制构件的标识。
(3)预制构件的外观质量、尺寸偏差。

预制构件尺寸偏差检验的取样数量规定如下：同一钢种、同一混凝土强度等级、同一生产工艺、同一结构形式、不超过100个预制构件为一批，每批应抽查构件数量的5%，且不应少于3件。具体标准见表8-12。

表8-12　　　　　　　　　预制构件尺寸允许偏差及检验方法

项目			允许偏差/mm	检验方法
长度	楼板、梁、柱、桁架	<12 m	±5	尺量
		≥12 m 且<18 m	±10	
		≥18 m	±20	
	墙板		±4	
宽度、高(厚)度	楼板、梁、柱、桁架		±5	尺量一端及中间部，取其中偏差绝对值较大处
	墙板		±4	
表面平整度	楼板、梁、柱、墙板内表面		5	2 m靠尺和塞尺量测
	墙板外表面		3	
侧向弯曲	楼板、梁、柱		L/750且≤20	拉线，直尺量测最大侧向弯曲处
	墙板、桁架		L/100且≤20	
翘曲	楼板		L/750	调平尺在两端测量
	墙板		L/1 000	
对角线	楼板		10	尺量两个对角线
	墙板		5	
预留孔	中心线位置		5	尺量
	孔尺寸		±5	
预留洞	中心线位置		10	尺量
	洞口尺寸、深度		±10	
预埋件	预埋板中心线位置		5	尺量
	预埋板与混凝土面平面高差		0，-5	
	预埋螺栓		2	
	预埋螺栓外漏长度		+10，-5	
	预埋套筒、螺母中心线位置		2	
	预埋套筒、螺母与混凝土面平面高差		±5	
预留插筋	中心线位置		5	尺量
	外漏长度		+10，-5	
键槽	中心线位置		5	尺量
	长度、宽度		±5	
	深度		±10	

注：1. L 为构件长度(mm)；
2. 检查中心线、螺栓和孔道位置时，沿纵、横两个方向量测，并取其中偏差较大值。

(4)预制构件上的预埋件、插筋、预留孔洞的规格、位置及数量。

(5)结构性能检验。

梁板类简支受弯预制构件进场时,应进行结构性能检验:钢筋混凝土构件和允许出现裂缝的预应力混凝土构件应进行承载力、挠度和裂缝宽度检验;不允许出现裂缝的预应力混凝土构件应进行承载力、挠度和抗裂检验。对大型构件及有可靠应用经验的构件,可只进行裂缝宽度、挠度和抗裂检验。对使用数量较少的构件,当能提供可靠依据时,可不进行结构性能检验。对其他预制构件,除设计有专门要求外,进场时可不做结构性能检验。对进场时不做结构性能检验的预制构件,应采取下列措施:施工单位或监理单位代表应驻厂监督制作过程;当无驻厂监督时,预制构件进场时应对预制构件主要受力钢筋数量、规格、间距及混凝土强度等进行实体检验。

预制构件结构性能检验的取样数量:同一钢种、同一混凝土强度等级、同一生产工艺、同一结构形式,不超过1000个预制构件为一批,每批随机抽取一个构件进行检验。

2. 钢筋连接件

预制构件与结构之间的连接应符合设计要求,连接处钢筋或埋件采用焊接或机械连接时,接头质量应符合现行国家标准《钢筋焊接及验收规程》《钢筋机械连接应用技术规程》的要求。

3. 接头和拼缝材料

装配式结构中的接头和拼缝应符合设计要求,当设计无具体要求时,应符合下列规定:

(1)对承受内力的接头和拼缝应采用混凝土浇筑,其强度等级应比构件混凝土强度等级提高一级。

(2)对不承受内力的接头和拼缝应采用混凝土或砂浆浇筑,其强度等级不应低于C15或M15。

(3)用于接头和拼缝混凝土或砂浆,宜采取微膨胀措施和快硬措施,在浇筑过程中,应振捣密实,并应采取必要的养护措施。

构件连接密封材料应符合现行行业标准《混凝土建筑接缝用密封胶》的有关规定;背衬填料宜选用直径为缝宽1.3~1.5倍的聚乙烯圆棒。预制构件钢筋连接用灌浆料,每一检验批不超过5 t。施工前,应在现场制作同条件接头试件,每500个套筒灌浆连接接头为一个验收批,每批取3个接头做抗拉强度试验,初验不合格应双倍取样复验。

4. 叠合层后浇混凝土

用于检验混凝土强度的试件应在浇筑地点随机抽取。同一配合比每拌制100盘不超过100 m³,每一工作班、每一楼层取样不得少于一次,每次取样应至少留置一组试件。

8.2.2 装配式混凝土结构施工质量控制

1. 预制构件的堆放、吊运

预制构件的堆放应进行下列检查:堆放场地;垫木或垫块的位置、数量;预制构件堆垛层数、稳定措施。

预制构件的起吊、运输应进行下列检查:吊具和起重设备的型号、数量、工作性能;运输线路;运输车辆的型号、数量;预制构件的支座位置、固定措施和保护措施。

2. 预制构件的安装与连接

(1) 安装前的准备工作

预制构件安装前,应做以下工作:①核对已施工完成结构的混凝土强度、外观质量、尺寸偏差等符合设计要求和相关规范的规定;②核对预制构件混凝土强度及预制构件和配件的型号、规格、数量等符合设计要求;③在已施工完成的结构及预制构件上进行测量放线,并应设置安装定位标识;④确认吊装设备及吊具处于安全操作状态;⑤核实现场环境、天气、道路状况满足吊装施工要求。

(2) 安装及临时支撑

安放预制构件时,其搁置长度应满足设计要求。预制构件与其支承构件间宜设置厚度不大于30 mm的坐浆或垫片。

预制构件安装过程中应根据水准点和轴线校正位置,安装就位后应及时采取临时固定措施。预制构件与吊具的分离应在校准定位及临时固定措施安装完成后进行。临时固定措施的拆除应在装配式结构能达到后续施工承载要求后进行。

采取临时支撑时,应符合下列规定:①每个预制构件的临时支撑不宜少于2道;②对预制柱、墙板的上部斜撑,其支撑点距离底部的距离不宜小于高度的2/3,且不应小于高度的1/2;③构件安装就位后,可通过临时支撑对构件的位置和垂直度进行微调。

预制柱安装就位后,应在两个方向采用可调斜撑做临时固定,并应进行垂直度调整。预制柱的临时支撑,应在套筒连接器内的灌浆料强度达到35 MPa后拆除。

预制墙板安装过程中应设置临时斜撑和底部限位装置,每件预制墙板安装过程的临时斜撑不宜少于2道,临时斜撑宜设置调节装置,支撑点位置距离板底不宜大于板高的2/3,且不应小于板高的1/2;每件预制墙板底部限位装置不少于2个,间距不宜大于4 m;临时斜撑和限位装置应在连接部位混凝土或灌浆料强度达到设计要求后拆除,当设计无具体要求时,混凝土或灌浆料应达到设计强度的75%以上方可拆除。相邻预制墙板安装过程宜设置3道平整度控制装置,平整度控制装置可采用预埋件焊接或螺栓连接方式。预制混凝土墙板校核与调整应符合下列规定:预制墙板安装平整度应以满足外墙板面平整为主;预制墙板拼缝校核与调整应以竖缝为主,横缝为辅;预制墙板阳角位置相邻板的平整度校核与调整,应以阳角垂直度为基准。

预制梁安装前应按设计要求对立柱上梁的搁置位置进行复测和调整;预制梁安装时,主梁和次梁伸入支座的长度与搁置长度应符合设计要求;预制次梁与预制主梁之间的凹槽应在预制叠合板安装完成后采用不低于预制梁混凝土强度等级的材料填实。

(3) 连接

装配式结构采用现浇混凝土或砂浆连接构件时,除应符合相关规范的规定外,还应符合下列规定:

①构件连接处现浇混凝土或砂浆的强度及收缩性能应满足设计要求,设计无要求时,应符合下列规定:承受内力的连接处应采用混凝土浇筑,混凝土强度等级值不应低于连接处构件混凝土强度设计等级值的较大值;非承受内力的连接处可采用混凝土或砂浆浇筑,其强度等级不应低于C15或M15;混凝土粗骨料最大粒径不宜大于连接处最小尺寸的1/4。

②浇筑前,应清除浮浆、松散骨料和污物,并宜洒水湿润。

③连接节点、水平拼缝应连续浇筑;竖向拼缝可逐层浇筑,每层浇筑高度不宜大于

2 m,应采取保证混凝土或砂浆浇筑密实的措施。

④混凝土或砂浆强度达到设计要求后,方可承受全部设计荷载。

装配式结构采用焊接或螺栓连接构件时,应符合设计要求或国家现行有关钢结构施工标准的规定,并应对外露铁件采取防腐和防火措施。采用焊接连接时,应采取避免损伤已施工完成结构、预制构件及配件的措施。

装配式结构构件间的钢筋连接可采用焊接、机械连接、搭接及套筒灌浆连接等方式。钢筋锚固及钢筋连接长度应满足设计要求。钢筋连接施工应符合国家现行有关标准的规定。

叠合式受弯构件的后浇混凝土层施工前,应按设计要求检查结合面粗糙度和预制构件的外露钢筋。施工中,应控制施工荷载不超过设计取值,并应避免单个预制构件承受较大的集中荷载。

当设计对构件连接处有防水要求时,材料性能及施工要求应符合设计要求及国家现行有关标准的规定。

钢筋套筒灌浆前,应在现场模拟构件连接接头的灌浆方式,每种规格的钢筋应制作不少于3个套筒灌浆连接接头,进行灌浆质量及接头抗拉强度的检验,经检验合格后,方可进行灌浆作业。

采用钢筋套筒灌浆连接、钢筋浆锚搭接连接的预制构件就位前,应检查下列内容:①预留孔的规格、位置、数量和深度;②被连接钢筋的规格、位置、数量和长度。当套筒、预孔内有杂物时,应清理干净;当连接钢筋倾斜时,应进行校直。连接钢筋偏离套筒或孔洞中心线不宜超过5 mm。

墙、柱构件的安装应符合下列规定:①构件安装前,应清洁结合面;②构件底部应设置整接缝厚度和底部标高的垫块;③钢筋套筒灌浆连接接头、钢筋浆锚搭接连接接头灌浆前,应对接缝周围进行封堵,封堵措施应符合结合面承载力设计要求;④多层预制剪力墙底部采用坐浆材料时,其厚度不宜大于20 mm。

钢筋套筒灌浆连接接头、钢筋浆锚搭接连接接头应按检验批划分要求及时灌浆,灌浆作业应符合国家现行有关标准及施工方案的要求并应符合下列现定:①灌浆施工时,环境温度不应低于5 ℃,当连接部位养护温度低于10 ℃时,应采取加热保温措施;②灌浆操作全过程应有专职检验人员负责旁站监督并及时形成施工质量检查记录;③应按产品使用说明书的要求计量灌浆料和水的用量并搅拌均匀,每次拌制的灌浆料拌和物应进行流动度的检测,且其流动度应满足相关规定;④灌浆作业应采用压浆法从下口灌浆,当浆料从上口流出后应及时封堵(持压30 s后再封堵下口),必要时可设分仓进行灌浆;⑤灌浆料拌和物应制备后30 min 内用完。

后浇混凝土的施工应符合下列规定:①预制构件结合面疏松部分的混凝土应剔除并清理干净;②模板应保证后浇混凝土部分形状、尺寸和位置准确,并应防止漏浆;③在浇筑混凝土前应洒水润湿结合面,混凝土应振捣密实;④同一配合比的混凝土,每工作班且建筑面积不超过1 000 m² 应制作1组标准养护试件,同一楼层应制作不少于3组标准养护试件。

构件连接部位后浇混凝土及灌浆料的强度达到设计要求后,方可拆除临时固定措施。

受弯叠合构件的装配施工应符合下列规定:①应根据设计要求或施工方案设置临时

支撑;②施工荷载宜均匀布置,且不应超过设计规定;③在混凝土浇筑前,应按设计要求检查结合面的表面粗糙度及预制构件的外露钢筋;④叠合构件在后浇混凝土强度达到设计要求后,方可拆除临时支撑。

安装预制受弯构件时,端部的搁置长度应符合设计要求,端部与支承构件之间应采用坐浆或设置支承垫块,坐浆或支承垫块厚度不宜大于 20 mm。

外挂墙板的连接节点及接缝构造应符合设计要求。墙板安装完成后,应及时移除临时支承支座、墙板接缝内的传力垫块。

外墙板接缝防水施工应符合下列规定:①防水施工前,应将板缝空腔清理干净;②应按设计要求填塞背衬材料;③密封材料嵌填应饱满、密实、均匀、顺直、表面平滑,其厚度应符合设计要求。

3. 装配式混凝土结构施工质量验收

装配式结构连接节点及叠合构件浇筑混凝土之前,应进行隐蔽工程验收。隐蔽工程验收应包括下列主要内容:①混凝土粗糙面的质量,键槽的尺寸、数量、位置;②钢筋的牌号、规格数量、位置、间距、箍筋弯钩的弯折角度及平直段长度;③钢筋的连接方式、接头位置、接头数量、接头面积百分率、搭接长度、锚固方式及锚固长度;④预埋件、预留管线的规格、数量,位置。

装配式结构施工后,预制构件位置、尺寸偏差及检验方法应符合设计要求,当设计无具体要求时,应符合表 8-13 的规定。检查时,按楼层、结构缝或施工段划分检验批,在同一检验批内,对梁、柱和独立基础,应抽查构件数量的 10% 且不应少于 3 件;对墙和板,应按有代表性的自然间抽查 10%,且不应少于 3 间;对大空间结构,墙可按相邻轴线间高度 5 m 左右划分检查面,板可按纵、横轴线划分检查面,抽查 10%,且均不应少于 3 面。

表 8-13　装配式结构构件位置和尺寸允许偏差及检验方法

项目		允许偏差	检验方法
构件轴线位置	竖向构件(柱、墙板、桁架)	8 mm	经纬仪及尺量
	水平构件(梁、楼板)	5 mm	水准仪或拉线、尺量
标高	梁、柱、墙板、楼板底面或顶面	±5 mm	经纬仪或吊线、尺量
构件垂直度	柱、墙板安装后的高度	≤6 m	经纬仪或吊线、尺量
		>6 m	
构件倾斜度	梁、桁架	5 mm	经纬仪或吊线、尺量
相邻构件平整度	梁、楼板地面	外漏	2 m 靠尺和塞尺量测
		不外漏	
	柱、墙板	外漏	
		不外漏	
构件搁置长度	梁、板	±10 mm	尺量
支座、支垫中心位置	板、梁、柱、墙板、桁架	10 mm	尺量
墙板接缝宽度		±5 mm	尺量

装配式混凝土结构验收时,除应按现行国家标准《混凝土结构工程施工质量验收规

范》的要求提供文件和记录外,还应提供下列文件和记录:①工程设计文件、预制构件制作和安装的深化设计图;②预制构件、主要材料及配件的质量证明文件、进场验收记录、抽样复验报告;③预制构件安装施工记录;④钢筋套筒灌浆、浆锚搭接连接的施工检验记录;⑤后浇混凝土部位的隐蔽工程检查验收文件;⑥后浇混凝土、灌浆料、坐浆材料强度检测报告;⑦外墙防水施工质量检验记录;⑧装配式结构分项工程质量验收文件;⑨装配式工程的重大质量问题的处理方案和验收记录;⑩装配式工程的其他文件和记录。

钢筋套筒灌浆连接及浆锚搭接连接用的灌浆料强度应满足设计要求。检查时,按批检验,以每层为一批;每工作班应制作1组且每层不应少于3组40 mm×40 mm×160 mm的长方体试件,标准养护28 d后进行抗压强度试验。

剪力墙底部接缝坐浆强度应满足设计要求。检查时,按批检验,以每层为一批;每工作班应制作1组且每层不应少于3组边长为70.7 mm的立方体试件,标准养护28 d后进行抗压强度试验。

外墙板接缝的防水性能应符合设计要求。检查时,按批检验,每1 000 m² 外墙面积应划分为一个检验批,不足1 000 m² 时,也应划分为一个检验批;每个检验批每100 m² 应至少抽查一处,每处不得少于10 m²,检验方法是检查现场淋水试验报告。现场淋水试验应满足下列要求:淋水流量不应小于5 L/(m·min)$^{-1}$,淋水试验时间不应少于2 h,检测区域不应有遗漏部位,淋水试验结束后,检查背水面有无渗漏。

8.2.3　施工质量控制要点

装配整体式混凝土结构建筑施工质量的过程控制包括以下内容。

1. 施工准备

设计单位应当参加建设单位组织的针对生产单位的生产技术交底及对施工单位与监理单位进行的设计交底。当构件生产和现场施工有需要时,应及时给予技术支持。

施工单位应制定涉及质量安全控制措施、工艺技术控制难点和要点、全过程的成品保护措施等内容的专项方案,并通过审核。专项施工方案包括现场构件堆放、构件安装施工、节点连接、防水施工、混凝土现浇施工等内容。其中,质量控制措施应包括构件进场检查、吊装、定位校准、节点连接、防水、混凝土现浇、机具设备配置、首件样板验收等方面的要求;安全控制措施应包括预制构件堆放、搬运及吊装、高处作业的安全防护、作业辅助设施的搭设、构件安装的临时支撑体系的搭设等方面的要求。

监理单位应及时编制装配式建筑施工监理细则并通过审核,并对施工单位现场质量、安全生产管理体系建立、管理及施工人员到位情况、施工机械的施工情况、主要工程材料落实情况进行审查。

2. 预制构件管理

预制构件堆场应符合下列要求:①预制构件应设置专用堆场,并满足总平面布置要求。预制构件堆场的选址应综合考虑垂直运输设备起吊半径、施工便道布置及卸货车辆停靠位置等因素,便于运输和吊装,避免交叉作业。②堆场应硬化平整、整洁无污染、排水良好。构件堆放区应设置隔离围栏,按品种、规格、吊装顺序分别设置堆垛,其他建筑材料、设备不得混合堆放,防止搬运时相互影响造成损坏。③应根据预制构件的类型选择合适的堆放方式及规定堆放层数,同时构件之间应设置可靠的垫块。若使用货架堆置,货架应进行力学计算,以确保满足承载力要求。

施工单位应对进入施工现场的每批预制构件全数进行质量验收,并经监理单位抽检合格后方能使用。验收内容包括:构件是否在明显部位标明生产单位、构件型号、生产日期和质量验收标识;构件上的预埋件、吊点、插筋和预留孔洞的规格、位置和数量是否符合设计要求;构件外观及尺寸偏差是否有影响结构性能和安装、使用功能的严重缺陷等。施工单位和监理单位同时还须复核预制构件产品质量保证文件,包括吊点的隐蔽验收记录、混凝土强度等相关内容。

3. 实体施工

构件吊装:①钢丝绳等吊具应根据使用频率,增加检查频次,发现问题立即更换。严禁使用自编的钢丝绳接头及违规的吊具。②起吊大型空间构件或薄壁构件前应采取避免构件变形或损伤的临时加固措施。③应实施吊装令管理制度,具备吊装安全生产条件后方可吊装。在吊装作业时,必须配足指挥人员,且严禁吊装区域下方交叉作业,非吊装作业人员应撤离吊装区域。④人员在现场高空作业时必须佩戴安全带。

构件连接:①构件安装就位后应及时校准,校准后须及时将构件固定牢固,防止变形和移位。②当采用焊接或螺栓连接时,须按设计要求连接。对外露铁件采取防腐和防火措施。③采用钢筋套筒灌浆连接施工前,须对灌浆料的强度、微膨胀性、流动度等指标进行检测。在灌浆前每一规格的灌浆套筒接头和灌浆过程中同一规格的每 500 个接头,应分别进行灌浆套筒连接接头抗拉强度的工艺检验和抽检(检验方法:按规格制作 3 个灌浆套筒接头,抗拉强度检验结果应符合 I 级接头要求)。施工中,确保套筒中连接钢筋的位置和长度符合设计要求,应加强全过程质量监控,灌浆施工过程应留存影像资料。

构造防水及防水施工:①对进场的外墙板应注意保护其空腔侧壁、立槽、滴水槽及水平缝的防水台等部位,以免损坏而影响使用功能。②密封防水部位的基层应牢固,表面应平整、密实,不得有蜂窝、麻面、起皮和起砂现象,嵌缝密封材料的基层应干净、干燥。应事先对嵌缝材料的性能、质量和配合比进行检验,嵌缝材料必须与板材牢固黏结,不应有漏嵌和虚粘的现象。③抽查竖缝与水平缝的勾缝,不得将嵌缝材料挤进空腔内。外墙十字缝接头处的塑料条须插到下层外墙板的排水坡上。外墙接缝应进行防水性能抽查,并做好施工记录。一旦发现有渗漏,须对渗漏部位及时进行修补,确保防水作用。

结构施工:①现浇混凝土浇筑前应清除浮浆、松散骨料和污物,并采取湿润技术措施,构件与现浇结构连接处应进行构件表面拉毛或凿毛处理。②立柱模板宜采用工具式的组合模板。根据混凝土量的大小选用合适的输送方式,连接处须一次连续浇筑密实,混凝土强度等性能指标须符合设计规定,并应做好接头和拼缝的混凝土或砂浆的养护。③结构的临时支撑应保证所安装构件处于安全状态,当连接接头达到设计工作状态并确认结构形成稳定结构体系时,方可拆除临时支撑。

4. 工程验收

现场临时安全防护设施验收要求:现场构件堆场、货架、高处作业专用操作平台、脚手架及吊篮等辅助设施、预制构件安装的临时支撑体系等应经验收通过并挂牌方可投入使用。

预制构件进场验收要求:施工单位应对每批预制构件全数进行进场质量验收,并经监理单位抽检合格方能使用。一旦发现不合格的构件,特别是存在影响吊装安全的质量问题时,应立即退场。

首件样板验收要求:①建设单位应组织设计单位、施工单位、监理单位及预制构件生产单位进行预制混凝土构件生产首件验收,验收合格后方可批量生产。②建设单位应组织设计单位、施工单位、监理单位对首个施工段预制构件安装后进行验收,验收合格后方可进行后续施工。③施工单位应在施工现场设置样板区,针对装配式结构中的连接、防水、抗渗、抗震、预制楼梯板等部位做样板。样板中可将各节点部位分解,还原施工中的常见问题,将详细施工过程以图片形式与实体样板对照,并说明施工重点。

实体分部工程质量验收要求:①在装配式结构施工完成后,应由监理单位组织各参建单位对装配式建筑子分部工程的质量和现场的装配率是否达到设计要求进行验收。②工程实体应严格按照《装配式混凝土结构技术规程》《装配整体式混凝土结构施工及质量验收规范》等规范标准要求进行验收。规范中未包括的验收项目,建设单位应组织监理、设计、施工等单位制订专项验收要求。涉及安全、节能、环境保护等项目的专项验收要求,建设单位应组织专家论证。

工程质保资料验收要求:专项施工方案及监理细则的审批手续、专家论证意见;施工所使用各种材料、连接件及预制混凝土构件的产品合格证书(预制构件质保书需包括吊点的隐蔽工程验收记录、混凝土强度等相关内容)、性能测试报告、进场验收记录和复试报告;监理旁站记录,隐蔽验收记录及影像资料;预制构件安装施工验收记录;钢筋套筒灌浆、浆锚连接施工检验记录;外墙防水施工质量检验记录;连接构造节点的隐蔽工程检查验收文件;后浇节点的混凝土或灌浆料浆体强度检测报告;分项、分部工程验收记录;装配式结构实体检测记录;工程重大质量问题的处理方案和验收记录;使用功能性检测报告,如外墙保温、防水检测报告;其他质量保证资料。

工程竣工验收:在建设单位组织的工程验收报告中应注明装配式建筑性能指标、装配率等验收意见。

习 题

1. 预制构件质量的进场检验,需要检验哪些内容?
2. 简述预制构件结构性能检验的取样数量。
3. 采取临时支撑时,应符合哪些规定?
4. 装配式结构构件间的钢筋连接可采用哪些连接方式?
5. 采用钢筋套筒灌浆连接、钢筋浆锚搭接连接的预制构件就位前,应检查哪些内容?
6. 后浇混凝土的施工应符合哪些规定?
7. 受弯叠合构件的装配施工应符合哪些规定?

第9章 装配式混凝土建筑的 BIM 技术应用

学习目标

- 了解 BIM 技术在项目设计、生产、施工、装修阶段的具体应用。

9.1 BIM 技术在项目设计阶段的应用

1. 制定标准化的设计流程

BIM 技术已广泛应用于建筑工程项目设计阶段,在装配式混凝土建设项目中首先应制定一套标准化的设计流程,采用统一规范的设计方式,各专业设计人员遵从统一的设计规则。不仅可以统一设计风格、习惯和设计方法,还可以大大加快设计团队的配合效率,减少设计错误,提高设计效率。

2. 进行模数化的构件组合设计

在装配式建筑设计中,各类预制构件的设计是关键。这就涉及预制构件的拆分问题。在传统的设计方式中是由构件生产厂家在设计施工图完成后进行构件拆分。这种方式下,构件生产要对设计图纸进行熟悉和再次深化,存在重复工作。装配式建筑应遵循少规格、多组合的原则,在标准化设计的基础上实现装配式建筑的系列化和多样化。在项目设计过程中,事前确定好所采用的工业化结构体系,并按照统一模数进行构件拆分,精简构件类型,提高装配水平。

3. 建立模块化的构件库

在以往的工业化建筑或者装配式建筑中,预制构件是根据设计单位提供的预制构件加工图进行生产。这类加工图还是传统的平立剖加大样详图的二维图纸,信息化程度低。BIM 技术相关软件中有族的概念。根据这一设计理念,根据构件划分结果并结合构件生产厂生产工艺,建立起模块化的预制构件库。在不同建筑项目的设计过程中,只需从构件库提取各类构件,再将不同类型的构件进行组装,即可完成最终整体建筑模型的建立。构件库的构件种类也可以在其他项目的设计过程中进行应用,并且不断扩充,不断完善。

4. 组装可视化的三维模型

传统设计方式是使用二维绘图软件,以平、立剖面和大样详图为主要出图内容。这种绘图模式,各个设计专业之间相对孤立,是一种单向的连接方式。对于不断出现的设计变化难以及时调整,导致设计过程中出现大量修改,甚至在出图完成后还会有大量的设计变更,效率较低,信息化程度低。将模块化、模数化的 BIM 构件进行组合可以构建一个三维可视化 BIM 模型,通过效果图、动画、实时漫游、虚拟现实系统等项目展示手段可将建筑构件及参数信息等真实属性展现在设计人员和甲方业主面前。在设计过程中可以及时发现问题,也便于甲方及时决策,可以避免事后的再次修改。

5. 采用 BIM 技术进行设计

设计师均在同一个建筑模型上工作,所有的信息均可以实时进行交互。可视化的三维模型使得设计成果直观呈现,同时还可以进行不同专业间的设计冲突检查。在传统设计方法中,不同专业人员需要人工手动查找本专业和其他专业的冲突错误时费力而且容易出现遗漏的状况,BIM 技术直接在软件中就可以完成不同专业间的冲突检查,大大提高了设计精度和效率。

6. 便捷的工程量统计和分析

BIM 模型中存储着各类信息,设计师可以随时对门窗、部品、各类预制构件等的数量、体积、类别等参数进行统计。再根据这些材料的一般定价,即可以大致估计整个项目的经济指标。设计师在设计过程中,可以实时查看自己设计方案的这些经济指标是否能够满足业主的要求。同时,模型数据会随着设计深化自动更新,确保项目统计信息的准确性。

9.2 BIM 技术在项目生产阶段的应用

1. 构件设计的可视化

采用 BIM 技术进行构件设计,可以得到构件的三维模型,可以将构件的空间信息完整直观地表达给构件生产厂家。

2. 构件生产的信息化

构件生产厂家可以直接提取 BIM 信息平台中各个构件的相关参数,根据相关参数确定构件的尺寸、材质、做法、数量等信息,并根据这些信息合理的确定生产流程和做法。通过BIM模型,实现构件加工图纸与构件模型双向的参数化信息连接,包括图纸编号、构件ID码、物理数据、保温层、钢筋信息和外架体系预留孔等。同时生产厂家也可以对发来的构件信息进行复核,并且可以根据实际生产情况,向设计单位进行信息的反馈。这样就使得设计和生产环节实现了信息的双向流动,提高了构件生产的信息化程度(表9-1)。

表9-1　　　　　　　　　　　　　构件参数统计

族	构件型号	楼层	混凝土用量（单个）/m^3	聚苯体积（单个）/m^3	混凝土强度	设计图编码	质量（单个）/t	数量	混凝土用量/m^3	聚苯体积/m^3
YNB-3	YNB-3	三层	1.91	0.54	C30	S6内墙板	4.77	1	1.91	0.54
YNB-4	YNB-4	三层	1.26	0.14	C30	S6内墙板	3.15	6	7.56	0.84
YNB-5	YNB-5	三层	2.02	0.43	C30	S6内墙板	5.04	3	6.06	1.29

（3）构件生产的标准化

生产厂家可以直接提取BIM信息平台中的构件信息,并直接将信息传导到生产线,直接进行生产。同时,生产厂家还可以结合构件的设计信息及自身实际生产的要求,建立标准化的预制构件库,在生产过程中对于类似的预制构件只需调整模具的尺寸即可进行生产。通过标准化、流水线式的构件生产作业,可以提高生产厂家的生产效率,增加构件的标准化程度,减少由于人工带来的操作失误,改善工人的工作环境,节省人力和物力(表9-2)。

表9-2　　　　　　　　　　　　　构件样式统计

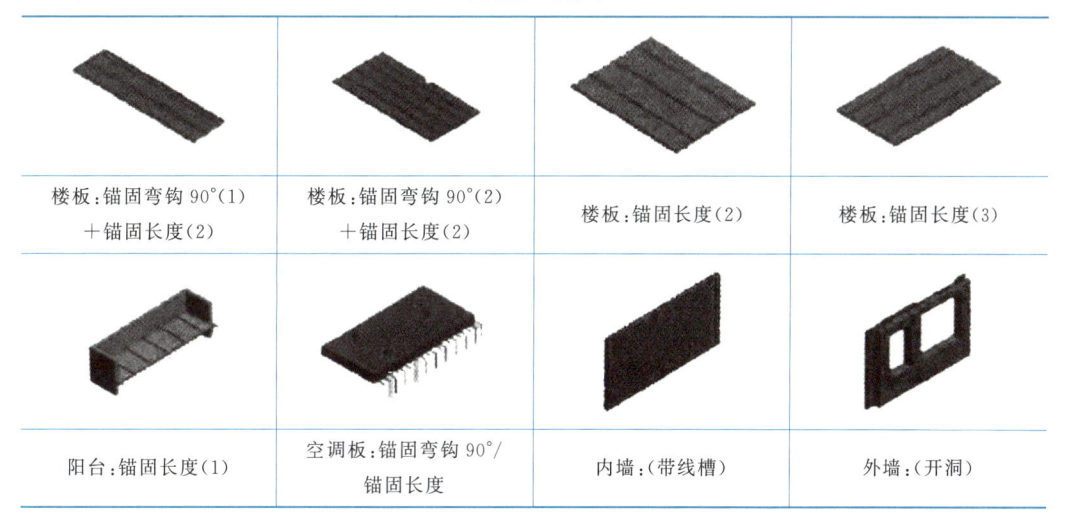

楼板:锚固弯钩90°(1)+锚固长度(2)	楼板:锚固弯钩90°(2)+锚固长度(2)	楼板:锚固长度(2)	楼板:锚固长度(3)
阳台:锚固长度(1)	空调板:锚固弯钩90°/锚固长度	内墙:(带线槽)	外墙:(开洞)

9.3　BIM技术在项目施工阶段的应用

1. 施工深化设计

施工深化设计的主要目的是提升深化后建筑信息模型的准确性、可校核性。将施工操作规范与施工工艺融入施工作业模型,使施工图满足施工作业的需求。施工单位依据设计单位提供的施工图与设计阶段建筑信息模型,根据自身施工特点及现场情况,完善或重新建立可表示工程实体即施工作业对象和结果的施工作业模型。该模型应当包含工程实体的基本信息。BIM 技术与技术人员配合,对建筑信息模型的施工合理性、可行性进行甄别,并进行相应的调整优化。同时,对优化后的模型实施冲突检测。

2. 三维技术交底

目前施工企业对装配式混凝土结构施工尚缺少经验,对此现场依据工程特点和技术的难易程度选择不同的技术交底形式,如套筒灌浆、叠合板支撑、各种构件(外墙板、内墙板、叠合板、楼梯等)的吊装等施工方案通过 BIM 技术三维直观展示,模拟现场构件安装过程和周边环境。通过对劳务队伍采用三维技术交底,指导工人安装,保证了施工现场对分包工程质量的控制。

3. 施工过程的仿真模拟

在制定施工组织方案时,施工单位技术人员将本项目计划的施工进度、人员安排等信息输入 BIM 信息平台中,软件可以根据这些录入的信息进行施工模拟。同时,BIM 技术也可以实现不同施工组织方案的仿真模拟,施工单位可以依据模拟结果选取最优施工组织方案。

9.4　BIM 技术在项目装修阶段的应用

1. 构建标准化的装修部品库

和建立标准化的预制构件库一样,采用 BIM 技术也可以构建起标准化的装修部品库。可根据业主要求,从装修部品库中选取相应的部品组装到整体模型中。同时对项目中新增的各类装修部品,也可以完善装修部品构件库。

2. 装修部品的模块化拆分与组装

内装设计应配合建筑设计同时开展工作。根据建筑项目各个功能区的划分,将装修部品分解成不同的模块。常见的模块主要是卫浴模块和厨房模块。可以根据户型大小、功能划分,直接将模块化的装修部品组装到 BIM 模型中。

3. 装修部品的工业化生产

在建立好标准的装修部品库及模块化的装修方案后,可以给业主提供菜单式的选择服务,业主可以根据自己的喜好和需求选取相应的装修部品。在确定好建筑项目的部品类型后,装修部品生产厂家可以提取 BIM 信息平台中相关部品的信息,实现工业化的批量生产。生产完成后运输到施工现场,根据整体吊装这种方式,可以保证装修部品的质量,在很大程度上可以避免传统施工方式中厨房和卫生间可能出现的渗漏水现象。